高等院校"十三五"规划教材
21世纪建筑系列精品教材

AutoCAD 建筑制图实用教程

主　编　黎　志　王武兵
副主编　魏绍芬　张春燕　熊　瑛
参　编　尹　琳　李　莎
主　审　向丽娜

WUHAN UNIVERSITY PRESS
武汉大学出版社

图书在版编目(CIP)数据

AutoCAD 建筑制图实用教程/黎志,王武兵主编.—武汉:武汉大学出版社,2014.7(2020 年修订)
ISBN 978 - 7 - 307 - 13891 - 9

Ⅰ.①A … Ⅱ.①黎… ②王… Ⅲ.①建筑制图-计算机辅助设计-AutoCAD 软件-教材 Ⅳ.①TU204

中国版本图书馆 CIP 数据核字(2014)第 167756 号

责任编辑:程 欣

出版发行:**武汉大学出版社** (430072 武昌 珞珈山)
(电子邮件:cbs22@whu.edu.com 网址:www.wdp.com.cn)
印刷:北京佳顺印务有限公司
开本:787×1092 mm 1/16 印张:17.25 字数:360 千字
版次:2020 年 10 月第 1 版 2020 年 10 月第 1 次印刷
ISBN 978 - 7 - 307 - 13891 - 9 定价:55.00 元

前　　言

现代信息社会中,计算机辅助设计(Computer Aided Design,简称 CAD),已经成为建筑类专业基础课程之一,计算机绘图也是建筑工程信息化建设的要求。建筑 CAD 绘图技能是学生毕业后在工作中必备技能,是建筑类岗位群中相关工作岗位所必须掌握的技能。

AutoCAD 软件是由美国欧特克有限公司(Autodesk)出品的计算机辅助设计软件,用于绘制二维制图和基本三维设计,在全球广泛使用,是国际工程界广泛使用的计算机辅助设计软件,可用于土木建筑、装饰装潢、工业制图、工程制图、电子工业、服装加工等领域。

本书系统介绍了 AutoCAD 2010 中文版的基本功能及其在建筑工程制图中的应用和绘图技巧,第 1 章主要介绍了 AutoCAD 2010 绘图界面、软件基本操作等基础知识。第 2 章重点讲解了对象捕捉、对像追踪、正交等辅助工具在精确绘图中的应用及图形对象选择技巧与方法。第 3~6 章详细讲解 AutoCAD 2010 中图层的应用与管理、常用绘图命令、编辑与修改命令、尺寸标注与文字表格等内容,这些内容是教材中的重点内容。第 7、8 章结合工程制图的相关规范,分别对建筑施工图中的建筑平面图、立面图、剖面图、总平面图以及建筑施工详图与结构施工图的绘制方法与技巧进行了详细讲解。第 9、10 章详细讲解了三维绘图与修改命令。第 11 章讲解了图形输入输出、创建和设置布局页面以及打印 AutoCAD 图纸等基本知识。附录 A 重点介绍了全国范围内的建筑设计单位应用最多的天正建筑,重点介绍了天正 TArch 2013 建筑设计软件的基本操作。附录 B 汇总了常用的 CAD 快捷命令,方便学习查找。

本书由重庆建筑工程职业学院黎志、王武兵担任主编,罗雪主审。具体编写分工如下:尹琳编写第 1、2 章,魏绍芬编写第 3、4、5 章,李莎编写第 6、11 章,王武兵编写第 7、8 章,黎志编写第 9、10 章,张春燕编写附录 A、B。全书编写过程中,张春燕、湖南农业大学熊瑛对编写的内容进行了审校工作,并做了部分文字校对工作。

本书既可作为高等院校土建类专业的计算机辅助设计课程的教材,也可作为建筑相关行业的设计和工程绘图人员学习计算机绘图的参考工具书。

本书在编写过程中得到了许多同行的帮助和支持,在此表示感谢。由于编者水平有限,书中难免有不妥之处,敬请广大读者批评指正。

编　者

目　　录

第1章

AutoCAD 2010 绘图基础

知识提要

通过本章的学习,能对 AutoCAD 2010 有一个整体的了解,初步掌握其界面组成和图形设置。

学习目标

1. 理解 AutoCAD 2010 的界面组成和绘图原理;
2. 掌握管理图形文件的方法;
3. 了解绘图环境的设置方法;
4. 掌握坐标系的定义方法。

AutoCAD 是由美国 Autodesk 公司于 1982 年开发的计算机辅助设计软件,经过三十多年的发展与完善,现已成为国际上广为流行的绘图工具。

AutoCAD 具有良好的用户界面,有易于掌握、使用方便、体系结构开放等优点,具备二维图形绘制、基本三维图形绘制、标注尺寸、设计文档、渲染图形以及打印输出图纸等功能。强大的功能及简便的操作,使其广泛地应用于工程制图、工业制图、服装加工、电子工业等领域。

1.1　AutoCAD 2010 中文版的启动与退出

与其他软件一样,要先启动 AutoCAD 2010 中文版才能使用。一般有以下两种启动方法:

(1)双击桌面上 AutoCAD 2010 中文版的快捷图标

(2)依次执行 Windows 任务栏上的【开始】|【所有程序】|【AutoDesk】|【AutoCAD 2010－Simplifed Chinese】|【AutoCAD 2010】(如图 1-1 所示)。

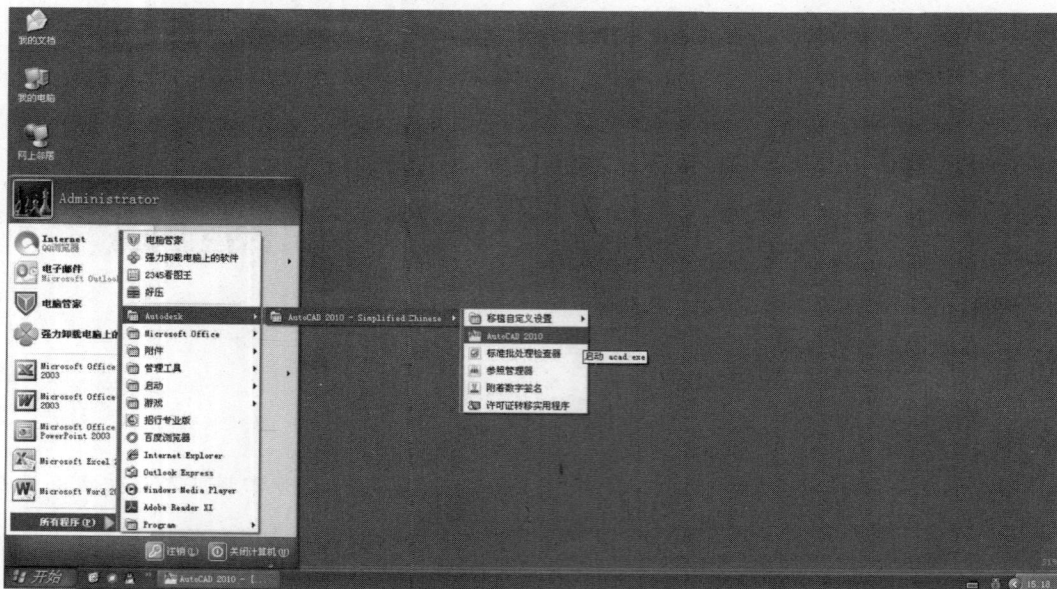

图 1-1　AutoCAD 2010 启动

退出软件只需单击标题栏最右边的 ⊠ 按钮。

1.2　AutoCAD 2010 的窗口界面

AutoCAD 2010 中文版的用户界面主要由应用菜单、标题栏、功能区、AutoCAD 2010 经典下拉菜单、工具选项板组、绘图区、信息栏和状态栏组成。启动 AutoCAD 2010 中文版后，其界面如图 1-2 所示。

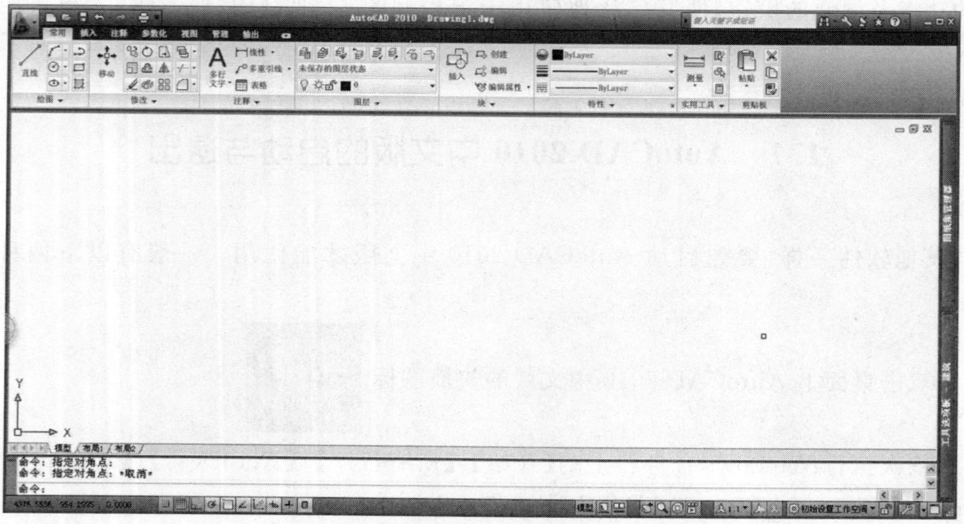

图 1-2　窗口界面

1.2.1　应用菜单

AutoCAD 2010 窗口界面左上角的 为"应用菜单"图标,单击它会出现如图 1-3 所示的程序菜单。应用菜单里包含常用的文件工具和最近使用过的文件。

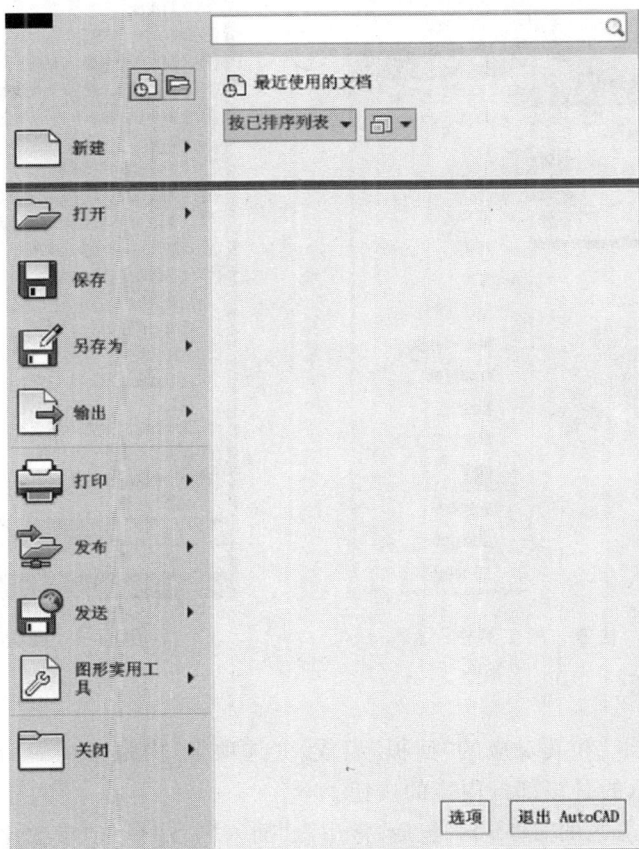

图 1-3　程序菜单

1.2.2　标题栏

AutoCAD 2010 窗口界面的顶部是标题栏,包括最左边的应用菜单按钮,中间的程序名和文件名,以及右侧的最大(小)化、还原和关闭按钮。

标题栏的左半部分有"快速访问工具栏",列有常用的工具按钮(如图 1-4 所示)。单击工具栏左边的下拉箭头,可以更改工具按钮数量,或者把"快速访问工具栏"移动到功能区的下方。

标题栏右半部分有搜索窗口,在其中输入所要搜索的关键词,单击"望远镜"按钮,系统会显示出帮助菜单、相应命令等与关键词有关的内容(如图 1-5 所示)。

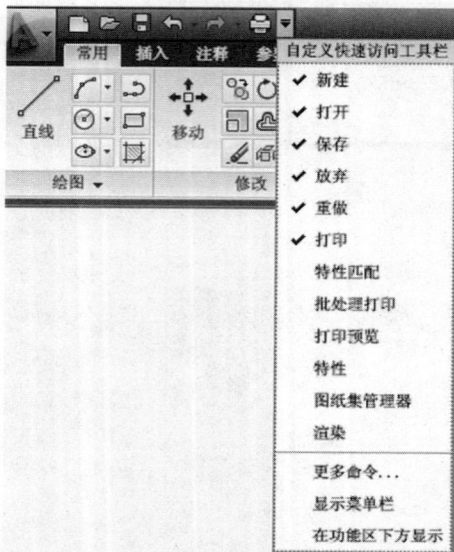

图 1-4　快速访问工具栏

图 1-5　搜索窗口

1.2.3　功能区

功能区由"选项卡"和其对应的"面板"组成。"选项卡"内是常用的图标按钮。单击"面板"的下拉箭头,显示的是该部分内容的按钮。

默认情况下,功能区的"选项卡"包括"常用"、"插入"、"注释"、"参数化"、"视图"、"管理"和"输出"7 个选项(如图 1-6 所示)。选择不同的"选项卡",其下面所对应的"面板"也不同。

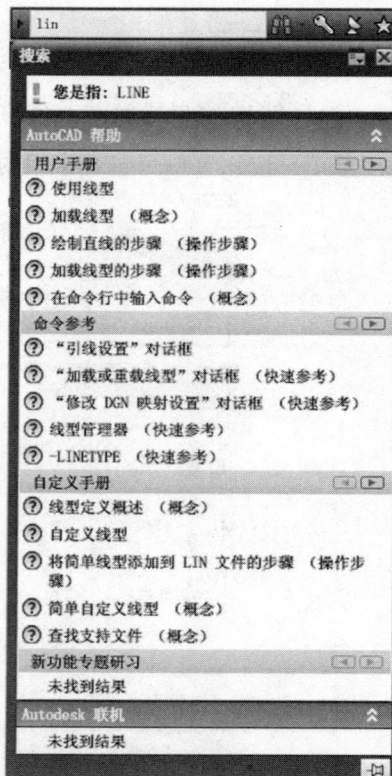

图 1-6　功能区的组成

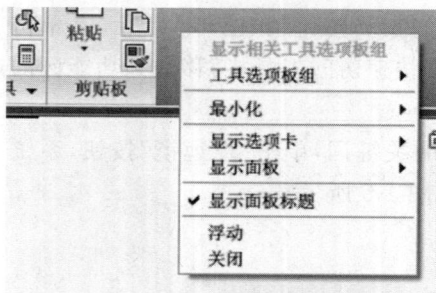

图 1-7　功能区的弹出菜单

在功能区的灰色区域内单击右键,会弹出如图 1-7 所示的菜单,该菜单可以对功能区的布局进行设置。

在命令行中输入"Ribbon"或者"Ribbonclose"命令可以用来显示和不显示功能区。

1.2.4　AutoCAD 经典下拉菜单

要显示老版本的下拉菜单,可以在命令行中输入
"Menubar"命令,然后设其值为1,即可以在功能区上部显示经典下拉菜单(如图 1-8 所示)。
也可单击状态栏右侧的 [⚙初始设置工作空间▼] 下拉菜单,在弹出的菜单中选择"AutoCAD
经典"选项即可将操作界面切换到显示下拉菜单和工具栏的传统操作界面。或者单击"快速
访问工具栏"的下拉箭头,并选择"显示菜单栏"。

图 1-8　经典菜单

1.2.5　工具选项板组

在图 1-7 中的弹出菜单里选择"显示相关工具选项板组",在
屏幕的右边会出现如图 1-9 所示的工具选项板组。

1.2.6　绘图区

绘图区位于窗口界面的中心,是用来绘制、修改并显示图形
的区域。当鼠标移动到绘图区域时,便出现十字光标或者拾
取框。

1.2.7　信息栏

信息栏位于绘图区的下方,用于接受用户输入的各种命令
和参数,并显示 AutoCAD 的提示及相关信息。在默认情况下,
命令行仅显示两行文字,用户可通过光标的拖拽改变其大小。

文本窗口实际上是放大了的命令行,<F2>键则是其激活
按钮。文本窗口完全独立于 AutoCAD 程序窗口,可单独最大
化、最小化或者关闭,可查阅最近操作过的命令的具体内容。

1.2.8　状态栏

状态栏位于主窗口的底部,用于显示当前十字光标所处位
置的坐标值以及各种模式的状态等信息。

状态栏左边的第一项是坐标值的显示,随着十字光标的移
动,其中显示的数值会一直变化。其后紧跟着的几个开关,分别
代表"捕捉"、"栅格"、"正交"、"极轴"、"对象捕捉"、"对象追踪"、
"UCS"、"动态输入"、"线宽"、"快捷"特性,单击相应按钮,可打

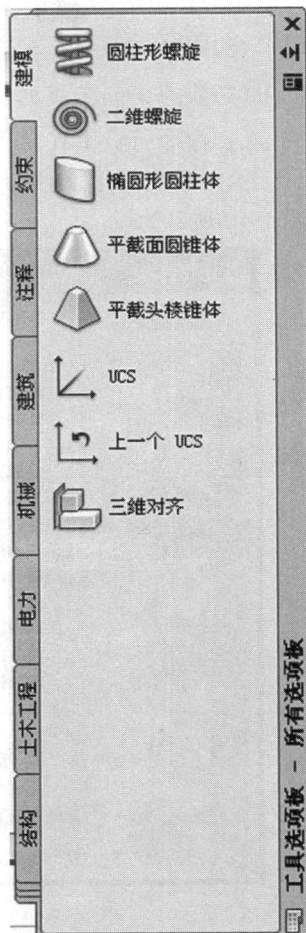

图 1-9　工具选项板组

开或关闭相应模式。右边是 AutoCAD 2010 中新增的图形状态栏,其中包含用于注释的工具等按钮。

1.3　图形文件的管理

AutoCAD 2010 中文版中常用的图形文件管理命令有创建新图形文件、打开图形文件、保存图形文件等。

1.3.1　创建新图形

启动 AutoCAD 2010 中文版时系统会自动创建一个名为"Drawing1.dwg"的图形文件,除此之外,用户还可以通过以下方法新建图形文件:

(1)应用菜单: ![图标] |【新建】。

(2)下拉菜单:【文件】|【新建】。

(3)快速访问工具栏:【新建】按钮 ![图标] 。

(4)命令行:NEW。

执行新建图形文件命令后,在"选择样板"对话框内选择样板文件后单击"打开"按钮(如图 1-10 所示)。

图 1-10　选择样板对话框

在"选择样板"对话框的列表中,有多种标准样板文件可供用户选择。样板文件中已保存了各种类型的标准设置,利于具体设计工作中图纸的统一。

在"选择样板"对话框的"打开"按钮旁有一个下拉按钮,单击此按钮,可选择样板图纸的测量体系:公制或者英制。

1.3.2　打开图形文件

打开 AutoCAD 2010 文件有如下 4 种方法:

(1)应用菜单: |【打开】。

(2)下拉菜单:【文件】|【打开】。

(3)快速访问工具栏:【打开】按钮 。

(4)命令行:Open。

在"选择文件"对话框的文件列表中,选择要打开的文件,则在右边的预览窗口中显示出该图形文件的预览图像。在"打开"按钮旁有一个下拉按钮 ,提供了"打开"、"以只读方式打开"、"局部打开"和"以只读方式局部打开"四种打开方式。

除此之外,还可直接拖携要打开的图形文件的图标到 AutoCAD 程序窗口绘图区以外的任何位置。但是,如果将该文件拖动到已打开的图形绘图区内,则该图形会被作为外部参照插入到当前图形中。

当要处理一个很大的图形时,可以选择"局部打开"功能用以打开此图形中要处理的视图和图层中的对象。

1.3.3　保存图形文件

在绘图过程中或者完成后,需要把绘图文件存入磁盘时,一般有两种方式保存图形文件:一是快速保存,二是换名保存。

快速保存常有以下 4 种方法:

(1)应用菜单: |【保存】。

(2)下拉菜单:【文件】|【保存】。

(3)快速访问工具栏:【保存】按钮 。

(4)命令行:Save。

执行快速保存命令后,系统将当前图形文档以原文件名覆盖原文件方式储存,而不会给用户任何提示。如果当前图形文档是第一次储存,系统则弹出"图形另存为"对话框,用以设置图形文件的名称、类型及保存路径。

换名保存有以下 3 种方法:

(1)应用菜单: |【保存】。

(2)下拉菜单:【文件】|【另存为】。

(3)命令行:Saveas。

执行换名保存命令后,系统弹出"图形另存为"对话框,并需用户指定图形文件的名称、类型及保存路径。

1.3.4　关闭图形文件

当用户绘图完成后,可关闭当前图形文档,也可直接关闭 AutoCAD 程序窗口,常用以下 4 种方法:

(1)应用菜单:![应用菜单按钮]|【退出 AutoCAD】。

(2)下拉菜单:【文件】|【退出】。

(3)标题栏:单击标题栏的按钮 ![关闭按钮] 。

(4)命令行:Quit。

执行关闭命令后,系统立即结束所有命令并关闭程序窗口。如果图形文件做过改动,系统则弹出如图 1-11 所示的提示框,提示用户是否进行保存文件操作。

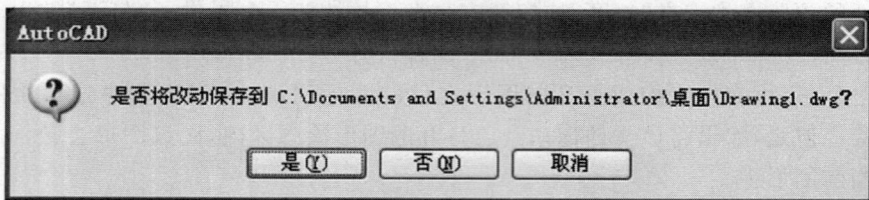

图 1-11　提示框

1.3.5　修复图形文件

启动修复图形文件的命令有以下 3 种方法:

(1)下拉菜单:【文件】|【绘图实用工具】|【修复】。

(2)快速访问工具栏:![工具栏按钮]|【图形实用工具】|【修复】。

(3)命令行:Recover。

执行修复图形文件后,在弹出的选择文件对话框中选中要进行修复的文件,然后 AutoCAD 会在文本窗口中显示修复过程及结果。

1.4　绘图的初始设置

经常使用 AutoCAD 的用户,会设置 AutoCAD 的绘图参数,以适应自己的绘图习惯。建筑工程制图中,常进行如下设置。

1.4.1　设置绘图区域

绘图区域也称为图形界限,它是用户的作图区和图纸的边界。设置绘图区域是为了避免用户绘制的图形超出某个范围。在世界坐标系下,绘图区域由一对二维点确定,即左下角点和右上角点。

启动设置绘图区域命令常用以下两种方法:

(1)下拉菜单:【格式】|【图形界限】。

(2)命令行:LIMITS。

在命令行中输入 limits 命令后,系统提示如下:

(1) 指定左下角点或 [开(ON)/关(OFF)] <0.0000,0.0000>: 输入 on 则打开图形界限检查,此时就不能在界限之外作图;输入 off 则关闭图形界限检查,此时在图形界限之外也可作图;输入图形界限左下角的坐标(如:100,100),后按回车键。

(2) 指定右上角点 <420.0000,297.0000>: 输入图形右上角的坐标(如:500,400),后按回车键。

1.4.2　设置图形单位

AutoCAD 对象的单位是图形单位,也就是不管用户绘图的真实对象的单位是毫米还是米,AutoCAD 程序都以图形单位来计算,默认状态下也为十进制。例如,当用户使用的单位是"米"时,输入"1",即为 1 m,如果用户使用的单位变为"毫米"时,"1"则代表 1 mm。但是在 AutoCAD 程序中,"1"所代表的长度是相等的。在建筑工程制图中,一般以毫米为单位。

启动绘图命令有以下两种方法:

(1)下拉菜单:【格式】|【单位】。

(2)命令行:Units。

在弹出的"图形单位"对话框中,用户可以设置绘图时使用的长度和角度单位以及各自的精度等参数(如图 1-12 所示)。

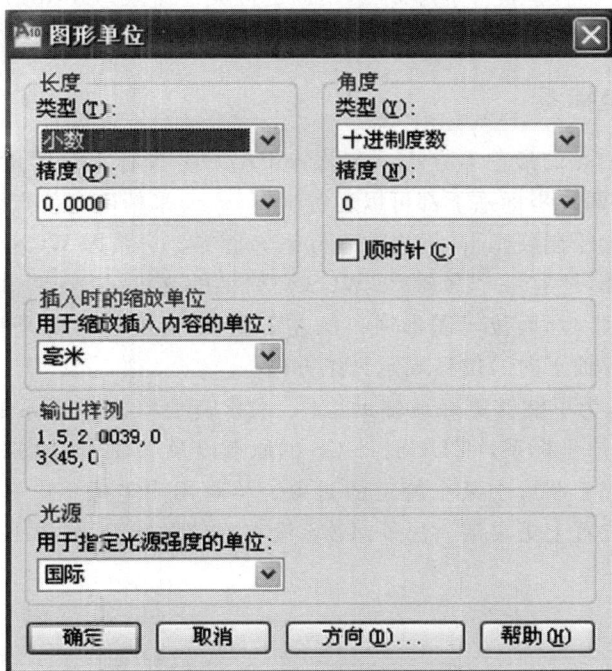

图 1-12　图形单位对话框

- 在"长度"和"角度"选项区中设置数值的具体类型和精度。在"类型"下拉列表框中提供了 5 种单位;在"精度"下拉列表框中提供了最高小数点后 8 位的精度设置。
- "顺时针"复选框,将改变系统的默认方向——逆时针。
- "插入时的缩放单位"选项区用于设置向图形中插入图块时,图块缩放所代表的单位,一般选择"无单位",也就是图块采用原始尺寸插入而不进行缩放。
- "方向"按钮,单击该按钮,会弹出"方向控制"对话框,用于对绘图方向的设置。在默认情况下,基准角度为 0°,也就是指向正东方。

1.4.3　设置自动保存文件时间

在用户绘图时,可能会不可预见地出现死机的情况,这时自动保存文件就显得非常重要,它可以防止因意外造成的文件缺失。具体操作步骤如下:

(1)选择下拉菜单上的【工具】|【选项】,在弹出的"选项"对话框中选择"打开和保存"选项卡。

(2)选择"文件安全措施"选项区中的 ☑ 自动保存 (U) 复选框。在保存间隔分钟数的数值栏中设置自动保存的时间间隔数,建议 10 分钟左右一次。

1.5　坐标系与坐标值

图形设计中需要一个基准点作为参照,用以定位其他对象。AutoCAD 提供了灵活的坐标系来满足这个要求。

1.5.1　认知坐标系

坐标(x,y)是表示点的最基本方法。在 AutoCAD 中,坐标系分为世界坐标系(WCS)和用户坐标系(UCS)。两种坐标系下都可以通过坐标(x,y)来精确定位点。

默认情况下,开始绘制新图形时,当前坐标系为世界坐标系即 WCS,它包括 X 轴和 Y 轴(如果在三维空间工作,还有一个 Z 轴)。WCS 坐标轴的交汇处显示"口"形标记,但坐标原点并不在坐标系的交汇点,而位于图形窗口的左下角,所有的位移都是相对于原点计算的,并且沿 X 轴正向及 Y 轴正向的位移规定为正方向。

在 AutoCAD 中,为了能够更好地辅助绘图,经常需要修改坐标系的原点和方向,这时世界坐标系将变为用户坐标系,即 UCS。UCS 的原点以及 X 轴、Y 轴、Z 轴方向都可以移动和旋转,甚至可以依赖于图形中某个特定的对象。尽管用户坐标系中 3 个轴之间仍然互相垂直,但是在方向及位置上更灵活。另外,UCS 没有"口"形标记,如图 1-13 所示。

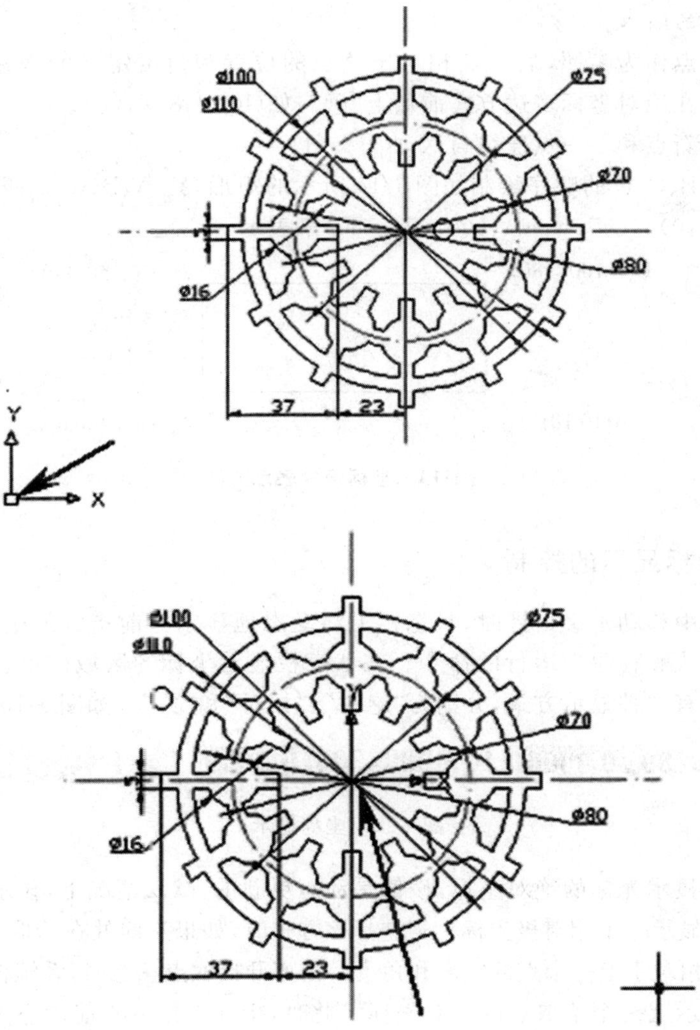

图 1-13　用户坐标系(UCS)

1.5.2　坐标值的表示方法

在 AutoCAD 2010 中,点的坐标可以使用绝对坐标和相对坐标,它们的表示方法如下。

1. 绝对坐标的输入

以坐标原点(0,0)或(0,0,0)为参照来定位其他点的坐标表示方式,称为绝对坐标。绝对坐标又分为绝对直角坐标和绝对极坐标。

绝对直角坐标:是从点(0,0)或(0,0,0)出发的位移,可以使用分数、小数或科学记数等形式表示点的 X 轴、Y 轴、Z 轴坐标值,坐标间用逗号隔开,例如点(8.3,5.8)和(3.0,5.2,8.8)等。

绝对极坐标:是从点(0,0)或(0,0,0)出发的位移,但给定的是距离和角度,其中距离和角度用"<"分开,且规定 X 轴正向为 0°,Y 轴正向为 90°,例如点(4.27<60)、(34<30)等,其中 4.27 和 34 表示极长,60 和 30 表示极角。

2. 相对坐标的输入

以选取的某点作为参照,后一点相对于该点的位置和角度定义的坐标称为相对坐标。它的表示方法是在绝对坐标表达方式前加上"@",如(@13,8)和(@11<24)。其中,相对极坐标中的角度是新点和上一点连线与 X 轴的夹角。

例如,以 A、B、C、D 的顺序绘制如图 1-14 所示的矩形,其 A、B、C、D 四个点可以分别以(10,10)、(@100,0)、(@50<90)、(@100<180)来表示。

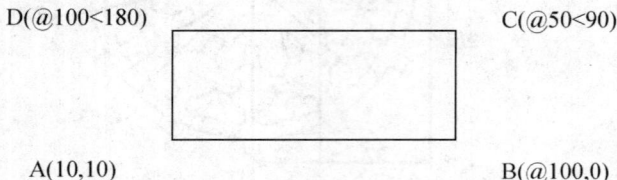

D(@100<180)   C(@50<90)

A(10,10)   B(@100,0)

图 1-14   坐标值的表示方法

1.5.3   坐标显示的控制

在绘图窗口中移动十字指针时,状态栏上将动态地显示当前指针的坐标。坐标显示取决于所选择的模式和程序中运行的命令。在状态栏显示坐标的区域内单击鼠标右键,弹出的快捷菜单中共有 3 种显示方式,分别为"绝对"、"相对"和"关"。如图 1-15 所示。

88.1689, 19.0239 , 0.0000   22.0000<300, 0.0000   35.4456, -16.1738, 0.0000

图 1-15   坐标显示

(1)"绝对":显示光标的绝对坐标,该值是动态更新的,默认情况下,显示方式是打开的。

(2)"相对":显示一个相对极坐标。当选择该方式时,如果当前处在拾取点状态,系统将显示光标所在位置相对于上一个点的距离和角度。当离开拾取点状态时,系统将恢复到模式1。

(3)"关":显示上一个拾取点的绝对坐标。此时,指针坐标将不能动态更新,只有在拾取一个新点时,显示才会更新。但是,从键盘输入一个新点坐标时,不会改变该显示方式。

1.5.4   创建和使用用户坐标系

用户可以根据需要创建、正交和命名用户坐标系。

1. 创建用户坐标系

创建用户坐标系的命令有多种,均在下拉菜单【工具】|【新建 UCS】的子命令中。

"世界":可以将当前 UCS 恢复为 WCS。

"上一个":可以将当前的坐标系恢复到上一个坐标系。

"面":可以选择实体对象中的面定义 UCS。用户可以选择实体对象上的任意一个面,被选中的面将亮显,如果此时选择命令提示后的"接受"选项,则 AutoCAD 将该面作为 UCS 的 XOY 面,X 轴将与最近的边对齐,从而定义 UCS。

"对象":AutoCAD 将根据用户指定的对象定义 UCS。在图形中选择图形对象时,AutoCAD 根据不同的对象类型选择相应的方法定义 UCS,其中新 UCS 的 Z 轴正方向与选定对象的正方向保持一致,一些典型的定义方法见表 1-1。

表 1-1　UCS 定义

对象	定义方法
点	新建 UCS 的原点位于该点
直线	新建 UCS 的原点位于选择点最近的端点,AutoCAD 选择新的 X 轴使该直线位于新建 UCS 的 XZ 平面中,并且使该直线的第二个端点在新的 UCS 中 Y 坐标为零
宽线	新建 UCS 的原点位于宽线的起点,X 轴沿宽线的中心线方向
圆弧	新建 UCS 的原点位于圆弧的圆心,X 轴通过距离选择点最近的圆弧端点
圆	新建 UCS 的原点位于圆的圆心,X 轴通过选择点
二维多线段	新建 UCS 的原点位于多段线的起点,X 轴沿起点到下一顶点的方向
二维填充	新建 UCS 的原点位于二维填充的第一点,X 轴沿前两点之间的连线方向
标注	新建 UCS 的原点位于标注文字的中点,X 轴的方向平行于绘制该标注时生效的 UCS 的 X 轴
三维面	新建 UCS 的原点位于三维面的第一点,X 轴沿前两点的连线方向,Y 的正方向取自第一点和第四点,Z 轴由右手定则确定
形、文字、块参照、属性定义	新建 UCS 的原点位于该对象的插入点,X 轴由对象绕其拉伸方向旋转定义,用于建立新 UCS 的对象在新 UCS 中的旋转角度为零

　　“视图”:可以以平行于屏幕的平面为 XY 平面定义 UCS,UCS 原点保持不变。

　　“原点”:可以直接指定新 UCS 的原点。

　　“Z 轴”:可以指定 Z 轴正半轴,从而定义新 UCS。

　　“三点”:可以指定新 UCS 的原点及其 X 轴和 Y 轴的正方向,AutoCAD 将根据右手定则确定 Z 轴。

　　“X”、“Y”或“Z”,可以绕相应的坐标轴旋转 UCS,从而得到新的 UCS。

　　2. 使用用户坐标系

　　命名用户坐标系:选择下拉菜单【工具】|【命名 UCS】命令,打开“UCS”对话框,单击“命名 UCS”选项卡,并在“当前 UCS”列表中选中“世界”、“上一个”或某个 UCS,然后单击“置为当前”按钮,可将其置为当前坐标系,这时在该 UCS 前面将显示“”标记。

　　使用正交用户坐标系:选择下拉菜单【工具】|【命名 UCS】命令,打开“UCS”对话框,在“正交 UCS”选项卡中的“当前 UCS”列表中选择需要使用的正交坐标系,如俯视、仰视、左视、右视、主视和后视等。

　　设置 UCS 的其他选项:在 AutoCAD 2010 中,可以通过选择下拉菜单【视图】|【显示】|【UCS 图标】子菜单中的命令,控制坐标系图标的可见性及显示方式。

　　“开”:选择该命令可以在当前视口中打开 UCS 图符显示;取消该命令则可在当前视口中关闭 UCS 图符显示。

　　“原点”:选择该命令可以在当前坐标系的原点处显示 UCS 图符;取消该命令则可以在视口的左下角显示 UCS 图符,而不考虑当前坐标系的原点。

　　“特性”:选择该命令可打开“UCS 图标”对话框,可以设置 UCS 图标样式、大小、颜色及布局选项卡中的图标颜色。

1.6 AutoCAD 命令的调用方法

在 AutoCAD 中,常用命令的调用一般都是使用鼠标和键盘来完成。

1.6.1 使用鼠标调用命令

通过鼠标单击或右击的操作,完成命令的调用。其实现的主要功能如下:

(1)利用鼠标执行菜单或按钮命令;

(2)根据提示,利用鼠标绘制图形;

(3)利用鼠标控制视图的显示;

(4)利用鼠标设置环境和属性的更改。

1.6.2 使用键盘调用命令

AutoCAD 主要的命令可通过键盘在命令行中输入,而且文本、坐标值、数值及各种参数的输入大都由键盘来完成。

例如,用键盘完成圆的绘制:

(1)命令:circle ↙;

(2)输入圆心的坐标:120,120 ↙;

(3)输入圆的半径:50 ↙。

1.6.3 透明命令

执行透明命令是在运行其他命令的过程中执行另一个命令。如在画直线的过程中需要缩放视图,这时就可用透明命令,视图缩放后可接着画直线。

透明命令主要用于修改图形设置或打开绘图辅助工具,如正交模式、对象捕捉、单点捕捉等,而选择对象、创建对象、重新生成图像等的命令就不能透明调用。

1.6.4 命令的重复、撤销和恢复

AutoCAD 中,用户可方便地对命令重复执行,或调用已执行的命令。

1. 重复命令

用户可通过 3 种方式重复执行命令。

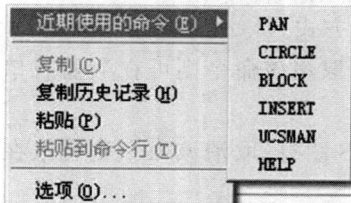

近期使用的命令 (E)	PAN
复制 (C)	CIRCLE
复制历史记录 (H)	BLOCK
粘贴 (P)	INSERT
粘贴到命令行 (T)	UCSMAN
	HELP
选项 (O)...	

图 1-16 近期使用的命令

要重复执行上一个命令,可敲击回车键或空格键来完成,或在绘图窗口中单击鼠标右键,然后在弹出的快捷菜单中选择"重复"命令。

要重复执行最近使用的 6 个命令中的一个,可在命令行窗口或文本窗口中单击鼠标右键,从弹出的快捷菜单"近期使用的命令(E)"中选择所需要的,如图 1-16 所示。

多次重复执行一个命令,可在命令行中输入 Multiple,然后在下一个提示中输入要重复执行的命令,则系统将重复执行该命令,直到用户按下

"Esc"键为止。

2. 撤销命令

最简单的撤销命令的操作,是使用工具栏上的　　　　按钮或快捷键<Ctrl+Z>,可以撤销图形文件没执行保存操作前的所有命令。再者,命令行中撤销单次操作的方法就是使用"Undo"。用户若需撤销之前的多步操作,可在"Undo"命令输入后,再输入放弃操作的数目。

3. 恢复命令

恢复撤销的最后一个操作,可以使用"Undo"命令。也可使用工具栏上的　　　　按钮。

本章小结

通过本章的学习,了解 AutoCAD 2010 的功能,熟悉其操作界面,了解其命令调用方式。

习题与实训

一、填空题

1. 中文版 AutoCAD 2010 为用户提供了(　　　　　　)、二维草图、注释和三维建模 3 种工作空间模式。

2. 图形文件的打开方式有打开、以只读方式打开、局部打开和以只读方式局部打开 4 种。如果用打开和(　　　　　　)方式打开图形,可以对图形文件进行保存;如果用(　　　　　)和以只读方式局部打开方式打开图形,则无法对图形文件进行保存。

3. 按(　　　　　　)组合键,打开"图形另存为"对话框,同样可以将图形文件保存在不同的位置或以不同的文件名进行保存。

4. 利用坐标辅助绘图是精确绘图的基础,也是确定对象位置的基本手段。在 AutoCAD 中,系统提供世界坐标系和(　　　　　　)两种不同的坐标系供用户使用。

5. 采用键盘输入方法确定点的位置时,必须以点坐标的形式给出,可分为绝对坐标和(　　　　　　)两种方式。

二、选择题

1. AutoCAD 图形文件的后缀名为(　　　)。

    A. *.dxf   B. *.dwg   C. *.dws   D. *.dwt

2. 打开图形文件的命令是(　　　)

    A. START   B. BEGIN   C. OPEN   D. ORIGIN

3. 在 AutoCAD 2010 中可将 AutoCAD 图形对象保存为其他需要的文件格式以供其他软件调用,无法输出以下(　　　)文件格式。

    A. 三维 DWF   B. 图元文件   C. ISO 文件   D. 位图

4. AutoCAD 是由(　　　)公司开发的应用软件。

    A. Adobe   B. Microsoft   C. Micromedia   D. Autodesk

5. 在 AutoCAD 中,下列坐标中使用相对极坐标的是(　　　)。

    A. (20,35)   B. (20<35)   C. (@20<35)   D. (@20,35)

第 2 章

精确绘图与对象选择

知识提要

在绘图过程中,仅使用坐标系来定位并不是很方便。AutoCAD 提供了绘图的辅助工具,用以对特殊的点精准定位。

学习目标

1. 掌握对象选择的不同方法与技术;
2. 掌握正交模式、对象捕捉、对象追踪和栅格的设置与应用。

在绘图过程中,经常需要对点进行选择与定位,如果采用常规方式,很难直接准确地拾取所需要的点。在 AutoCAD 系统中,对象捕捉与追踪却使得用户的绘图方式发生很大的改变,它提供的基于已知点的追踪线来进行可视化拾取,使得使用者可以方便地拾取到这些点,大大提高绘图的效率。

2.1 选择对象方式

在编辑与绘制图形前,首先需要选择编辑的对象。AutoCAD 2010 提供了多种选择对象的方法,并用虚线亮显所选的对象。被选择的对象,可以是单个的,也可以是编组的。

2.1.1 设置对象选择模式

选择集模式的设置,可以选择下拉菜单【工具】|【选项】命令。打开"选择集"选项卡,在"选择集模式"选项区设置,如图 2-1 所示。

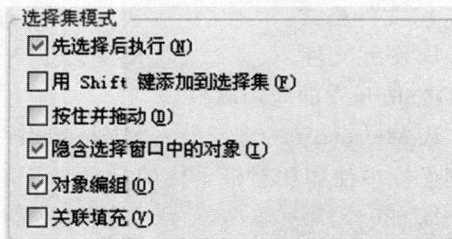

图 2-1 选择集模式设置

1."先选择后执行"复选框

选中此选项后,将会调换大多数修改命令的传统次序。在命令行输入"命令:"提示下,可以先选择对象,再执行具体修改。当然,也不是所有的命令都支持"先选择后执行"的模式,例如 Trim,Extend 等。

2."用<Shift>键添加到选择集"复选框

选中此选项卡后,在选择时需添加新对象,则必须同时按住<Shift>键,才能完成添加操作。与之相应,在取消选择的对象时,也需用同样的方法。

3."按住并拖动"复选框

选中此选项卡后,可以按住拾取按钮,同时拖动光标来确定选择窗口。而没选中此选项卡时,则需指定两个点,来确定选择窗口。

4."隐含窗口"复选框

选中此复选框,用户进行对象选择时,用拖动光标或定义对角点的方式即可出现一个矩形,此矩形范围就是可定义选择的对象。反之,建立选择窗口则需调用"窗口"或"窗交"选项。

5."对象编组"复选框

选中该复选框时,如果选择组中的任一个对象,则该对象所在的组都会被选中。

6."关联填充"复选框

选中该复选框时,如果选择关联填充的对象,则填充的边界对象也被选中。

2.1.2　选择对象

在 AutoCAD 2010 中,选择对象的方法很多。

1.单击选择对象

选择一个对象时,将拾取框移动到被选对象上,然后单击。

2.循环选择对象

如果图形非常拥挤,则选择某一对象将很困难,因为距离太近或者被选对象正好位于另一个对象之上。单独选取对象时,在拾取框中可以循环选择对象,直到用户需要选择的对象亮显。要达到此目的,可将拾取框移动到所需对象上,并尽可能靠近该对象,然后按住<Ctrl>键的同时单击,AutoCAD 在命令行中将显示下列信息:

命令:<循环 开>

激活对象循环后,每单击一次,AutoCAD 将会亮显一个不同的对象。在所需对象亮显时,按空格键将该对象添加到选择集中。

(1)使用"窗口"模式选择对象。此种方式通过绘制一个矩形框来选择对象:第一步,用鼠标单击指定一个对角点后,向右拖动鼠标,将显示一个实线矩形;第二步,当矩形把所需选择的对象全部框住后,用鼠标单击指定第二个对角点,则进入实线矩形中的对象将被选中。

(2)使用"窗交"模式选取对象。"窗交"模式也是通过绘制一个矩形框来选择对象,但是与"窗口"模式又有所区别。第一步,完成单击后,是向左拖动鼠标,这时显示的是虚线矩形;第二步的操作与"窗口"模式相同,但选择结果不同。不仅虚线矩形中的对象被选中,而且虚线矩形所涉及对象的全部主体也被选中(如图 2-2 所示)。

图 2-2　窗交模式

使用"窗交"模式选取复杂对象时将会非常方便。

（3）使用"栏选择"模式选择对象。在命令行输入"Select"命令再输入＜？＞，打开选择项目后，按下＜F＞键即进入"栏选择"模式。栏选择看起很像多线段，只选择线段经过的对象，而非通过封闭图形选择对象。图 2-3 是使用栏选择多个对象的结果。

图 2-3　选择多个对象

2.1.3　快速选择对象

快速选择命令可以根据需要，一次性选取所需的所有对象。启动快速选择命令方法：

图 2-4　快速选择对话框

菜单栏：【工具】|【快速选择】。

命令行：Qselect。

在快速选择对话框中，可以设置自定义的选择条件，根据此条件选择所需对象（如图 2-4 所示）。

（1）"应用到"列表中选择将应用到的图形，或单击右侧的"选择对象"按钮，在绘图窗口中选择所应用到的图形。

（2）"对象类型"下拉列表中选择需过滤的对象类型。

（3）"特性"下拉列表中选择过滤对象的属性。

（4）"运算符"下拉列表中选择控制过滤器中过滤值的范围。

（5）"值"文本框中设置过滤器的值。

（6）"如何应用"选项区中选择是否选中符合过滤

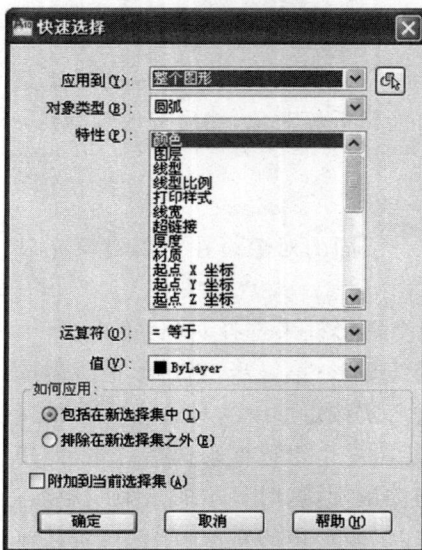

条件的对象。

（7）如果选中"附加到当前选择集"复选框,则将保存当前的选择设置,作为默认选择集。

2.1.4　对象编组

编组是保存对象集,可以根据需要一起选择和编辑,也可以分别进行。编组提供了以组为单位进行图形对象操作的简单方法。

在命令行中输入"Group",然后按＜Enter＞键,即可打开"对象编组"对话框(如图 2-5 所示)。

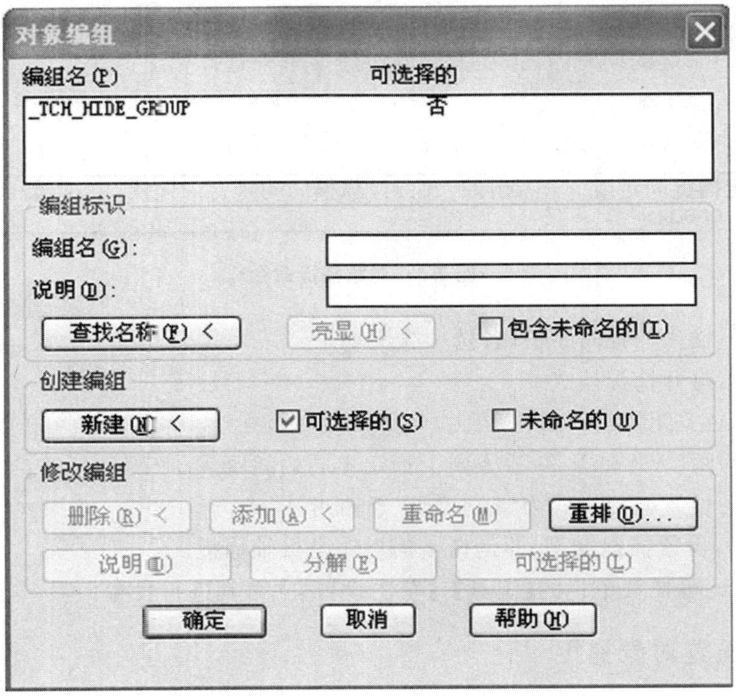

图 2-5　对象编组对话框

创建编组对话框：

（1）"编组名"列表框中列出的是已经创建的编组,但是未列出未命名的编组,若也想列出则需选中 未命名的(U) 复选框;

（2）"编组名"用于显示或输入选中的编组的名称;

（3）"说明"文本框用于显示选中的编组的信息;

（4）单击"查找名称"按钮后,切换到绘图窗口,拾取要查找的对象后,该对象所属组名将显示在编组名列表中;

（5）"亮显"按钮,用于亮显绘图窗口中对象组的所有成员;

（6）"新建编组"选项区,用于新建一个新组;

（7）"修改编组"用于修改编辑已有的对象编组。

2.2 对象捕捉

在选择一些特殊的关键点的时候，如直线的中点、端点、交点、切点、圆心等，对象捕捉可以快速、准确地拾取这些关键点。下面将介绍系统提供的一系列绘图辅助工具。

启动对象捕捉的方法有如下 3 种：

（1）命令行：Snap。

（2）菜单栏：在工具栏单击右键，选择【ACDC】，再选择【对象捕捉】，弹出对象捕捉工具栏。按下<Shift>键的同时右击，在弹出的快捷菜单中选择相应命令。

（3）功能键：<F3>。

在命令行中输入 Snap 命令后，系统提示如图 2-6 所示。

指定捕捉间距或 [开(ON)/关(OFF)/纵横向间距(A)/样式(S)/类型(T)]
<10.0000>：

图 2-6 对象捕捉命令

在该提示下输入捕捉间距值，各选项含义如下：

·开(ON)：打开捕捉模式。

·关(OFF)：关闭捕捉模式。

·纵横向间距(A)：在 X 和 Y 方向上指定不同的间距。

·样式(S)：设置捕捉样式为"标准"或"等轴测"模式。

·类型(T)：设置捕捉类型，即是栅格捕捉还是极轴捕捉。

除此之外，还可在菜单栏的【工具】|【草图设置】中对其进行设置。

2.2.1 设置对象捕捉

使用对象捕捉可以将指定点快速、精确地限制在对象的确切位置上，而不必了解其坐标值。选择【工具】|【草图设置】，在弹出的"草图设置"对话框中，选择"对象捕捉"选项卡，如图 2-7 所示。在此对话框中，提供了 13 种目标捕捉类型用于设置捕捉模式。

捕捉工具栏中各项按钮含义如下：

·"临时追踪"按钮：命令为"TT"，临时使用对象捕捉跟踪功能。可在不打开对象捕捉跟踪功能的情况下，临时使用一次该功能。

·"自捕捉"按钮：命令为"From"，设置一个基准点以进行其他位置的定位。在使用该选项时，需要指定一个临时点，然后根据该临时点来确定其他点的位置。

·"捕捉到端点"按钮：命令为"End"，用来捕捉对象（如圆弧或直线等）的端点。

·"捕捉到中点"按钮：命令为"Mid"，用来捕捉对象的中间点（等分点）。

·"捕捉到交点"按钮：命令为"Int"，用来捕捉两个对象的交点。

·"捕捉到外观交点"：命令为"App"，用来捕捉两个对象延长或投影后的交点。即两个对象没有直接相交时，系统可自动计算其延长后的交点，或者空间异面直线在投影方向上的交点。

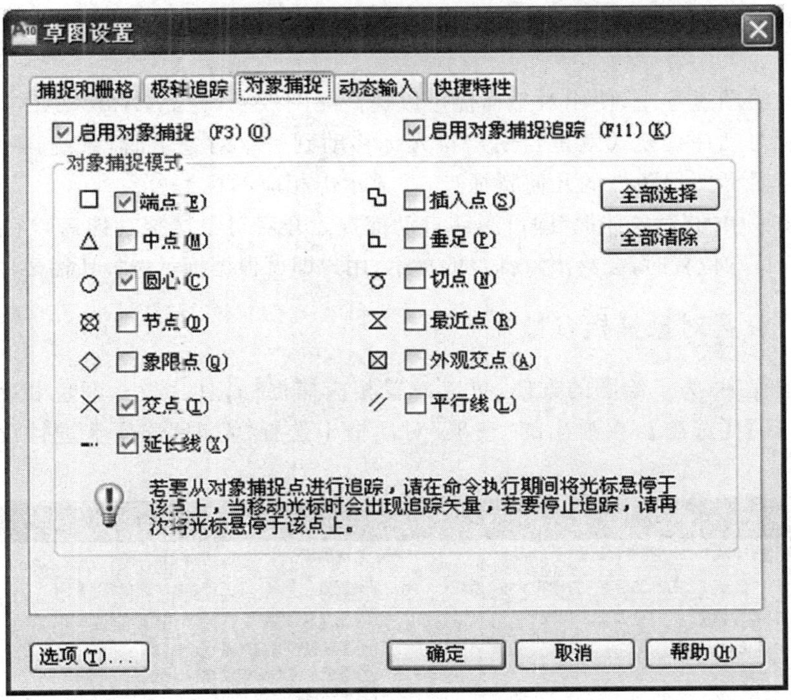

图 2-7　对象捕捉设置

· "捕捉到延伸线"：命令为"Ext"，用来捕捉某个对象及其延长路径上的一点。在这种捕捉方式下，将光标移到某条直线或圆弧上时，将沿直线或圆弧路径方向上显示一条虚线，用户可在此虚线上选择一点。

· "捕捉到圆心"：命令为"Cen"，用于捕捉圆或圆弧的圆心。

· "捕捉到象限点"：命令为"Qua"，用于捕捉圆或圆弧上的象限点。象限点是圆上在 0°、90°、180°和 270°方向上的点。

· "捕捉到切点"：命令为"Tan"，用于捕捉对象之间相切的点。

· "捕捉到垂足"：命令为" Per"，用于捕捉某指定点到另一个对象的垂点。

· "捕捉到平行线"：命令为"Par"，用于捕捉与指定直线平行方向上的一点。创建直线并确定第一个端点后，可在此捕捉方式下将光标移到一条已有的直线对象上，该对象上将显示平行捕捉标记，然后移动光标到指定位置，屏幕上将显示一条与原直线相平行的虚线，用户可在此虚线上选择一点。

· "捕捉到插入点"：命令为"Ins"，捕捉到块、形、文字、属性或属性定义等对象的插入点。

· "捕捉到节点"：命令为"Nod"，用于捕捉点对象。

· "捕捉到最近点"：命令为"Nea"，用于捕捉对象上距指定点最近的一点。

· "无捕捉"：命令为"Non"，不使用对象捕捉。

· "对象捕捉设置"：命令为"Snap"，用于捕捉选项的具体设置。

2.2.2　自动捕捉

在实际的绘图过程中,使用对象捕捉可以提高绘图效率,为此,AutoCAD 提供了一种自动捕捉模式。自动捕捉模式就是当用户将光标移动到一个对象上时,系统自动捕捉到该对象中所有符合目标捕捉条件的几何特征点,并显示出相应的标记。

单击状态栏中的"对象捕捉"即可激活自动捕捉。开启对象捕捉功能后,当指针移动到已有图形对象的特殊位置时,会给出特殊点的提示,用户即可根据提示选择所需要的捕捉点。

2.2.3　设置对象捕捉参数

在绘图过程中,为了绘图的方便,可以设置相应捕捉标记的大小、颜色和捕捉靶框的大小。选择【工具】|【选项】,在弹出的"选项"对话框中选择"草图"选项卡进行设置(如图 2-8 所示)。

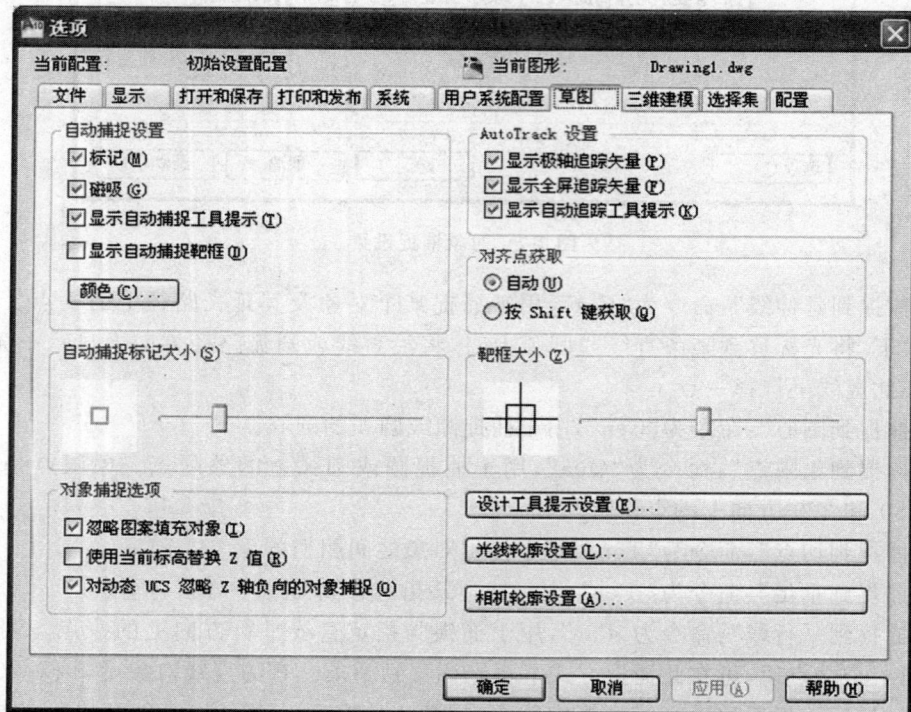

图 2-8　草图选项卡

实例:绘制如图 2-9 所示的图形。

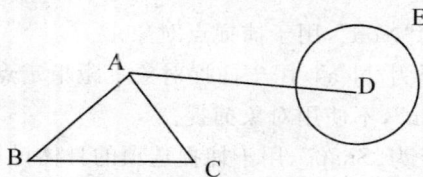

图 2-9　图形实例

在命令行输入：line

指定第一点：∥在该提示下用鼠标在绘图区域拾取 A 点

指定下一点或［放弃(U)］：∥在该提示下拾取 B 点

指定下一点或［放弃(U)］：∥在该提示下拾取 C 点

指定下一点或［放弃(U)］：∥在该提示下输入 c 并回车以闭合三角形

命令行：c

指定圆的圆心或［三点(3P)/两点(2P)/相切、相切、半径(T)］：∥在该提示下用鼠标在绘图区域拾取 D 点，作为圆的圆心

指定圆的半径或［直径(D)］：∥在该提示下，用鼠标拾取 E 点，作为圆的半径

命令行：line

指定第一点：∥在该提示下，将十字光标移近 AC 线段靠 A 点的一端，会在 A 点上出现一个黄色的方框，表明已经捕捉到 A 点，然后单击鼠标左键

指定下一点或［放弃(U)］：∥在该提示下，将十字光标移近圆的附近，会在圆心上出现一个黄色的小圆框，表明已经捕捉到 D 点，然后单击鼠标左键，然后回车结束直线输入

2.3　对象追踪

对象追踪是定位除关键点外其他点的方法。自动追踪可以按指定的角度绘制对象，或绘制与其他对象有特定关系的对象。自动追踪包括极轴追踪和对象追踪两种。

2.3.1　极轴追踪

用户在极轴追踪模式下定位目标点时，系统会在光标接近指定的角度上显示临时的对齐路径，并自动在对齐路径上捕捉距离光标最近的点，同时可根据此点准确地确定目标点。设置极轴追踪的操作步骤如下：

(1)选择菜单栏的【工具】|【草图设置】，将弹出"草图设置"对话框，单击"极轴追踪"选项卡，打开如图 2-10 所示的选项。也可以单击功能键<F10>；

(2)选中 ☑启用极轴追踪 (F10)(P) 复选框，打开极轴追踪功能；

(3)在"增量角"的下拉列表中选择需要追踪的角度，如果设置为"90"，则表示以角度为 90°或 90°的倍数进行追踪；

(4)选中 ☑附加角(D) 复选框，单击数值框右边的"新建"按钮，然后在数值框内的文本框中输入一个角度值，即可新建一个附加角；

(5)在"对象捕捉追踪设置"选项组中，若选中"仅正交追踪"单选按钮，启用对象捕捉追踪，此时只显示获取的对象捕捉点的正交(水平/垂直)对象捕捉追踪路径；若选中"用所有极轴角设置追踪"单选按钮，则将极轴追踪设置应用到对象捕捉追踪；

(6)完成设置后，单击"确定"按钮。

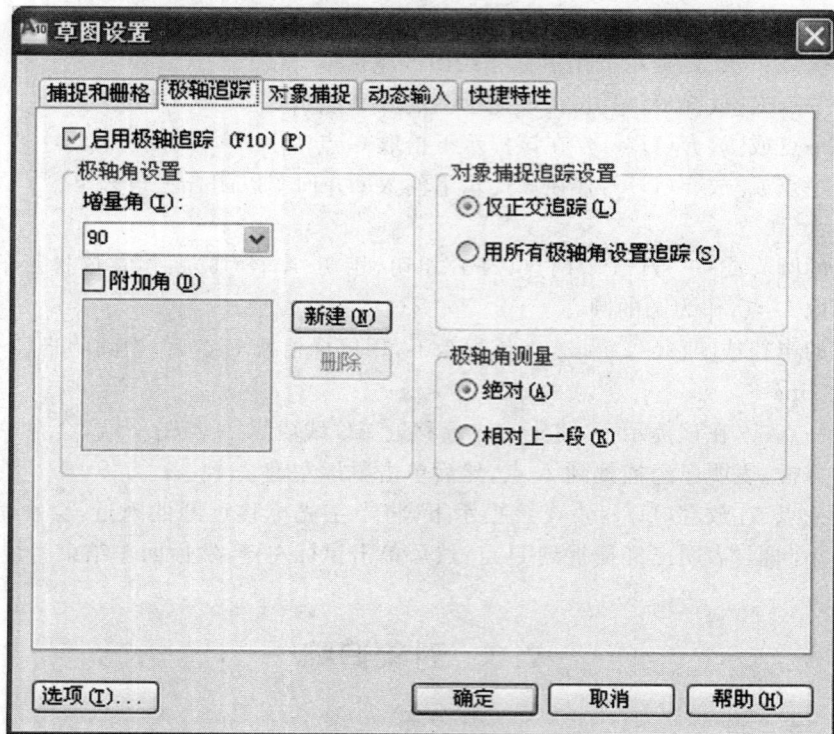

图 2-10 "极轴追踪"选项卡

2.3.2 对象追踪

对象追踪可以看作对象捕捉和极轴追踪功能的联合应用。对象追踪功能有两种方式，在"草图设置"对话框的"极轴追踪"选项卡的对象捕捉设置栏中提供了两种选择：

(1) ⊙ **仅正交追踪(L)**：只显示获取的对象捕捉点的正交对象捕捉追踪路径。

(2) ⊙ **用所有极轴角设置追踪(S)**：绘图时则将极轴追踪设置应用到对象捕捉追踪，使用对象捕捉追踪时，光标将从获取的对象捕捉点起沿极轴对其角度进行追踪。

2.3.3 动态输入

在 AutoCAD 系统中，使用动态输入功能可以控制指针位置处的显示信息，即工具栏提示，其功能键是＜F12＞。"草图设置"对话框的"动态输入"选项卡中提供动态输入的具体参数设置（如图 2-11 所示）。

(1)"指针输入"选项区用于设置坐标的显示格式和控制何时显示坐标工具栏提示。单击该选项区的"设置"按钮，将弹出"指针输入设置"对话框。用以修改坐标的默认格式和控制何时显示坐标工具栏提示；

(2)"标注输入"选项区用于在命令提示输入第二点时控制工具栏提示显示的字段；

(3)"动态提示"选项区用于设置工具栏提示的显示模式。

实例：绘制如图 2-12 所示的图形。

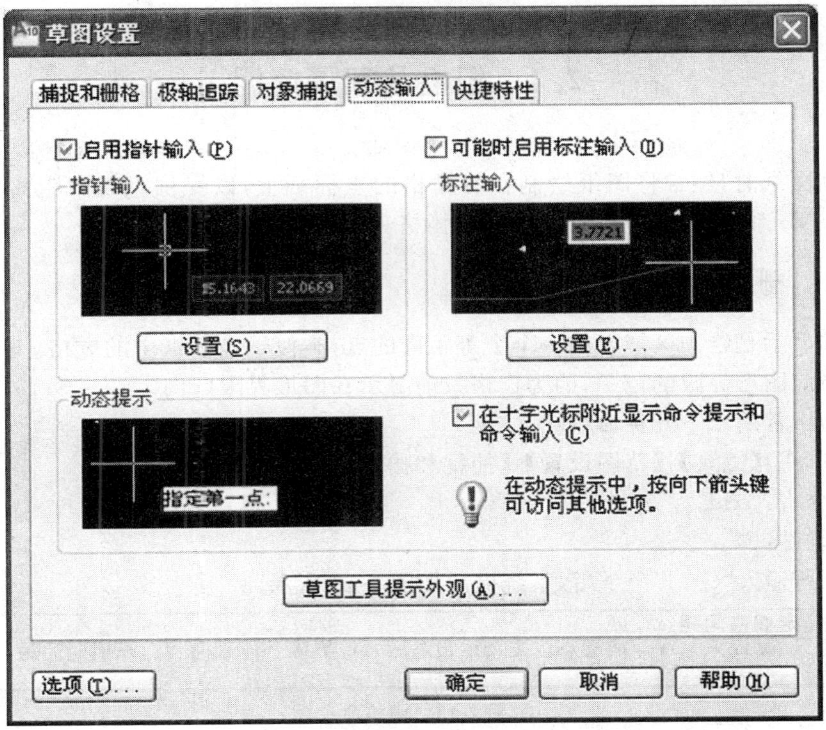

图 2-11　动态输入选项卡

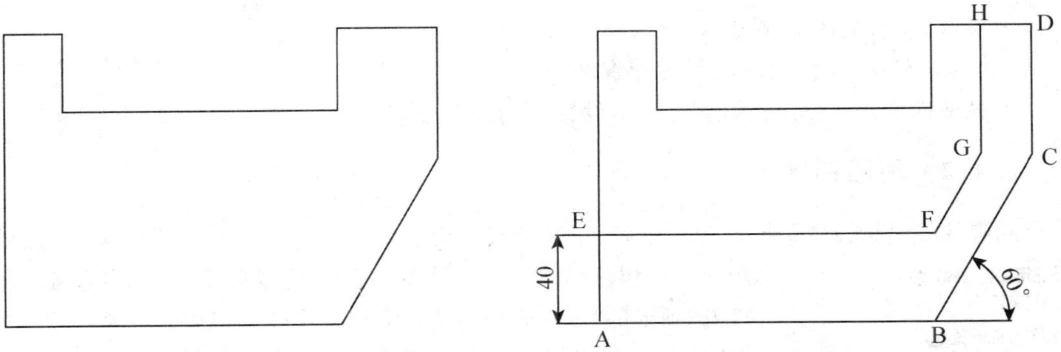

图 2-12　图形实例

激活极轴追踪、对象捕捉及自动追踪功能。设置极轴追踪角度增量为 30°,设定对象捕捉方式为端点、交点,设置所有极轴角进行自动追踪。

命令:Line

指定第一点:40 //以 A 点为追踪参考点向上追踪,输入追踪距离并按回车键

指定下一点或[放弃(U)]: //从 E 点向右追踪,再在 B 点建立追踪参考点以确定 F 点

指定下一点或[放弃(U)]: //从 F 点沿 60°方向追踪,再在 C 点建立参考点以确定 G 点

指定下一点或[放弃(U)]: //从 G 点向上追踪并捕捉交点 H

指定下一点或[放弃(U)]: //按回车键结束命令

2.4 栅格及间隔捕捉

在绘制图纸时,经常将图纸绘制在有栅格的坐标纸上,以提供直观的距离和位置的参照。AutoCAD 系统也提供类似的功能,即栅格和间隔捕捉。

2.4.1 栅格

栅格的显示是绘图区域上的一个个等距离的点,类似于坐标纸中的方格。另外,栅格还显示出了当前图形界限的范围,因为栅格只能显示在图形界限以内。

启动栅格常用以下几种命令:

(1)菜单栏:【工具】|【草图设置】|【捕捉和栅格】。

(2)命令行:Grid。

(3)功能键:F7。

在命令行输入"Grid"命令后,系统提示如图 2-13 所示。

```
指定栅格间距(X) 或
[开(ON)/关(OFF)/捕捉(S)/主(M)/自适应(D)/界限(L)/跟随(F)/纵横向间距(
A)] <10.0000>:
```

图 2-13 栅格命令

在该提示下输入捕捉间距值,各选项含义如下:

- 开(ON):打开栅格显示。
- 关(OFF):关闭栅格显示。
- 捕捉(S):将栅格间距设置为捕捉间距。
- 纵横向间距(A):在 X,Y 方向上设置不同的栅格间距。

2.4.2 间隔捕捉

间隔捕捉是指设置了捕捉功能以后,光标只能在绘图区上做等距离移动。一次移动的间距称为捕捉分辨率。在下拉菜单【工具】|【草图设置】|【捕捉和栅格】选项卡的"捕捉间距"选项区中对其进行设置。在系统默认的情况下,在 X、Y 两个方向上都是 10,如图 2-14 所示。

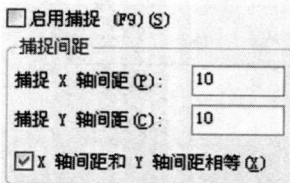

图 2-14 捕捉间距设置

捕捉分辨率和栅格间距值是两个独立的概念,它们的值可以相等也可以不相等。当两者相等时,指针一次移动一个栅格。

2.5 绘制直线及点的确定方法

2.5.1 绘制直线

直线是图形中最常见的实体,其命令是 Line。执行该命令一次可以画一条或多条连续的线段。该命令是用起点和终点来确定直线的。直线的绘制有 3 种方法。

(1)菜单栏:【绘图】|【直线】。

(2)工具栏:【绘图】|【直线】。

(3)命令行:Line。

指定第一点后,紧接着出现下面的提示:指定下一点[放弃 U]。提醒用户输入直线的第二点,并且以后会连续出现该提示。除非敲击回车键或按<Esc>键结束命令。

当输入两条以上直线后,系统会提示:指定下一点或[闭合(C)/放弃(U)]。在该提示下输入 c,会使最后一段线的终点与第一段线的起点相连,并结束 Line 命令。

例如:用 Line 命令绘制图 2-15 所示图形。步骤如下:

图 2-15　图形实例

(1)命令行:Line

(2)指定第一点:∥在该提示下用鼠标拾取绘图区域任一点 A

(3)指定下一点或[放弃(U)]:@10<0∥在该提示下用相对极坐标输入点 B

(4)指定下一点或[闭合(C)/放弃(U)]:@10<315∥在该提示下输入点 C

(5)指定下一点或[闭合(C)/放弃(U)]:@10<225∥在该提示下输入点 D

(6)指定下一点或[闭合(C)/放弃(U)]:@10<180∥在该提示下输入点 E

(7)指定下一点或[闭合(C)/放弃(U)]:@10<135∥在该提示下输入点 F

(8)指定下一点或[闭合(C)/放弃(U)]:C∥在该提示下输入字母 C 以闭合

2.5.2　点的绘制

点在 AutoCAD 中可以作为实体,具有各种属性。用户可以像绘制直线一样创建点。

图 2-16　点样式

(1)工具栏:【绘图】|【点】。

(2)菜单栏:【绘图】|【点】。

(3)命令行:Point。

启动 Point 命令后,命令行会出现提示:"指定点:",在该提示下用户可以输入或拾取一点。之后会在该点的位置出现一个点的实体。

点的形状是可以定制的,定制点的形状用以下命令:

(1)菜单栏:【格式】|【点样式】。

(2)命令行:Ddptype。

启动命令之后,会弹出如图 2-16 所示的"点样式"对话框。该对话框里有 20 种点的形式图案可供选择。

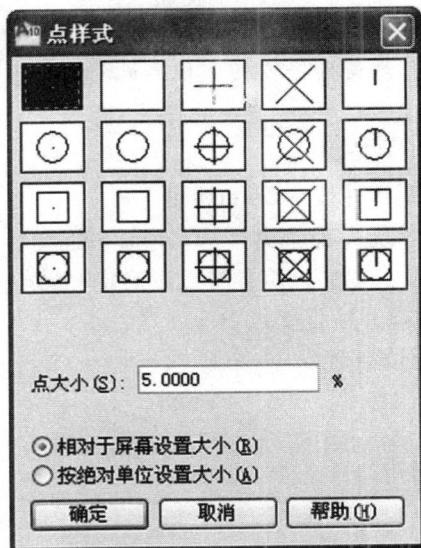

2.6 利用正交工具辅助作图

用 LINE 命令并结合极轴追踪、对象捕捉及自动追踪功能将图 2-17 的左图修改为右图。

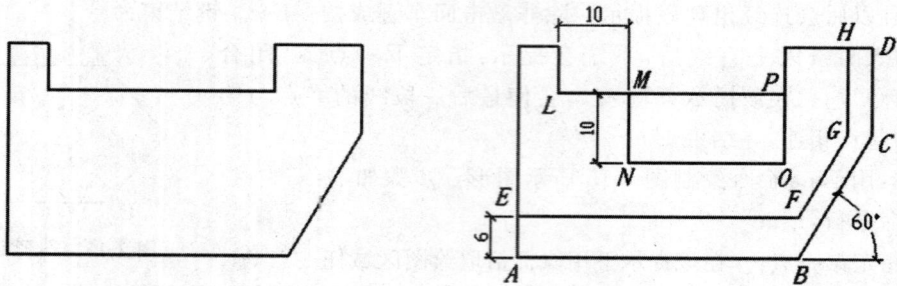

图 2-17 正交工具作图

(1)激活极轴追踪、对象捕捉及自动追踪功能。设置极轴追踪角度增量为【30】，设置对象捕捉方式为【端点】、【交点】，设置沿所有极轴角进行自动追踪。

(2)输入"Line"命令，AutoCAD 提示如下：

命令：Line。

指定第一点：6 // 以 A 点为追踪参考点向上追踪，输入追踪距离并按＜Enter＞键

指定下一点或［放弃(U)］：// 从 E 点向右追踪，再在 B 点建立追踪参考点以确定 F 点

指定下一点或［放弃(U)］：// 从 F 点沿 60°方向追踪，再在 C 点建立参考点以确定 G 点

指定下一点或［闭合(C)/放弃(U)］：// 从 G 点向上追踪并捕捉交点 H

指定下一点或［闭合(C)/放弃(U)］：// 按＜Enter＞键结束命令 // 按＜Enter＞键重复命令

命令：Line。

Line 指定第一点：10 // 从基点 L 向右追踪，输入追踪距离并按＜Enter＞键

指定下一点或［放弃(U)］：10 // 从 M 点向下追踪，输入追踪距离并按＜Enter＞键

指定下一点或［放弃(U)］：// 从 N 点向右追踪，再在 P 点建立追踪参考点以确定 O 点

指定下一点或［闭合(C)/放弃(U)］：// 从 O 点向上追踪并捕捉交点 P

指定下一点或［闭合(C)/放弃(U)］：// 按＜Enter＞键结束命令

本章小结 ←‧‧‧‧‧‧‧‧‧‧‧‧‧‧‧‧‧‧‧‧‧‧‧‧‧‧‧‧‧‧‧‧‧‧‧‧‧‧‧○

本章主要讲解了图形对象的选择操作技术、对象捕捉、对象追踪、正交模式等，这些知识是精确绘制建筑工程图的基础，要求学生能利用这些知识来熟练地绘制工程图。

习题与实训

一、填空题

1. 按（　　）键可启用和关闭正交功能,按（　　）键可启用和关闭对象捕捉功能。

2. 窗选方式分为（　　）和（　　）两种模式。其中（　　）要求"从左到右"定义选择窗口的两个对焦点,（　　）要求"从右到左"定义窗口的两个对角点。

3. AutoCAD 2010 提供了（　　）和（　　）两种捕捉类型供用户选择。

4. AutoCAD 2010 中使用（　　）是可以使用标注输入。

5. 用户可通过（　　）方式设置捕捉方式。

二、选择题

1. 在 AutocAD 中,栅格的开启或关闭可按（　　）键。

　　A. F7　　　　　　B. F9　　　　　　C. F2　　　　　　D. F12

2. 在指定点的提示下,可通过输入所需捕捉模式的关键词选择捕捉模式,其中切点捕捉的关键词为（　　）。

　　A. mid　　　　　　B. end　　　　　　C. tan　　　　　　D. cen

3. 若要快速绘制水平或垂直的直线,可通过状态栏中的（　　）功能辅助绘图。

　　A. 捕捉　　　　　B. 对象追踪　　　　C. 栅格　　　　　D. 正交

4. 下列关于使用窗选交叉方式选择对象的说法中,哪种说法不正确?（　　）

　　A. 以窗选交叉方式选择对象时,被完全框选的对象可以被选中

　　B. 以窗选交叉方式选择对象时,与框选区域相交的图形可以被选中

　　C. 窗选交叉方式与窗选方式的操作方法是完全一样的

　　D. 以窗选交叉方式选择对象时,需要在"选择对象:"提示信息后输入"c"

5. 使用对象捕捉工具可以捕捉到（　　）。

　　A. 圆心　　　　　B. 中点　　　　　C. 端点　　　　　D. 象限点

第 3 章

图层的应用与管理

知识提要

图层是用来组织图形最有效的工具之一。在 AutoCAD 绘图中，图形对象通常可以绘制在不同的图层中，并通过"图层特性管理器"对话框对图层进行管理与控制。本章主要讲解图层的概念、作用与管理。

学习目标

1. 理解图层的基本概念；
2. 掌握设置图层的方法及建筑施工图中常见图层的设置；
3. 能熟练对图层进行管理和控制操作。

3.1 图层的概念与作用

3.1.1 图层的概念

在传统手工绘图过程中，通常是将所有的内容绘制在一张纸上，这样不便于管理各种相同类型的图形元素，而在 AutoCAD 中，则可以通过图层将相同类型的图形元素放在同一个图层上。那什么叫图层呢？图层就相当于一张透明的电子图纸，用户把各种相同的图形元素放在各个层上，各层之间完全对齐，AutoCAD 把各层透明纸重叠并显示出来，用户通过对各图层的控制和管理从而达到管理图层上对象的目的。

3.1.2 图层的作用

在 AutoCAD 中，所有图层对象都具有图层名、颜色、线型和线宽这 4 个基本属性。图层用于按功能在图形中组织信息及执行线型、颜色和其他标准，是用户组织和管理图形的强有力工具。在 AutoCAD 中，默认的图层是 0 图层，在没有设置和选择图层之前，AutoCAD 自动将图形对象绘制到 0 图层上。

3.2　创建和管理图层

3.2.1　创建图层

在 AutoCAD 中,创建图层是通过"图层特性管理器"来实现的,创建图层常用以下 3 种方法:

(1)菜单栏:【格式】|【图层】。

(2)工具栏:【图层】工具栏|【图层】 按钮。

(3)命令行:在命令提示行中执行 Layer 命令并按回车,Layer 简写 La。

执行以上 3 种方法都能打开图 3-1 所示的"图层特性管理器"对话框。

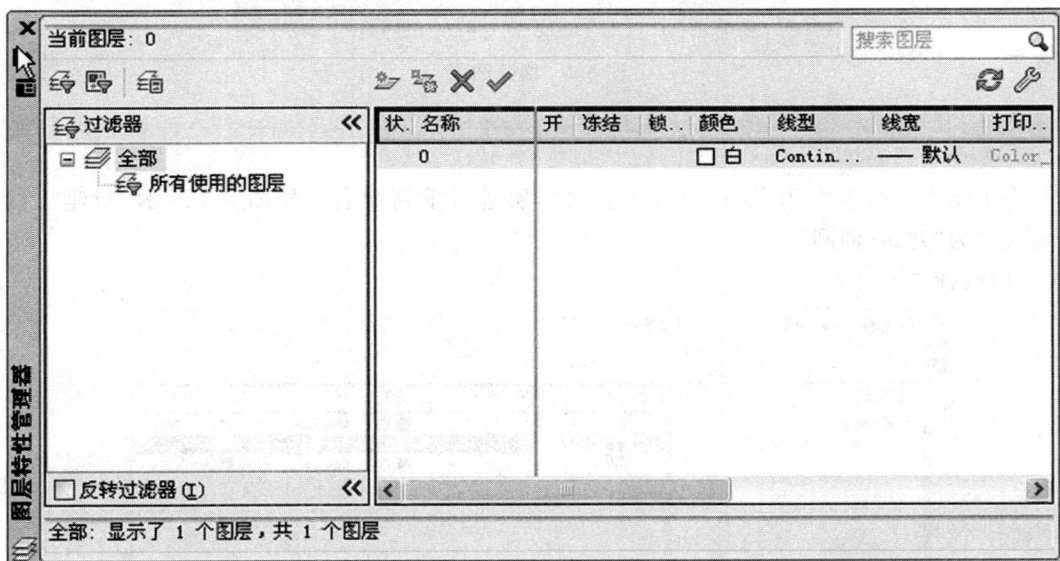

图 3-1　图层特性管理器

在"图层特性管理器"中,单击"新建图层" 按钮即可创建图层。每新建一个文件,系统都会自带一个 0 图层。0 图层是 AutoCAD 默认的图层,因此 0 图层不能重命名。新建的其他图层都可以由用户自己定义名称。定义图层名的原则是"见名知意",如"轴网"、"墙体"、"门窗"等。

3.2.2　管理图层

1.删除图层

在绘图过程中,要把多余的图层进行删除。在"图层特性管理器"对话框中,常有以下 2 种方法:

（1）单击删除按钮 ✖ ，进行删除。

（2）＜Alt＞＋＜D＞组合键。

☞ **特别提示：**

在删除图层时，0图层和Defpoints、当前图层、包含对象的图层和依赖外部参照的图层不能被删除。当在删除以上图层时，会弹出一个对话框，如图3-2所示。

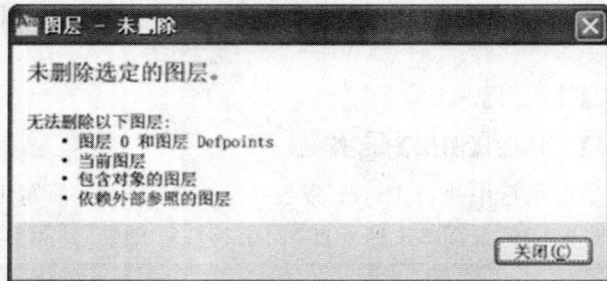

图3-2 删除图层

2.重命名图层

为了便于区分各个图层的名称，需要对图层进行重新命名。如图3-3所示，新建"图层1"重命名为"建筑-轴网"。

（1）选择"图层1"。

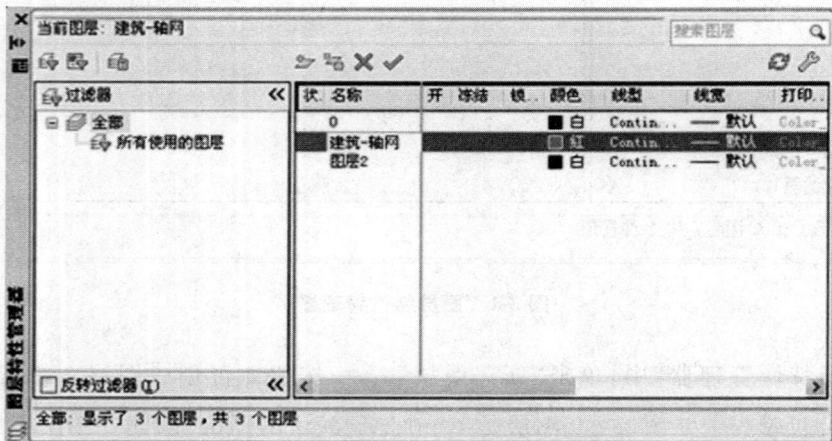

图3-3 重命名图层

（2）单击名称项将其选中，再单击鼠标左键，在文本框中输入新的图层名为"建筑-轴网"即可。

3.隐藏 💡/显示 💡 图层

在AutoCAD中，用户可以根据自己的需求自由控制图层的显示和隐藏状态。通过控制图层的隐藏和显示状态，从而达到控制图层的目的。

（1）隐藏图层。

显示图层与隐藏的方法一样，常用的方法有以下 2 种：

· 在"图层特性管理器"的对话框中单击 💡 按钮。

· 在【图层】工具栏中单击 💡 按钮。

隐藏图层后，层上的对象不能在屏幕上显示，也不能在绘图仪或打印机上输出。

图 3-4 为隐藏文件中的"门窗"图层。

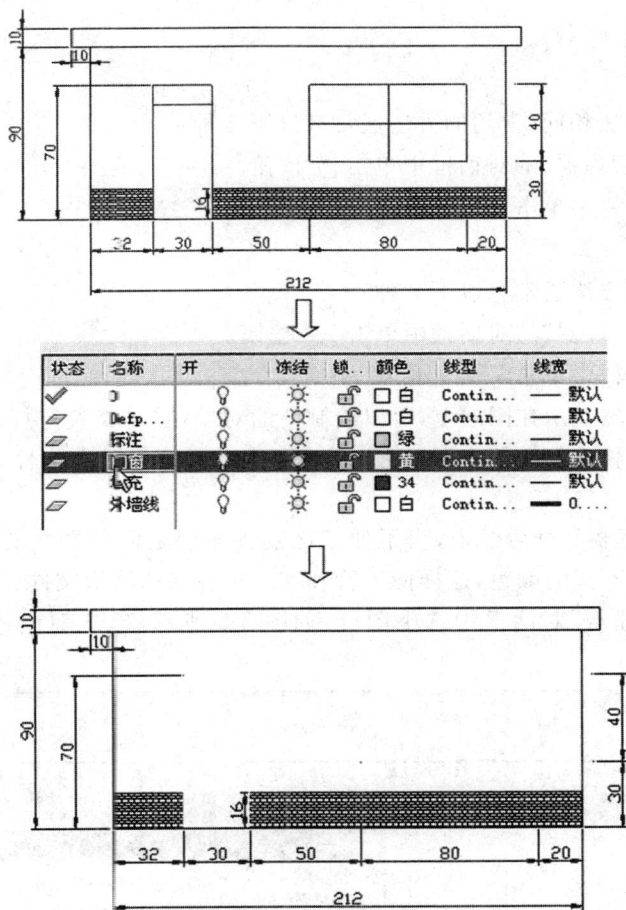

图 3-4　隐藏图层

（2）显示图层。

显示图层的常用方法通常有以下 2 种：

· 在"图层特性管理器"的对话框中单击 💡 （开/关图层）按钮。

· 在【图层】工具栏中单击 💡 按钮。

4. 冻结 ❄ / ☼ 解冻

（1）冻结图层。

冻结与解冻的方法相同，常用的方法通常有以下 2 种：

· 在"图层特性管理器"的对话框中单击 ❄ 按钮。

· 在【图层】工具栏中单击 ✿ 按钮。

冻结后的图层在屏幕上无法显示出来,不能参与图形间的运算。

(2)解冻图层。

解冻图层的常用方法通常有以下 2 种:

· 在"图层特性管理器"的对话框中单击 ✿ 按钮。

· 在【图层】工具栏中单击 ✿ 按钮。

5. 锁定 🔒 / 🔓 解锁

(1) 锁定图层。

锁定与解锁的方法相同,常用的方法通常有以下 2 种:

· 在"图层特性管理器"的对话框中单击 🔒 按钮。

· 在【图层】工具栏中单击 🔒 按钮。

(2)解锁图层。

解锁图层的常用方法通常有以下 2 种:

· 在"图层特性管理器"的对话框中单击 🔓 按钮。

· 在【图层】工具栏中单击 🔓 按钮。

被锁定的图层仍然显示在图层上,可以绘制新的对象,层对象参与打印输出。但不能进行修改编辑,如删除、移动等。锁定图层可以降低意外修改对象的可能性。

6. 图层的颜色

在"图层特性管理器"对话框中,为了便于区别各图层之间的层次关系,可以将不同功能和用途的图层设为不同的颜色,这样便于管理和维护各层的图形文件。更改方法如下:

在"图层特性管理器"对话框中选中图层,如图 3-5 所示,单击颜色选项卡下的颜色按钮,选中颜色确定即可。

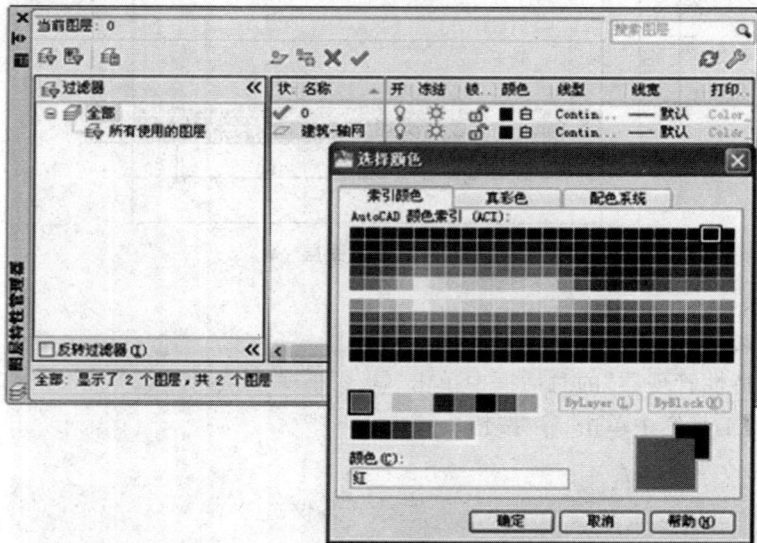

图 3-5 设置图层颜色

7.图层的线型

图层线型是指在图层上绘图时所用的线型,根据绘图的不同要求可对对象加载不同的线型。在"图层特性管理器"对话框中,默认的线型为实线(Countinuous)。单击"Countinuous"选项,如图 3-6 所示,通过该对话框用户可选择一种线型或从线型库中加载更多需要的线型。

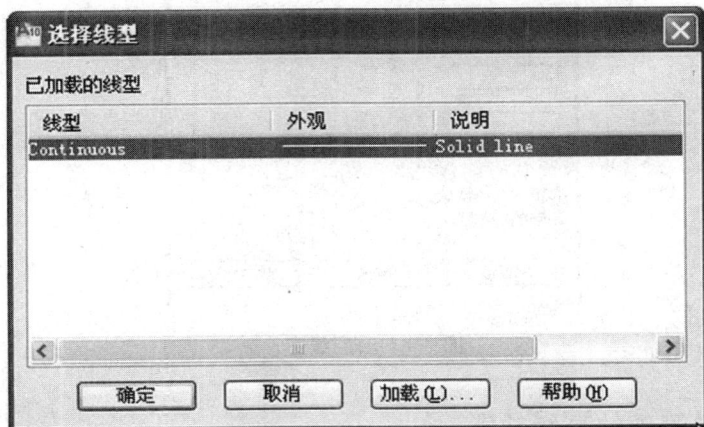

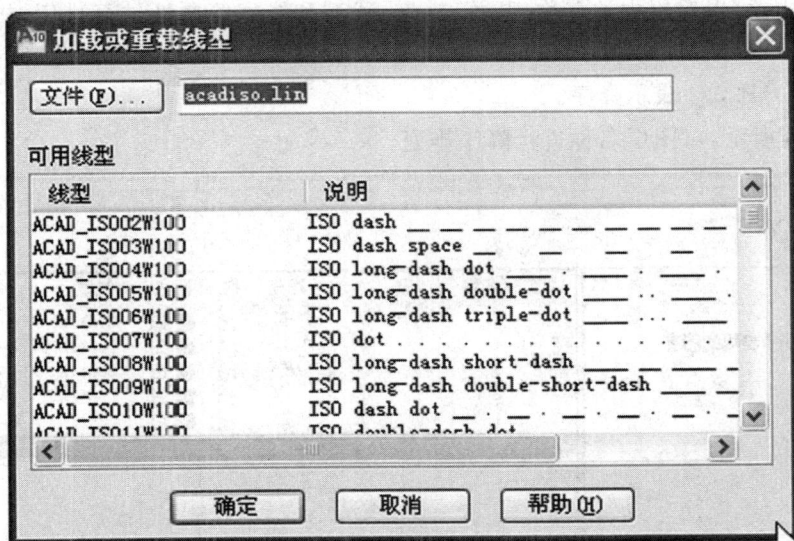

图 3-6　图层线型

8.设置线宽

在绘制不同的建筑图形对象时,要求选择不同的线宽。方法如下:

(1)在"图层特性管理器"对话框中选中图层。

(2)单击【线宽】列中的 ── **默认** 图标,弹出"线宽"对话框,如图 3-7 所示,通过此对话框可设置线宽。

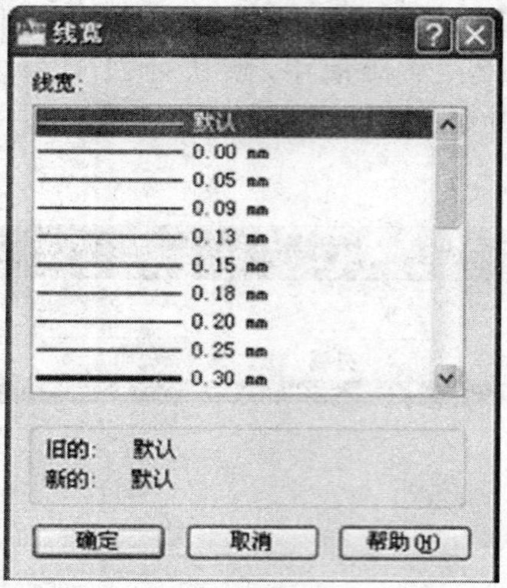

图 3-7 图层线宽

3.2.3 图层管理的高级功能

1. 排序图层

在图层中，可以对层中的名称、开关、锁定、线型和线宽等属性进行排序，排序分为升序和降序，单击"图层特性管理器"中的任意属性的名称（如：名称、冻结、颜色、线宽等）即可排序。▲ 表示升序，▼ 表示降序。

如图 3-8 所示，对图层名称进行降序排列。

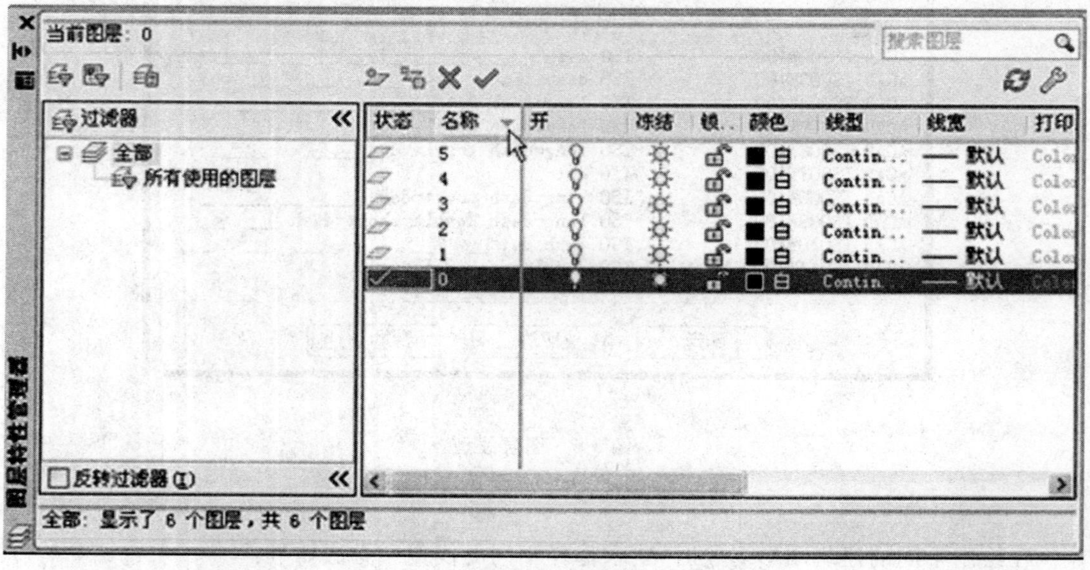

图 3-8 排序图层

2.按名称搜索图层

在"图层特性管理器"中,可以通过搜索的方式找到指定的图层。

如图 3-9 所示,搜索出图层中名为"2"的图层。

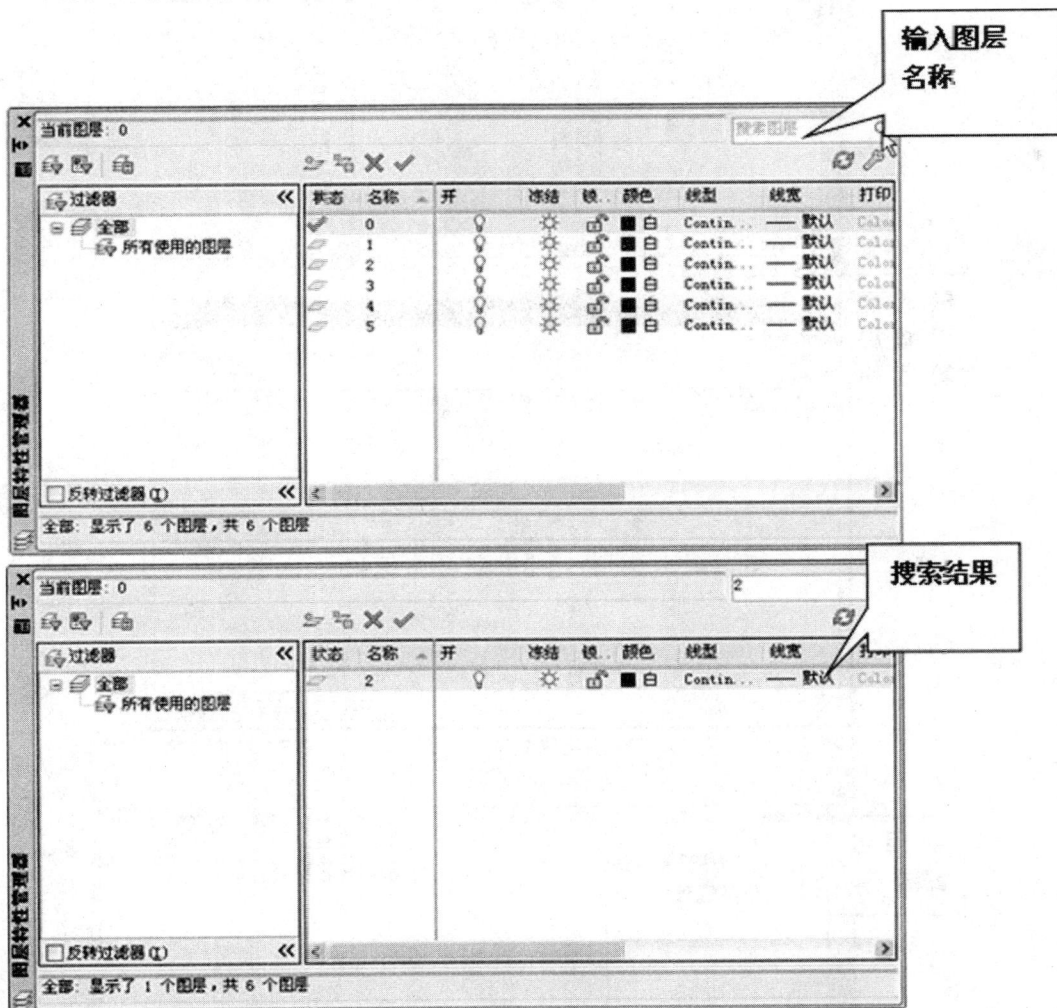

图 3-9　搜索图层

3.使用图层特性过滤器

在"图层特性管理器"中,一旦命名并定义了图层过滤器,就可以在左边的树状图中选择定义好的过滤器,从而达到过滤的作用。如图 3-10 所示,过滤图层名为"s"开头的所有层。

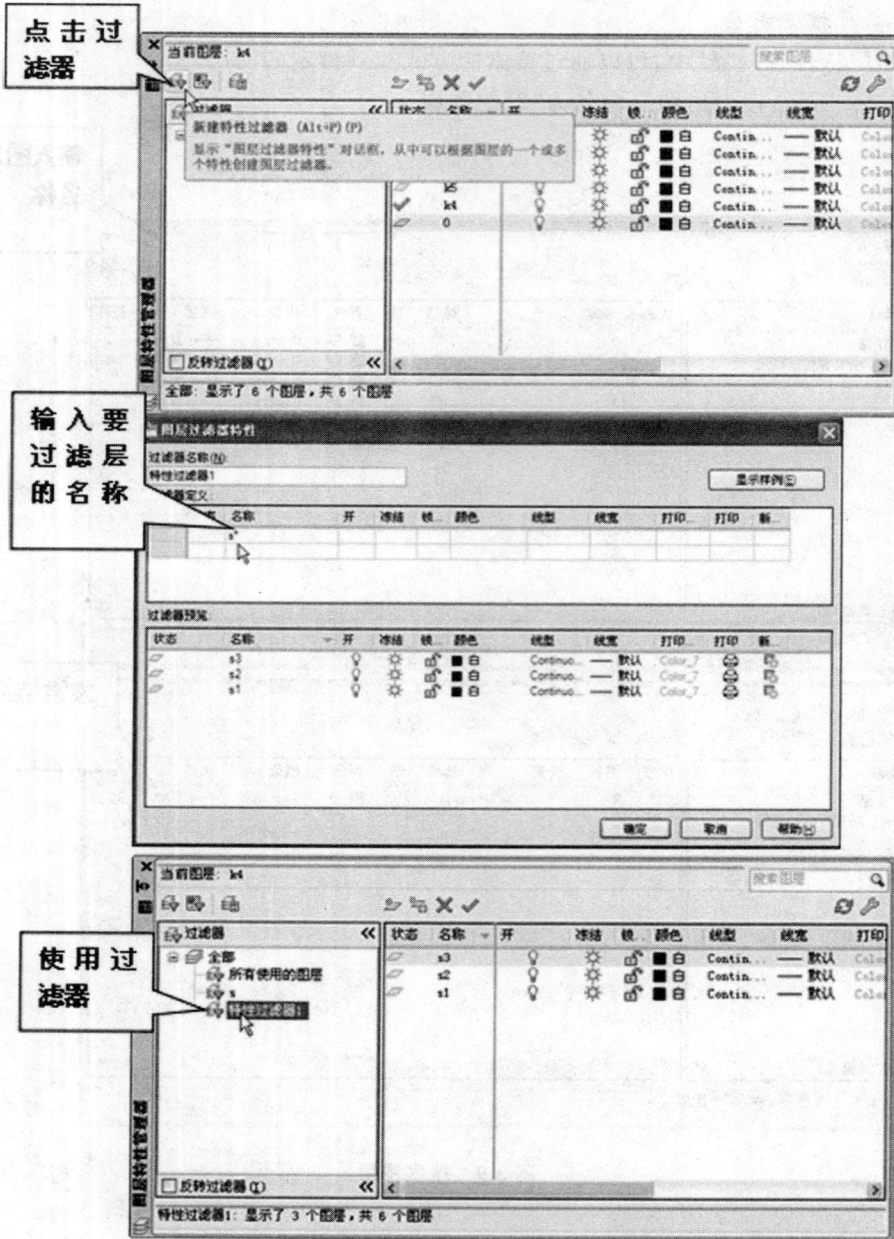

图 3-10　图层特性过滤器

4.使用图层组过滤器 ![icon]

图层组过滤器包括在定义时放入过滤器的图层,而不考虑其名称与特性。创建的方法有以下两种:

(1)在"图层特性管理器"中,使用<Alt+G>组合键。

(2)在"图层特性管理器"中,单击 ![icon] 按钮。

如图 3-11 所示,创建一个图层组过滤器 1。

图 3-11　创建图层组过滤器

3.3　对象特性及修改

在 AutoCAD 2010 中,可以在"图层特性管理器"对话框中设置对象的颜色、线型及线宽等属性,还可在【特性】工具栏中快速设置对象的颜色、线型及线宽等属性(如图 3-12 所示)。

图 3-12　特性工具栏

3.3.1　设置颜色

在【特性】工具栏的第一列中,单击下箭头可直接选择列表中提供的颜色,如图 3-13 所示,如果提供的颜色中没有需要的颜色,可单击"选择颜色"命令,然后在"选择颜色"对话框中选择一种适合的颜色。

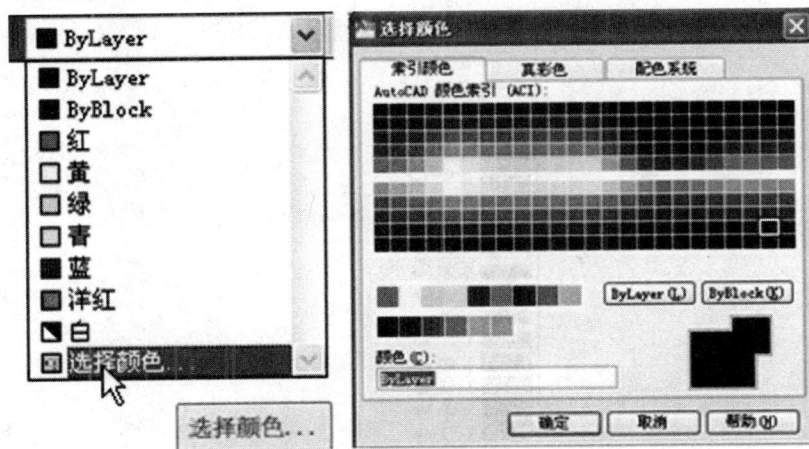

图 3-13　设置对象颜色

3.3.2 设置线型

在【特性】工具栏的第二列中,单击下箭头可直接选择列表中提供的线型,如图 3-14 所示。如果提供的线型中没有需要的线型,可单击"其他"命令,然后在"其他"对话框中加载一种线型(如图 3-15 所示)。

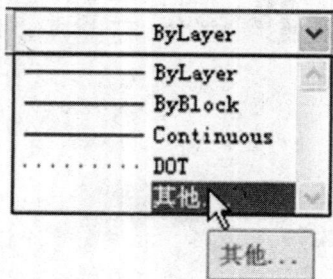

图 3-14 设置对象线型

图 3-15 加载线型

3.3.3 设置线宽

在【特性】工具栏的第三列中,单击下箭头可直接选择列表中提供的线宽(如图 3-16 所示)。

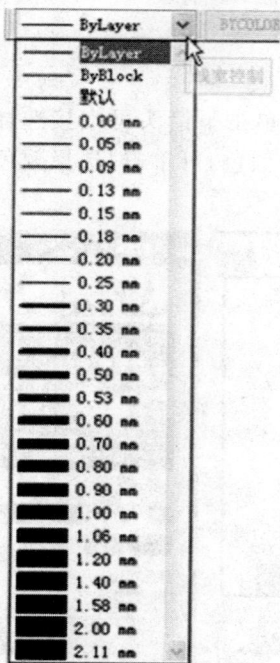

图 3-16 设置对象线宽

3.3.4　对象特性匹配

对象特性匹配从字面上并,就是将选定对象的特性应用到其他对象,使用"Matchprop (特性匹配)"命令就可以完成对象之间的特性匹配操作,对象特性匹配可以完成"颜色、图层、线型、线型比例、线宽、厚度、打印样式、标注、文字、填充图案、多段线、视口、表格材质、阴影显示、多重引线"等特性的匹配,调用"Matchprop(特性匹配)"命令的方法有以下 3 种:

(1)菜单栏:单击【修改】|【特性匹配】。

(2)工具栏:在【标准】工具栏中单击 ▧ 按钮 。

(3)命令行:在命令提示行中输入[Matchprop(特性匹配)]命令并按回车(Matchprop 简写为 Ma)。

如图 3-17 所示,将直线的特性匹配成点画线。

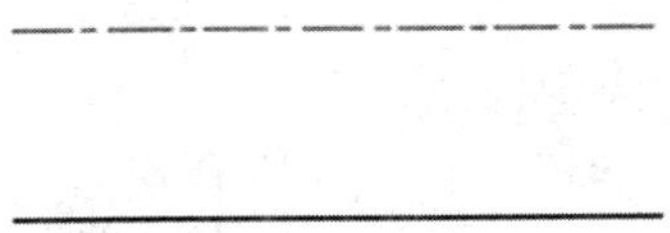

图 3-17　特性匹配

命令:Ma(Matchprop)

选择源对象://选择点划线

当前活动设置:颜色、图层、线型、线型比例、线宽、厚度、打印样式、标注、文字、填充图案、多段线、视口、表格材质、阴影显示、多重引线

选择目标对象或 [设置(S)]:// 选择直线

选择目标对象或 [设置(S)]://回车确定

本章小结

通过本章的学习,了解图层的概念、作用及原理,掌握图层的基本操作(建立图层及新建图层)、图层的基本管理方法(图层的重命名、隐藏/显示图层、锁定/解锁图层、更改图层颜色、设置线型、设置线宽、删除图层)、图层的高级管理方法(排序图层、按名称搜索图层、使用图层特性过滤器、使用图层组过滤器),掌握快速改变对象特性工具栏"特性"及"对象特性匹配"的使用方法。

习题与实训

一、填空题

1.在图层操作中,所有图层均可以冻结,只有(　　　　)无法冻结。

2.使用"图层特性管理器"对话框可以实现的功能是(　　　　)、(　　　　)和

（   ）。

3. 图层可以被（   ）、（   ）和（   ）。

4. 被冻结图层的图层具有（   ）的特性。

5. 创建图层的命令是（   ）。

二、选择题

1. 创建图层的快捷命令是（   ）。

    A. Xl   B. La   C. El   D. Tr

2. 在 AutoCAD 中，被锁定的层（   ）。

    A. 不显示本层图形   B. 不可修改本层图形

    C. 不能画新的对象   D. 以上全不能

3. 以下不属于图层设置的范围是（   ）。

    A. 颜色   B. 线型

    C. 线宽   D. 过滤器

4. 图层被锁定，但可以（   ）。

    A. 把该层设置为当前层   B. 在锁定的层上创建对象

    C. 删除层上的对象   D. 输出被锁定层的图形

5. 在 AutoCAD 中，图层 0 不能被（   ）。

    A 打开与关闭   B. 锁定与解锁

    C. 冻结与解冻   D. 修改名称

6. 在"图层特性管理器"中，层操作正确的（   ）。

    A. 已冻结的层可以重置为当前层 。

    B. 被锁定的层上的图形既可被编辑，也可以改变其线型、颜色。

    C. 图层名中可以包含任何字符。

    D. 隐藏图层后能够继续绘制对象。

7. 在图层中设置了线宽，但显示不出来，以下操作正确的是（   ）。

    A. 重画

    B. 重生成

    C. 打开状态栏上的线宽按钮

    D. 打开层上的可见开关

8. 在 AutoCAD 中，不能被删除的图层是（   ）。

    A. 图层 0   B. 墙体层

    C. 门窗层   D. 都可以删除

9. 在 AutoCAD 中不能被冻结的图层是（   ）。

    A. 图层 0   B. 墙体层

    C. 门窗层   D. 当前层

10. 在 AutoCAD 中，不可以为图层指定（   ）特性。

    A. 颜色   B. 线型

    C. 打印与不打印   D. 透明与不透明

三、实训绘图

创建如附图 3-1 所示图层并设置相应图层的名称、颜色、线型及线宽。

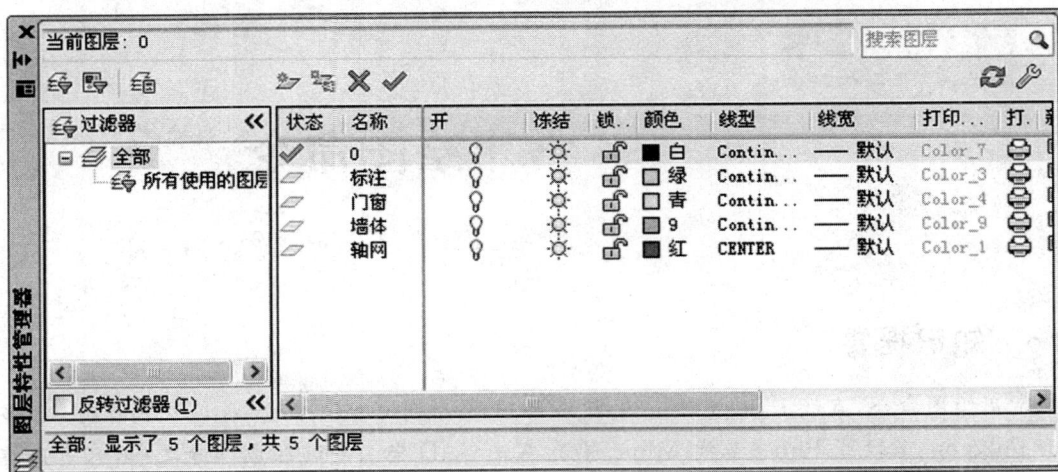

附图 3-1　实训绘图

四、思考题

什么是图层？为什么要设置图层？

第4章

常用绘图命令

📖 **知识提要** ★

常用绘图命令：直线 Line、点 Point、矩形 Rectang、圆 Circle、圆弧 Arc、椭圆 Ellipse、多边形 Polygon、多段线 Pline、多线 Mline 等是 AutoCAD 中主要的组成部分之一，只有熟练掌握了常用绘图命令的使用，才能自如地绘制各种建筑图形，从而提高 CAD 的绘图效率。

✎ **学习目标** ★

1. 掌握常用绘制命令：直线 Line、点 Point、矩形 Rectang、圆 Circle、圆弧 Arc、椭圆 Ellipse 及多边形 Polygon 等基本绘图命令的使用方法；

2. 熟练掌握多段线 Pline 命令的使用，能够运用多段线 Pline 命令绘制直线段和弧线段相连接的线，绘制有宽度的线；

3. 熟练掌握多线 Mline 命令及多线样式 Mlstyle 的设置的方法，如墙体的多线样式设置、窗子多线样式的设置等；

4. 熟练掌握块的特点、块的分类、块的创建、块的属性定义、使用块的属性、编辑属性定义和编辑块属性的方法。

4.1 直线与点的绘制

4.1.1 绘制直线

直线是最基本的绘图元素之一。在 AutoCAD 2010 中，使用"Line(直线)"命令就可以绘制直线段，调用 Line(直线)命令的常用方法有以下 3 种：

(1)菜单栏：单击【绘图 】|【直线】命令。

(2)工具栏：单击【绘图】工具栏中 ╱ 按钮。

(3)命令行：在命令提示行中输入"Line(直线)"命令并回车，Line 简写为 l。

1. 坐标输入法绘制直线

我们可以先确定两个坐标点，然后将两个点连接起来，从而来绘制一条直线(如图 4-1 所示)。

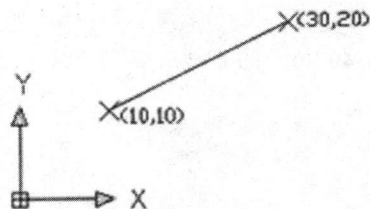

图 4-1　坐标方式绘制直线

2.使用对象捕捉模式来精确绘制

如图 4-2 所示,通过中点精确绘制直线。

(1)打开"草图设置"对话框,如图 4-3 所示,在对象捕捉选项卡中,将"中点"勾选,然后确定。

(2)输入直线命令,捕捉直线的中点绘制另外一根直线。

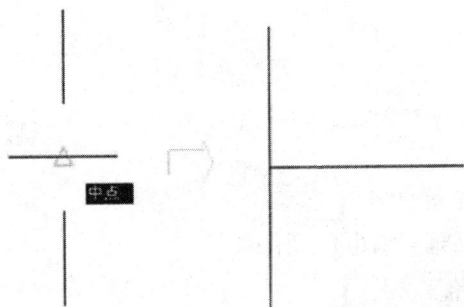

图 4-2　对象捕捉中点绘制直线

图 4-3　草图设置对话框

3.利用"正交"模式绘制直线

利用状态栏中的"正交"按钮或<F8>启用正交,启用正交模式后,绘制的直线只能是水平或垂直方向的线(如图 4-4 所示)。

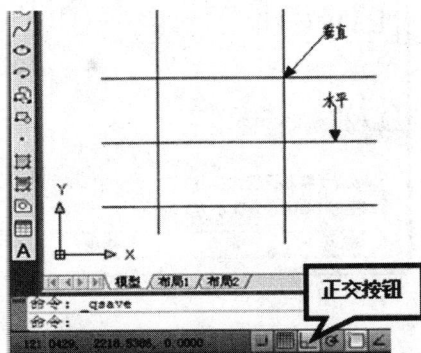

图 4-4　正交模式绘制直线

4.采用偏移法生成新的直线

如图 4-5 所示,绘制长度为 200mm 的直线并偏移 50mm 产生新的直线。

命令:L(Line)

指定第一点:

指定下一点或〔放弃(U)〕:200

指定下一点或〔放弃(U)〕:

命令:Offset

当前设置:删除源＝否图层＝源 Offsetgaptype＝0

图 4-5 偏移法产生新的直线

指定偏移距离或〔通过(T)/删除(E)/图层(L)〕<通过>:50 //输入偏移距离

选择要偏移的对象,或〔退出(E)/放弃(U)〕<退出>://选择绘制的直线

指定要偏移的那一侧上的点,或〔退出(E)/多个(M)/放弃(U)〕<退出>://指定偏移方向

选择要偏移的对象,或〔退出(E)/放弃(U)〕<退出>://回车确定

4.1.2 点

点也是最基本的绘图元素之一。在 AutoCAD 2010 中,使用"Point(点)"命令就可以绘制出点。调用点命令的方法常用有以下 3 种:

(1)菜单栏:单击【绘图】|【点】命令。

(2)工具栏:单击【绘图】工具栏中 ▪ 按钮。

(3)命令行:在命令提示行中输入"Point(点)"命令并回车,Point 简写为 Po。

1.设置显示点样式

如果不先设置点样式,画出的点在图形中可能无法显示出来。

【主菜单】|【格式】|【点样式】:打开"点样式"对话框,如图 4-6 所示。

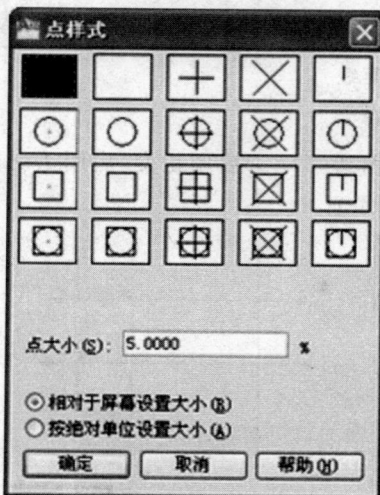

图 4-6 点样式对话框

2.绘制单点

【绘图】|【点】|【单点】:单击一次只能绘制一个点。

3.绘制多点

【绘图】|【点】|【多点】:单击一次即可绘制一个点,单击两次绘制两个点,单击多次绘制多个点。

4.定数等分点

定数等分可以对一个对象进行数量的等分。

(1)菜单栏:【绘图】|【点】|【定数等分】。

(2)命令行:在命令提示栏输入命令"Divide(定数等分)",Divide 简写为 div。

如图 4-7 所示,将长度为 100mm 的直线等分为 5 等份。

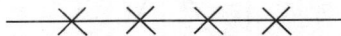

图 4-7　定数等分

【主菜单】|【格式】|【点样式】:指定点的显示样式

命令:Div(Divide) //回车确定

选择要定数等分的对象: //选择直线

输入线段数目或 [块(B)]:5 //输入等分数量并确定

5.定距等分点

定距等分是对一个对象按距离进行等分。

(1)菜单栏:【绘图】|【点】|【定距等分】。

(2)命令行:在命令提示栏输入命令"Measure(定距等分)",Measure 简写为 Me。

如图 4-8 所示,将长度为 100 mm 的直线定距等分,长度为 50 mm。

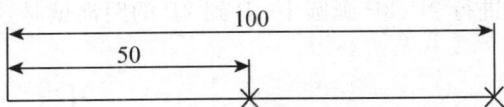

图 4-8　定距等分

①【主菜单】|【格式】|【点样式】:指定点的显示样式

②命令:Me(Measure) //回车确定

选择要定距等分的对象: //选择直线

指定线段长度或 [块(B)]:50 //输入等分线段长度并回车确定

4.2　圆和圆弧

4.2.1　圆的绘制

圆形也是最基本、最常用的绘图元素之一。在 AutoCAD 2010 中,使用"Circle(圆形)"命令就可以绘制圆形,调用"Circle(圆形)"命令常用方法有以下 3 种:

(1)菜单栏:单击【绘图】|【圆】命令。

（2）工具栏：单击【绘图】工具栏中的 ⊘ 按钮。

（3）命令行：在命令提示行中输入"Circle（圆）"命令并回车，Circle 简写为 C。

1．"圆心、半径""圆心、直径"法

如图 4-9 所示，分别绘制半径为 50 mm 的圆和直径为 100 mm 的圆。

图 4-9　半径画圆和直径画圆

（1）命令：C（Circle）。

指定圆的圆心或［三点（3P）/两点（2P）/相切、相切、半径（T）］：//指定圆心

指定圆的半径或［直径（D）］：50　//输入圆的半径值并按回车确定。

（2）命令：C（Circle）。

指定圆的圆心或［三点（3P）/两点（2P）/相切、相切、半径（T）］：//指定圆心

指定圆的半径或［直径（D）］：d

指定圆的直径：100　//输入圆的直径并按回车确定

2．"2P"画圆和"3P"画圆法（3P 不在同一直线上）

如图 4-10 所示，分别进行 2P（2P 画圆中 1P 到 2P 的距离就是这个圆的直径）画圆和 3P 画圆。

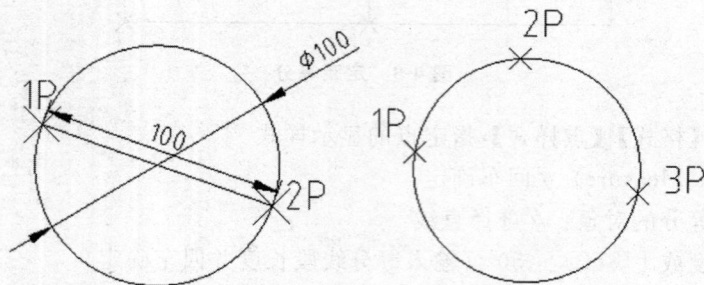

图 4-10　2P 画圆和 3P 画圆

（1）命令：C（Circle）。

指定圆的圆心或［三点（3P）/两点（2P）/相切、相切、半径（T）］：2p　//选择绘制方式并回车确定　//指定圆直径的第一个端点：

指定圆直径的第二个端点：//指定第二点

（2）命令：C（Circle）。

指定圆的圆心或［三点（3P）/两点（2P）/相切、相切、半径（T）］：3p　//选择绘制方式并回车确定　//指定圆上的第一个点：

指定圆上的第二个点：//指定第二点

指定圆上的第三个点：//指定第三点后确定回车

3."相切、相切、半径""相切、相切、相切"画圆法

如图 4-11 所示，分别进行"相切、相切、半径"和"相切、相切、相切"画圆。

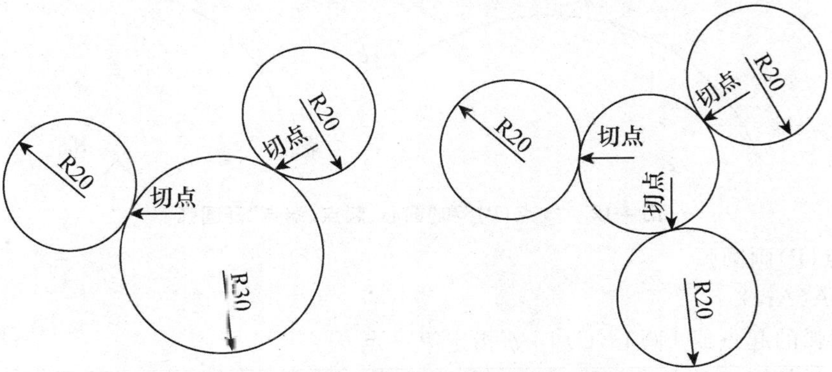

图 4-11　"相切、相切、半径"和"相切、相切、相切"画圆

(1)相切、相切、半径画圆。

先绘制两个半径分别为 20 mm 的圆。

命令：C(Circle)。

指定圆的圆心或［三点(3P)/两点(2P)/相切、相切、半径(T)］：T //选择绘制方式并回车确定

指定对象与圆的第一个切点：//捕捉第一切点

指定对象与圆的第二个切点：//捕捉第二切点

指定圆的半径 <39.3027>：30 //输入半径值并回车确定

(2)相切、相切、相切画圆。

先绘制三个半径分别为 20 mm 的圆。

命令：C(Circle)。

指定圆的圆心或［三点(3P)/两点(2P)/相切、相切、半径(T)］：3P//选择绘制方式并回车确定

指定圆上的第一个点：_tan 到 //捕捉第一个切点

指定圆上的第二个点：_tan 到 //捕捉第二个切点

指定圆上的第三个点：_tan 到 //捕捉第三个切点

4.2.2　圆弧的绘制

圆弧也是常用的基本图形元素之一。在 AutoCAD 2010 中，提供了至少 11 种绘制圆弧的方法。在"绘图"主菜单的下拉式菜单中，用户可以根据不同的条件选择适合的绘制圆弧的方法。调用 ARC(圆弧)命令的常用方法有以下 3 种：

(1)菜单栏：单击【绘图】|【圆弧】|【三点(或起点、圆心、端点)】等命令。

(2)工具栏：单击【绘图】工具栏中  按钮。

(3)命令行：在命令提示行中输入【Arc(圆弧)】命令并回车，Arc 简写为 A。

1."3 点(P)"和"圆心、起点、端点"画圆弧法

如图 4-12 所示,运用"3 点(P)"和"圆心、起点、端点"分别绘制一段圆弧。

图 4-12   "3 点(P)"和"圆心、起点、端点"画圆弧

(1)3 点(P)画圆弧。

命令:A(Arc)。

指定圆弧的起点或［圆心(C)］://指定第一点

指定圆弧的第二个点或［圆心(C)/端点(E)］://指定第二点

指定圆弧的端点://指定第三点

(2)"圆心、起点、端点"画圆弧。

命令:A(Arc)。

指定圆弧的起点或［圆心(C)］:C。

指定圆弧的圆心:

指定圆弧的起点:

指定圆弧的端点或［角度(A)/弦长(L)］:

2."圆心、起点、角度"和"圆心、起点、长度"画圆弧法

如图 4-13 所示,运用"圆心、起点、角度"绘制角度为 120°的圆弧和"圆心、起点、长度"法绘制一段弦长为 1 500 cm 的圆弧。

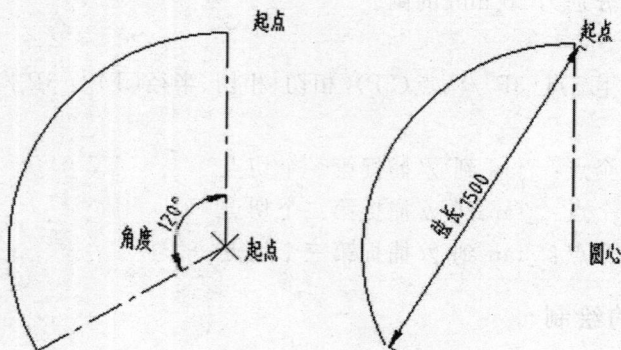

图 4-13   "圆心、起点、角度"和"圆心、起点、长度"画圆弧

(1)"圆心、起点、角度"画圆弧。

命令:A(Arc)。

指定圆弧的起点或［圆心(C)］:C。

指定圆弧的圆心:

指定圆弧的起点：

指定圆弧的端点或［角度（A）/弦长（L）］：A。

指定包含角：120

（2）"圆心、起点、长度"画圆弧。

命令：A（Arc）。

指定圆弧的起点或［圆心（C）］：C。

指定圆弧的圆心：

指定圆弧的起点：

指定圆弧的端点或［角度（A）/弦长（L）］：L

指定弦长：1500

4.3　矩形和正多边形

4.3.1　矩形

矩形也是最基本、最常用的图形元素之一。在 AutoCAD 2010 中，使用"Rectang（矩形）"命令就可以绘制矩形，调用"Rectang（矩形）"命令的常用方法有以下 3 种：

（1）菜单栏：单击【绘图】|【矩形】命令。

（2）工具栏：单击【绘图】工具栏中 ▢ 按钮。

（3）命令行：在命令提示行中输入"Rectang（矩形）"命令并回车，Rectang 简写为 Rec。

1. "倒角（C）"矩形

如图 4-14 所示，绘制如下倒角矩形。

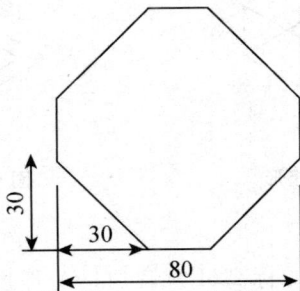

图 4-14　"倒角（C）"矩形

命令：Rec（Rectang）。

指定第一个角点或［倒角（C）/标高（E）/圆角（F）/厚度（T）/宽度（W）］：C //选择绘制方式

指定矩形的第一个倒角距离 <0.0000>：30

指定矩形的第二个倒角距离 <30.0000>:30

指定第一个角点或［倒角（C）/标高（E）/圆角（F）/厚度（T）/宽度（W）］： //任意位置指定一点

指定另一个角点或［面积（A）/尺寸（D）/旋转（R）］：@80,80

2."圆角（F）"矩形

如图 4-15 所示,绘制圆角矩形。

命令：Rec(Rectang)。

指定第一个角点或［倒角（C）/标高（E）/圆角（F）/厚度（T）/宽度（W）］：F //选择绘制方式并回车确定

图 4-15 "圆角（F）"矩形

指定矩形的圆角半径 <0.0000>：30

指定第一个角点或［倒角（C）/标高（E）/圆角（F）/厚度（T）/宽度（W）］：//任意位置指定一点

指定另一个角点或［面积（A）/尺寸（D）/旋转（R）］：@100,100

3."厚度（T）"矩形

如图 4-16 所示,绘制长宽均为 100 mm,厚度为 30 mm 的矩形(在西南等轴测视图中观察)。

命令：Rec(Rectang)。

指定第一个角点或［倒角（C）/标高（E）/圆角（F）/厚度（T）/宽度（W）］：T //选择绘制方式并回车确定

指定矩形的厚度 <0.0000>：30

指定第一个角点或［倒角（C）/标高（E）/圆角（F）/厚度（T）/宽度（W）]:任意位置指定一点。

指定另一个角点或［面积（A）/尺寸（D）/旋转（R）］：@100,100

4."宽度（W）"矩形

如图 4-17 所示,绘制长宽均为 100 mm,线宽为 50 mm 的矩形(在西南等轴测视图中观察)。

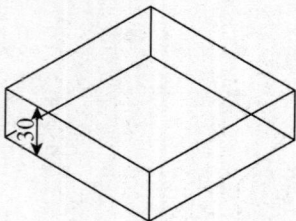

图 4-16 "厚度（T）"矩形   图 4-17 "宽度（T）"矩形

命令：Rec(Rectang)。

指定第一个角点或［倒角（C）/标高（E）/圆角（F）/厚度（T）/宽度（W）］：W //选择绘制方式并回车确定

指定矩形的线宽 <0.0000>：10

指定第一个角点或［倒角（C）/标高（E）/圆角（F）/厚度（T）/宽度（W）］：任意位置指定一点

指定另一个角点或［面积（A）/尺寸（D）/旋转（R）］：@100,100

4.3.2 画正多边形

在 AutoCAD 2010 中,使用"Polygon"命令就可以绘制多边形,多边形命令可以绘制 3 至 1024 个边的多边形。在多边形命令下方包含了内接于圆、外切于圆和边长等多种多边形

的绘制方式。调用"Polygon(多边形)"命令常有以下 3 种方法:

(1)菜单栏:单击【绘图】|【多边形】命令。

(2)工具栏:单击【绘图】工具栏中 ⬠ 按钮。

(3)命令行:在命令提示行中输入"Polygon(多边形)"命令并回车,Polygon 简写为 Pol。

1. 绘制"内接于圆"和"外切于圆"的正多边形

如图 4-18 所示,运用"内接于圆"和"外切于圆"方法绘制一个半径为 200 mm 的六边形。

图 4-18　"内接于圆(I)"和"外切于圆(C)"的正多边形

(1)内接于圆。

命令:Pol(Polygon)输入边的数目 <4>:6 //输入边数 6

指定正多边形的中心点或 [边(E)]: //任意指定位置作为中心点

输入选项 [内接于圆(I)/外切于圆(C)]<I>: //选择内接于圆

指定圆的半径:200 //输入半径值 200

(2)外切于圆。

命令:Pol 回车确定 //输入多边形命令并确定

命令:Pol(Polygon) 输入边的数目 <6>: //输入多边形的边数

指定正多边形的中心点或 [边(E)]: //指定任意一点作为中心点

输入选项 [内接于圆(I)/外切于圆(C)]<I>:C //选择外切于圆

指定圆的半径:200 //输入半径值 200

2. 通过确定边长绘制正多边形

如图 4-19 所示,运用"边长"方法绘制一个边长为 200 mm 的六边形。

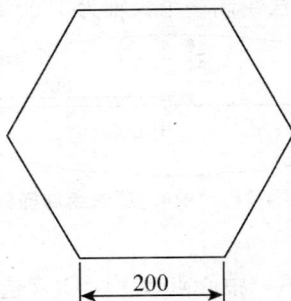

图 4-19　"边长(E)"绘制的多边形

命令:Pol(Polygon) 输入边的数目 :6 //指定多边形边数

指定正多边形的中心点或［边(E)］：E∥ 指定边的第一个端点

指定边的第二个端点：200 ∥输入边长值并按回车确定

4.4 画椭圆和椭圆弧

4.4.1 椭圆

椭圆实际上是一种特殊的圆,也是最基本的图形元素之一。在 AutoCAD 2010 中,在椭圆命令下方包含了两种绘制椭圆的方法［"轴、端点"法(默认)和"中心点"法］。调用"Ellipse (椭圆)"命令常有以下 3 种方法：

(1)菜单栏:单击【绘图】|【椭圆】命令。

(2)工具栏:单击【绘图】工具栏中 ⬯ 按钮。

(3)命令行:在命令提示行中输入"Ellipse(圆弧)"命令并回车,Ellipse 简写为 El。

1."轴、端点"法

如图 4-20 所示,运用"轴、端点"法绘制一个长轴为 1000 mm,短轴为 300 mm 的椭圆。

图 4-20 "轴、端点"法绘制椭圆

命令：El(Ellipse)

指定椭圆的轴端点或 ［圆弧(A)/中心点(C)］：∥指定端点 1

指定轴的另一个端点：1 000 ∥通过输入长轴的长度来指定端点 2

指定另一条半轴长度或 ［旋转(R)］：150 ∥输入短轴一半的长度

2."中心点"法

如图 4-21 所示,运用"中心点"法绘制一个长轴为 1000 mm,短轴为 300 mm 的椭圆。

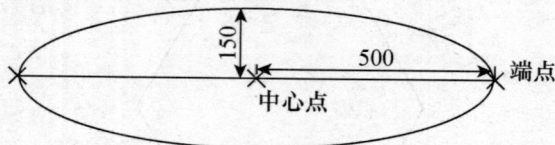

图 4-21 "中心点"法绘制椭圆

命令：El(Ellipse)

指定椭圆的轴端点或 ［圆弧(A)/中心点(C)］：C ∥选择绘制方式并回车确定

指定椭圆的中心点：∥指定中心点

指定轴的端点：500 ∥输入长轴一半的长度

指定另一条半轴长度或 ［旋转(R)］：150 ∥输入短轴一半的长度

4.4.2　椭圆弧

绘制椭圆弧是在已绘制的椭圆中取一段圆弧。在 AutoCAD 2010 中,在椭圆弧命令下方包含了两种绘制椭圆弧的方法("轴、端点"法和"中心点"法)。绘制椭圆弧有以下 2 种方法。

1."轴、端点"法

如图 4-22 所示,用"轴、端点"法在长轴为 1000 mm,短轴为 300 mm 的椭圆中取一段椭圆弧。

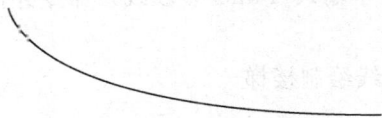

图 4-22　"轴、端点"法绘制椭圆弧

命令：El(Ellipse)

指定椭圆的轴端点或［圆弧(A)/中心点(C)］：A //选择绘制方式并回车确定

指定椭圆弧的轴端点或［中心点(C)］：//确定椭圆长轴的一个端点

指定轴的另一个端点：＜正交 开＞ 1000 //确定椭圆长轴的另一个端点

指定另一条半轴长度或［旋转(R)］：150 //确定椭圆短半轴的长度

指定起始角度或［参数(P)］：0 //输入起始角度(绘制椭圆的起点位置开始计算)

指定终止角度或［参数(P)/包含角度(I)］：90 //输入终止角度

2."中心点"法

如图 4-23 所示,用"中心点"法在长轴为 1000 mm,短轴为 300 mm 的椭圆中取一段椭圆弧。

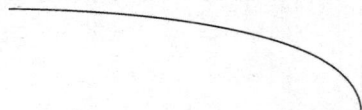

图 4-23　"中心点"法绘制椭圆弧

命令：El(Ellipse)

指定椭圆的轴端点或［圆弧(A)/中心点(C)］：A // 选择绘制方式并回车

指定椭圆弧的轴端点或［中心点(C)］：C // 选择绘制方式并回车

指定椭圆弧的中心点：// 指定椭圆的中心点

指定轴的端点：500 // 输入长轴一半的长度

指定另一条半轴长度或［旋转(R)］：150 // 输入短轴一半的长度

指定起始角度或［参数(P)］：0 // 输入起始角度(从绘制椭圆长半轴确定的位置开始计算)

指定终止角度或［参数(P)/包含角度(I)］：90 //输入终止角度

4.5　画多段线和多线

4.5.1　多段线

在 AutoCAD 2010 中,多段线是作为独立对象创建的相互连接的的序列线段,使用多段线既可以创建直线段、弧线段或两者相结合的线段,还可以创建有宽度的线段。创建多段线后,可以使用"Explode"(详见 5-11 中)命令转换成单独的直线或者圆弧,使用"Pedit"命令将直线段等单独的线段转换成多段线。多段线不仅在绘制平面图中应用较多,而在三维造型中应用也比较广泛。调用"Pline(多段线)"命令的常用方法有以下 3 种:

(1)菜单栏:单击【绘图】|【多段线】命令。

(2)工具栏:单击【绘图】工具栏中 按钮。

(3)命令行:在命令提示行中输入"Pline(多段线)"命令并按回车,Pline 简写为 Pl。

1.绘制开放多段线

如图 4-24 所示,运用多段线绘制楼梯。

命令:l(Line)

指定第一点://指定起点

指定下一点或［放弃(U)］:300//向右 300

指定下一点或［放弃(U)］:150//向上 150

指定下一点或［闭合(C)/放弃(U)］:300//向右 300

指定下一点或［闭合(C)/放弃(U)］:150//向上 150

指定下一点或［闭合(C)/放弃(U)］:300//向右 300

指定下一点或［闭合(C)/放弃(U)］:150 //向上 150,回车确定

2.绘制闭合多段线

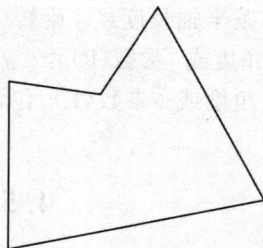

如图 4-25 所示,绘制闭合的多段线。

命令:Pl(Pline)

指定起点:

当前线宽为 0.0000

指定下一个点或［圆弧(A)/半宽(H)/长度(L)/放弃(U)/宽度(W)］:＜正交 关＞

指定下一点或［圆弧(A)/闭合(C)/半宽(H)/长度(L)/放弃(U)/宽度(W)］:

指定下一点或［圆弧(A)/闭合(C)/半宽(H)/长度(L)/放弃(U)/宽度(W)］:

指定下一点或［圆弧(A)/闭合(C)/半宽(H)/长度(L)/放弃(U)/宽度(W)］:

指定下一点或［圆弧(A)/闭合(C)/半宽(H)/长度(L)/放弃(U)/宽度(W)］:C //闭合线段

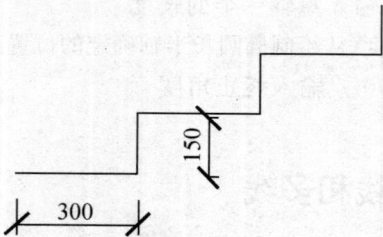

图 4-24　绘制开放的多段线　　　　图 4-25　绘制闭合的多段线

3.绘制圆弧且有宽度的多段线

如图 4-26 所示,运用多段线绘制钢筋。

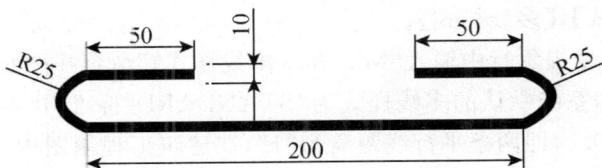

图 4-26 绘制有圆弧和宽度的多段线

命令：Pl(Pline)

当前线宽为 0.0000

指定起点：

指定下一个点或［圆弧(A)/半宽(H)/长度(L)/放弃(U)/宽度(W)］：W

　指定起点宽度 <0.0000>：10// 指定线宽

　指定端点宽度 <10.0000>：

　指定下一个点或［圆弧(A)/半宽(H)/长度(L)/放弃(U)/宽度(W)］：50// 指定第一直线的长度

　指定下一点或［圆弧(A)/闭合(C)/半宽(H)/长度(L)/放弃(U)/宽度(W)］：A // 转换为画圆弧

　指定圆弧的端点或［角度(A)/圆心(CE)/闭合(CL)/方向(D)/半宽(H)/直线(L)/半径(R)/第二个点(S)/放弃(U)/宽度(W)］：25// 指定圆弧的弧长

　指定圆弧的端点或［角度(A)/圆心(CE)/闭合(CL)/方向(D)/半宽(H)/直线(L)/半径(R)/第二个点(S)/放弃(U)/宽度(W)］：L // 转换为画直线

　指定下一点或［圆弧(A)/闭合(C)/半宽(H)/长度(L)/放弃(U)/宽度(W)］：200// 指定直线长度

　指定下一点或［圆弧(A)/闭合(C)/半宽(H)/长度(L)/放弃(U)/宽度(W)］：A // 转换为画圆弧

　指定圆弧的端点或［角度(A)/圆心(CE)/闭合(CL)/方向(D)/半宽(H)/直线(L)/半径(R)/第二个点(S)/放弃(U)/宽度(W)］：25// 指定圆弧的弧长

　指定圆弧的端点或［角度(A)/圆心(CE)/闭合(CL)/方向(D)/半宽(H)/直线(L)/半径(R)/第二个点(S)/放弃(U)/宽度(W)］：L// 转换为画直线

　指定下一点或［圆弧(A)/闭合(C)/半宽(H)/长度(L)/放弃(U)/宽度(W)］：50// 指定直线的长度

4.5.2 多线

在 AutoCAD 2010 中，多线是由多条平行线组成的组合对象，可以绘制 1～16 条平行线。在多线样式中可以设置多线的数量、颜色、线型和多线间的间距，还能指定多线两个端头封口的样式，如内弧端头、外弧端头和直线端头。多线命令常用于绘制建筑图中的墙体、门、窗等平行线对象。掌握了多线命令有助于提高建筑平、立、剖面图的绘图速度。

1. 设置多线样式

在绘制多线以前，首先要设置多线样式，设置多线样式常有以下两种方法：

(1)菜单栏:【格式】|【多线样式】。

(2)命令行:在命令提示行中输入"Mlstyle（多线样式）"命令并按回车键。

在 AutoCAD 中,系统默认的多线样式为"STANDARD"标准,由两条平行线组成,偏移量分别为＋0.5 和－0.5,即两条平行线距离为"1",在建筑工程制图中,通常用于绘制墙体。如果我们改变多线的数目和多线间的距离,就可以绘制窗子等二维图形了。

下面来设置窗的多线样式。

(1)主菜单【格式】|【多线样式】或在命令行输入"Mlstyle"命令,系统会弹出"多线样式"对话框,如图 4-27 所示,单击"新建"按钮。

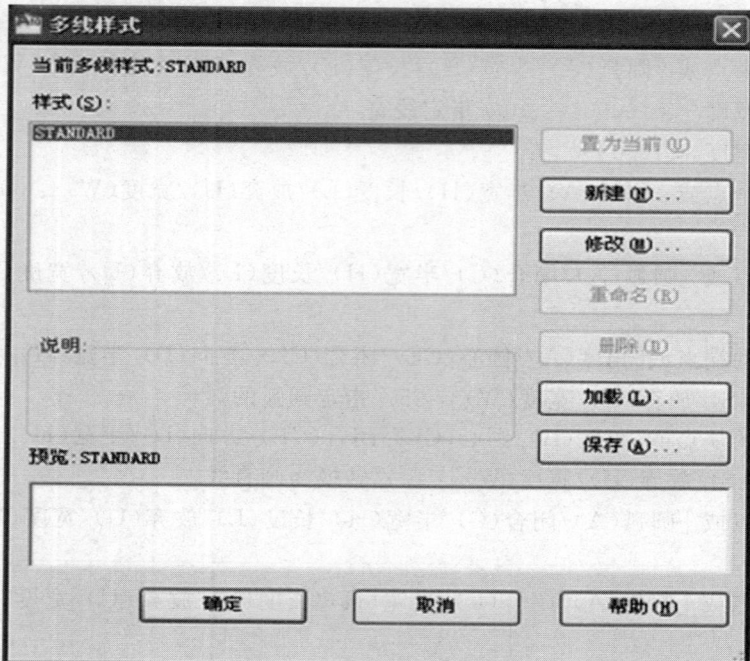

图 4-27　多线样式对话框

(2)在"创建新的多线样式"对话框中输入新文件名"窗子",单击"继续"按钮,如图 4-28所示。

图 4-28　创建新的多线样式

(3)在弹出的"多线样式:窗子"对话框中,单击"添加"按钮,添加两条线,并设置偏移量为＋0.2和－0.2,并设置为直线封口(如图 4-29 所示)。

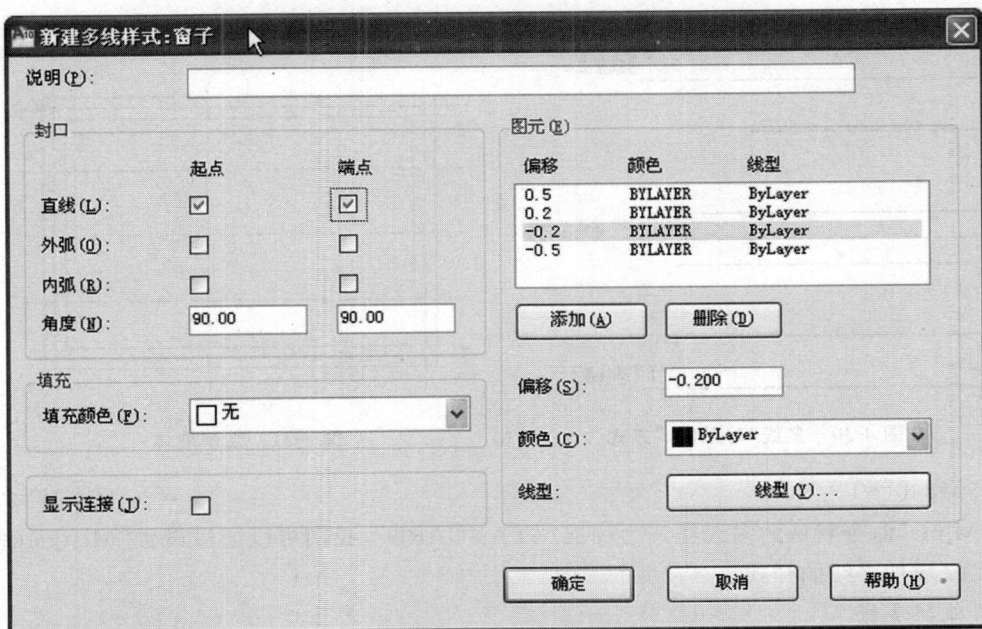

图 4-29 设置窗的多线样式

(4)设置完毕,单击"确定"按钮完成设置。

2.绘制多线

绘制多线的方法常有以下两种方法:

(1)菜单栏:【绘图】|【多线】。

(2)命令行:在命令提示行中输入"Mline(多线)"命令并回车,Mline 简写为 Ml。

在执行多线命令时,有对正(J)/比例(S)/样式(ST)三个子选项。

(1)"对正(J)"方式。

对正方式通常和基线的位置有关(如图 4-30 所示)。

(2)比例(S)。

使用"Mline"命令的默认值中,两条多线之间的距离为 1 的 20 倍。如果我们绘制 240 的墙体,就将"S"比例的值设置为 1 的 240 倍。

如图 4-31 所示,绘制 240 的墙体。

命令:Ml(Mline)

当前设置:对正 ＝ 下,比例 ＝ 20.00,样式 ＝ STANDARD

指定起点或 [对正(J)/比例(S)/样式(ST)]:J //设置对正方式

输入对正类型 [上(T)/无(Z)/下(B)] ＜下＞:Z //选择对正方式

当前设置:对正 ＝ 无,比例 ＝ 240.00,样式 ＝ STANDARD

指定起点或 [对正(J)/比例(S)/样式(ST)]:S //设置多线比例

输入多线比例 ＜20＞:240

当前设置:对正 ＝ 无,比例 ＝ 240.00,样式 ＝ STANDARD

指定起点或 [对正(J)/比例(S)/样式(ST)]: //指定绘制起点

指定下一点：//指定绘制端点

指定下一点或［放弃(U)］：//回车确定

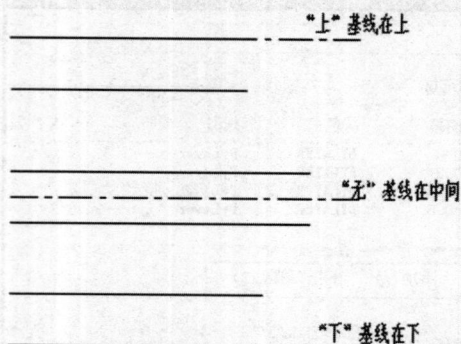

图 4-30　多线"对正(J)"方式　　　　图 4-31　绘制墙体

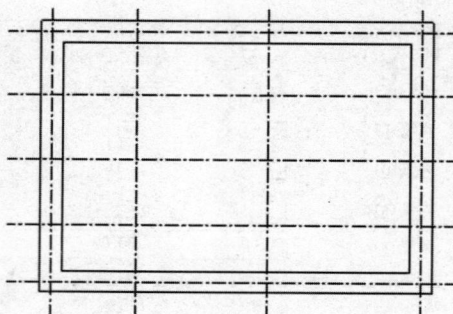

(3)样式(ST)。

"Mline"命令默认的多线样式为标准"STANDARD"，我们可以通过设置"Mlstyle(多线样式)"来增加多线的样式。

3.编辑多线

编辑多线的方法通常有以下 3 种方法：

(1)单击【修改】|【对象】|【多线】。

(2)双击多线。

(3)在命令行中执行"Mledit"命令。

用以上方法都能打开多线编辑工具(如图 4-32 所示)。在建筑制图中，常用到角点结合、T 形合并、十字打开等多线编辑工具。

图 4-32　多线编辑工具对话框

如图 4-33 所示,编辑图中所有墙体,使各墙体之间完全打通。

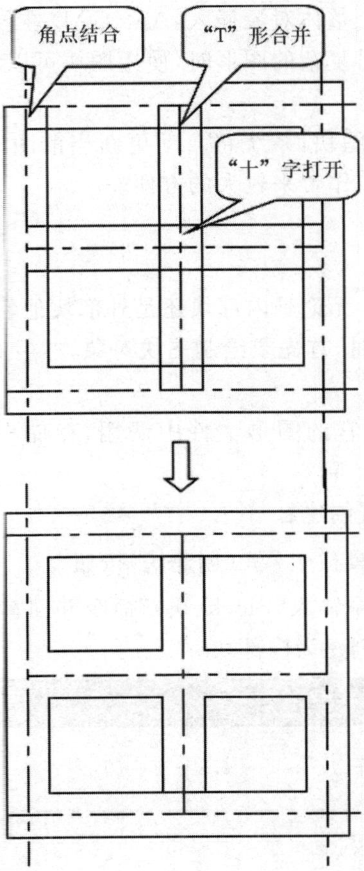

图 4-33　编辑墙体

4.6　块的创建与插入

块是由一个或多个对象组成的对象集合,是一组图形实体的总称,系统将这个集合看成是一个单一的整体对象。在进行建筑设计时,我们常常需要反复使用一些图形,如门、窗、家具、标高符号等相同对象或专业符号,AutoCAD 提供了创建块的功能,专门用来减化重复性绘图工作。

4.6.1　图块的特点

1. 便于创建图块库

在绘制建筑图形的过程中,通常把一些常用的图形(如建筑平面图中的门、窗、家具和标注单元房的布局等)定义成块,保存在硬盘上,便于随时调用,因此就形成了一个图块库。这样不仅避免了重复的劳动,还大大提高了绘图的效率。

2.节省存储空间

创建图块后,图块作为一个整体对象插入,AutoCAD在创建图块时,只保存了图块的整体特征参数。因此,在绘制相对复杂的图形时,使用图块可以大大节省磁盘空间。

3.便于图形的修改

修改或更新一个已定义的图块,系统将自动更新当前图形中已插入的所有该图块。因此,通过修改图块可以为用户工作带来较大的方便。

4.6.2 图块的创建

图块分为内部块和外部块,无论是内部块还是外部块他们都有一个共同的特点:只有一个夹点。要定义一个对象为块时,首先要绘制图块对象,然后对其创建为内部块或外部块。

1.创建内部块

创建的内部块只能在定义它的图形文件中调用,存储在图形文件内部。创建内部块Block有以下几种方法:

(1)菜单栏:【绘图】|【块】|【创建】。

(2)工具栏:单击【绘图】工具栏中 🖼 (创建块)按钮 。

(3)命令行:在命令提示行中输入"Block(块)"命令并回车,Block简写为B。

如图4-34所示,将"窗子"创建为内部块。

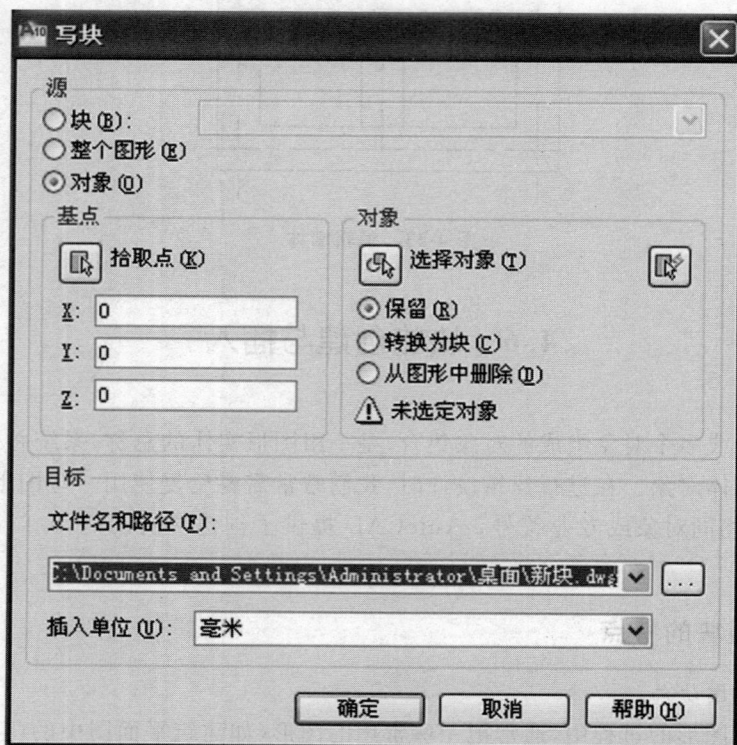

图4-34　创建内部块

①主菜单【绘图】|【块】|【创建】或在命令行输入"Block"命令,系统会弹出"块定义"对话框,如图 4-35 所示,在"名称(N)"下方输入创建新块的名称"窗子"。

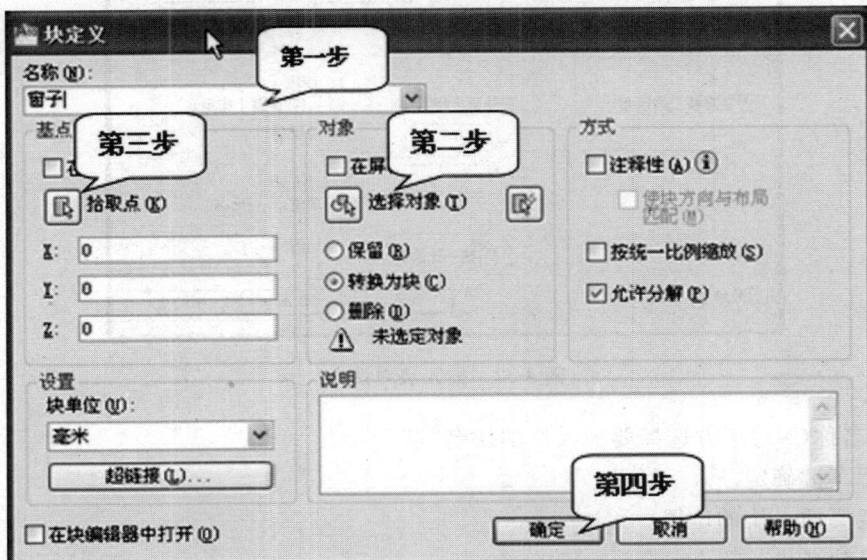

图 4-35　插入块对话框

②单击"选择对象"按钮,选择"窗子"图形。

③在"基点区"中定义块的基点。

④按回车确定。

⑤创建块前与创建块后的夹点个数的对比,如图 4-36 所示。

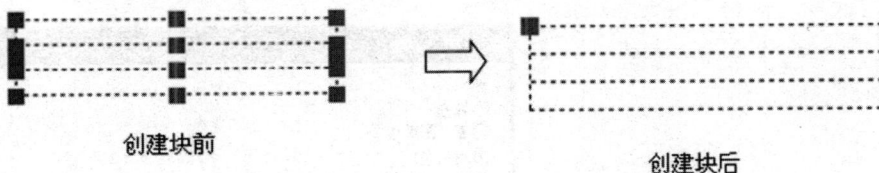

创建块前　　　　　　　　　创建块后

图 4-36　"块"前与"块"后的对比

2.插入内部块

执行 Insert 插入块(简写 I)命令通常有以下 3 种方法:

(1)菜单栏:【插入】|【块】。

(2)工具栏:单击【绘图】工具栏中 [图标] (插入块)按钮。

(3)命令行:在命令提示行中输入"i"命令并回车。

将创建的块"窗子"插入当前图形文件中的操作步骤如下:

①主菜单【插入】|【块】或在命令行输入"Insert"命令,系统会弹出"插入"对话框(如图 4-37 所示)。

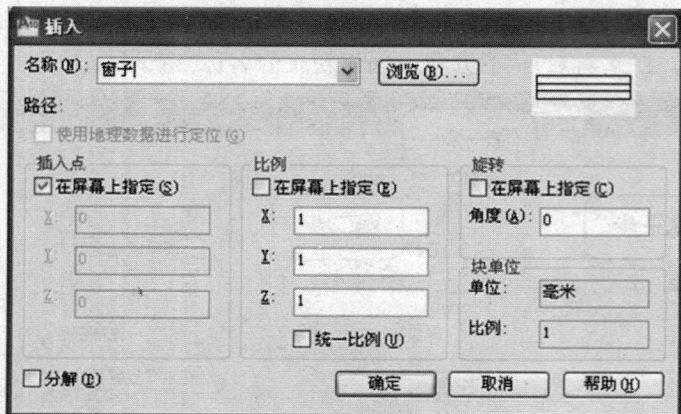

图 4-37　插入块对话框

②在【名称(N)】下方选择要插入块的块名"窗子"。

③按回车键确定。

④指定要插入块的位置。

3.创建外部块

使用"Wblock"写块命令可以创建外部块。创建的外部块通常是以独立的 CAD 图形文件保存在计算机中,可以将其调用到其他图形文件中。在命令提示行中输入"Wblock(写块)"命令并按回车即可创建外部块(Wblock 简写为 W)。

如图 4-38 所示,将"浴缸"创建为外部块。

(1)在命令提示行中输入"Wblock(写块)"命令并回车,系统会弹出"写块"对话框(如图 4-39 所示)。

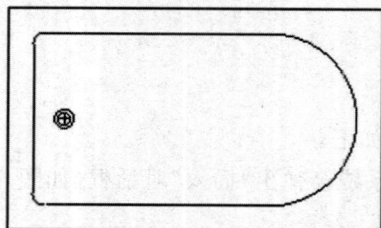

图 4-38　浴缸

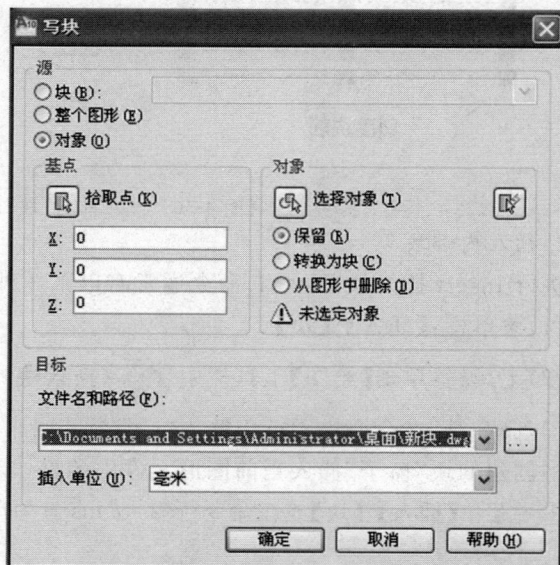

图 4-39　写块对话框

（2）单击"选择对象"按钮，选择浴缸。

（3）在"基点区"点击"拾取点"定义块的基点。

（4）在"文件名和路径（F）"中指定外部块的名称"新块"及保存位置。

（5）回车确定。

4．插入外部块

使用"Insert"命令即可插入外部块，在命令提示行中输入"Insert（插入）"命令并按回车。
下面将创建的外部块"新块"插入当前文件中。

（1）在命令行输入"Insert"命令，系统会弹出"插入"对话框（如图 4-40 所示）。

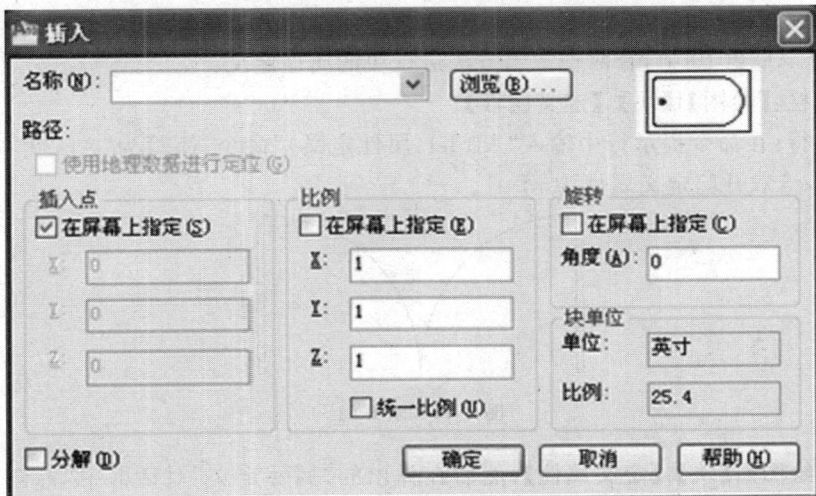

图 4-40　插入块对话框 1

（2）在"浏览（B）"下方寻找要插入的外部图块"新块"并打开（如图 4-41 所示）。

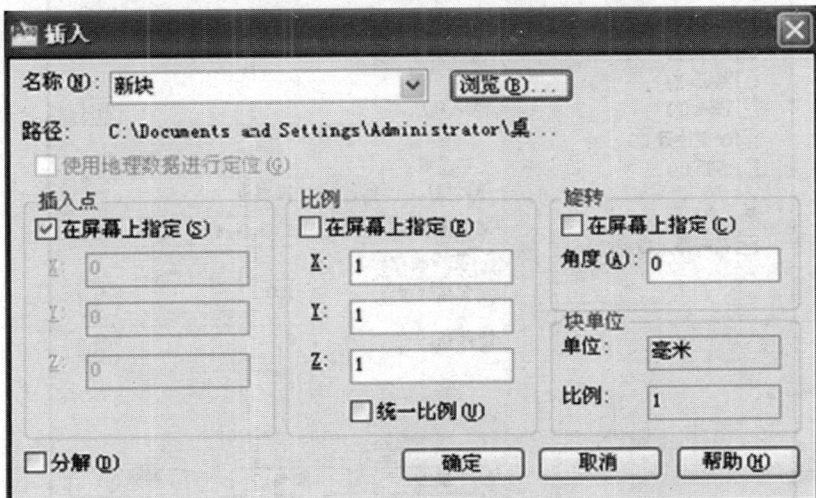

图 4-41　插入块对话框 2

（3）在"插入"对话框中单击"确定"。

（4）指定插入点或〔基点（B）/比例（S）/X/Y/Z/旋转（R）〕：//指定外部块插入的位置。

4.6.3 块属性

属性是将数据附着到块上的标签或标记，属性中可以包含对象编号、注释和特点等文本信息。AutoCAD 允许为图块附加一些标签、标记，以增强图块的通用性。属性用于形式相同而文字内容需要变化的对象，如在建筑制图中的标高尺寸的标注、高层符号、墙间编号等，将他们创建为有属性的图块，使用时可按需要指定不同的属性。

1. 定义属性

在 AutoCAD 2010 中，有两种常用方法进行块的属性定义：

（1）菜单栏：【绘图】|【块】|【定义属性】。

（2）命令行：在命令提示行中输入"Attdef（属性定义）"命令，简写为"Att"并按回车。如图 4-42 所示，给双开门定义属性为 M-01。

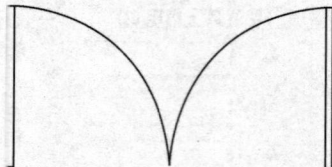

图 4-42 双开门

①单击【绘图】|【块】|【定义属性】，然后在弹出的"属性定义"对话框中"标记"栏中输入"M-01"（如图 4-43 所示）。

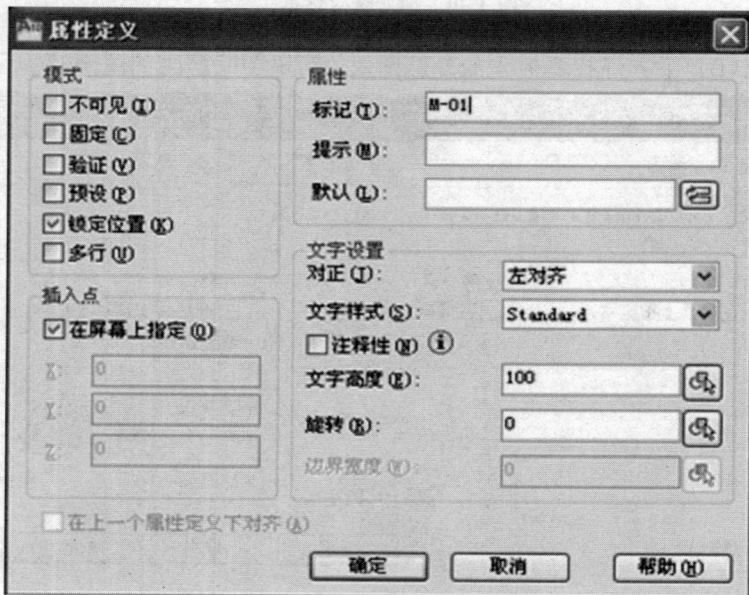

图 4-43 "属性定义"对话框

②确定。

③指定属性插入的位置(如图 4-44 所示)。

2.使用块属性

属性只有和图块联系在一起,才能体现块属性的通用性,单独定义的块属性在插入时毫无意义。因此,要将块和属性一起创建为新的块,这样才能更好地使用块和块属性。使用块属性的步骤如下:

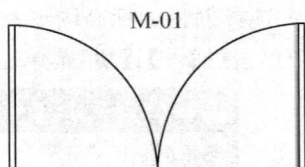

M-01

图 4-44　属性为"M-01"的门

(1)绘制需添加属性的图形对象;

(2)使用"Attdef(定义属性)"命令在该图形对象上添加属性;

(3)使用"Block(内部块)"或者"Wblock(外部块)"命令将图形对象和定义的属性一起创建为有属性的块;

(4) 使用"Insert(插入)""块命令使用块属性。

如图 4-45 所示,给标高定义属性为±0.000 并修改属性为 3.000。

(1)创建标高符号图形。

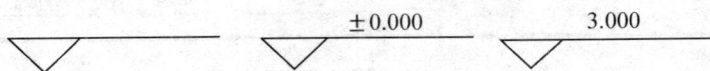

±0.000　　　　　　3.000

图 4-45　定义并修改属性

(2)单击【绘图】|【块】|【定义属性】(或执行"Attdef"命令)打开"属性定义"对话框,如图 4-46 所示,在"标记"中设置属性值为:±0.000。

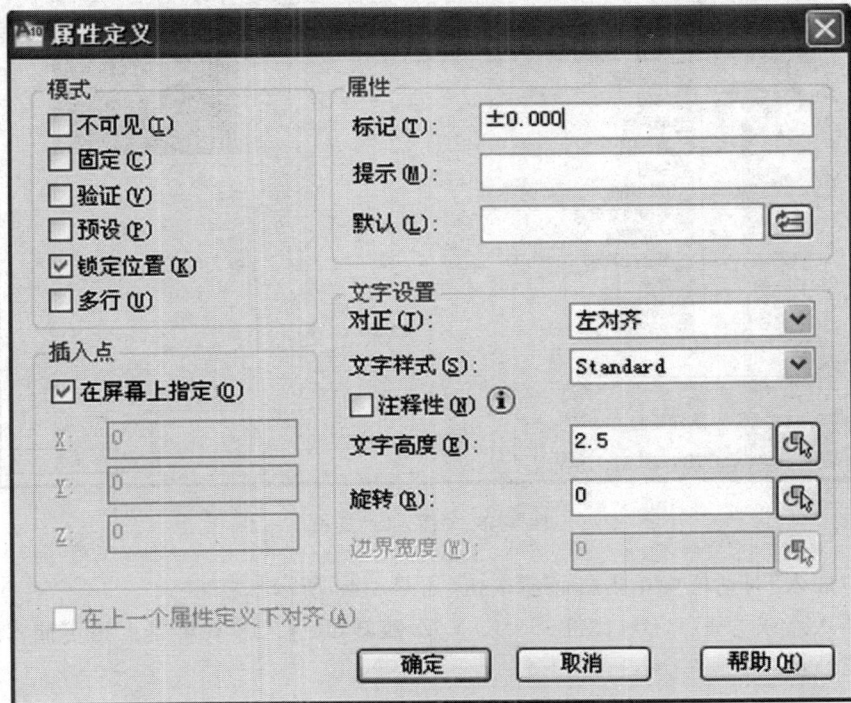

图 4-46　定义属性

（3）单击"确定"按钮，指定插入位置。

（4）选择创建的标高图形和属性±0.000；并同时将其创建为一个外部块"标高"。

（5）单击【插入】|【块】菜单命令，系统会弹出"插入"对话框（如图 4-47 所示）。

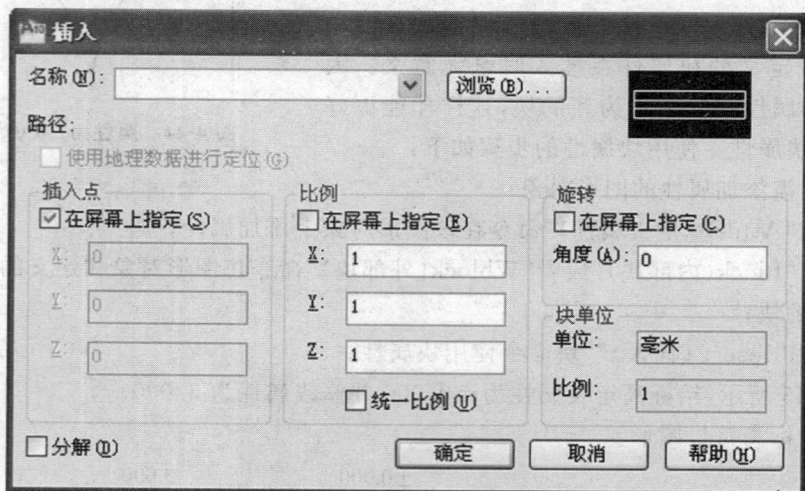

图 4-47 "插入"对话框

（6）在"浏览（B）"下方寻找要插入的外部图标块"标高"并打开（如图 4-48 所示）。

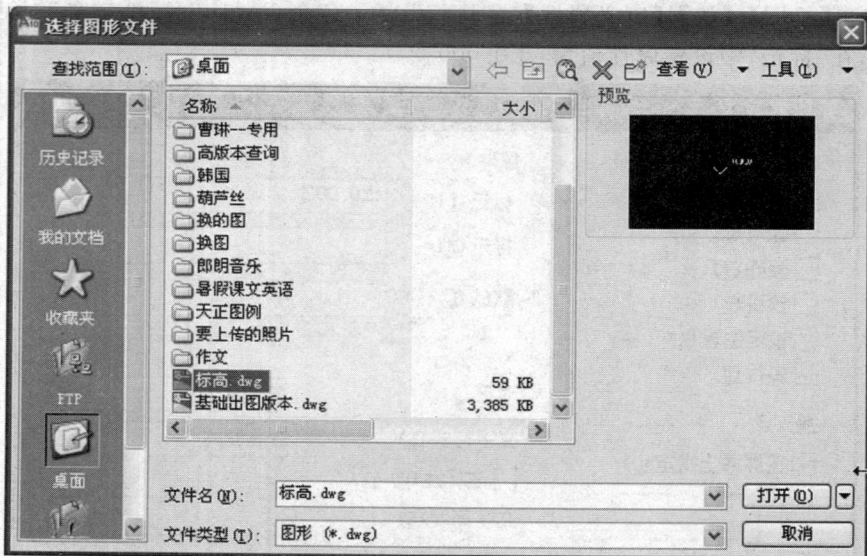

图 4-48 "插入"对话框

（7）在"插入"对话框中单击【确定】按钮（如图 4-49 所示）。

指定插入点或［基点（B）/比例（S）/X/Y/Z/旋转（R）］：∥ 在屏幕上指定插入点

输入属性值

±0.000：3.000 ∥输入新的块属性值

图 4-49 "插入"对话框

3. 编辑属性定义

创建了块的属性定义后,用户还可以对其属性进行修改。双击属性定义的文字,然后在弹出的"编辑属性定义"的对话框中设置新的属性即可。

如图 4-50 所示,重新设置双开门的属性定义:将"M-01"修改为"M-02"。

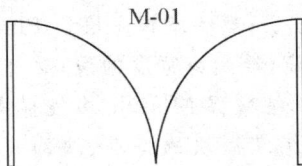

图 4-50 属性为"M-01"的双开门

双击"M-01"属性,然后在弹出的"编辑属性定义"对话框(如图 4-51 所示)中的"标记"栏将"M-01"改为"M-02",单击确定即可(如图 4-52 所示)。

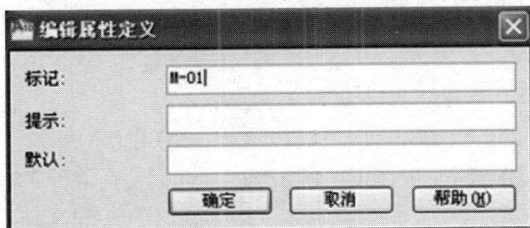

图 4-51 "编辑属性定义"对话框

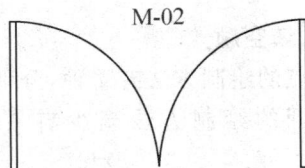

图 4-52 属性为"M-02"的双开门

4. 编辑块的属性

创建了块的属性后,用户还可以编辑其属性,编辑属性的常用方法有以下两种:

(1)菜单栏:【修改】|【对象】【属性】|【单个】(或全局或块属性管理器)。

(2)工具栏:单击【修改Ⅱ】二具栏中的 🖉（块属性管理器)按钮 。

用以上的两种方法都能打开"增强属性编辑器"对话框(如图 4-53 所示),我们通常是通过对"属性""文字选项""特性"几方面进行块属性的编辑。

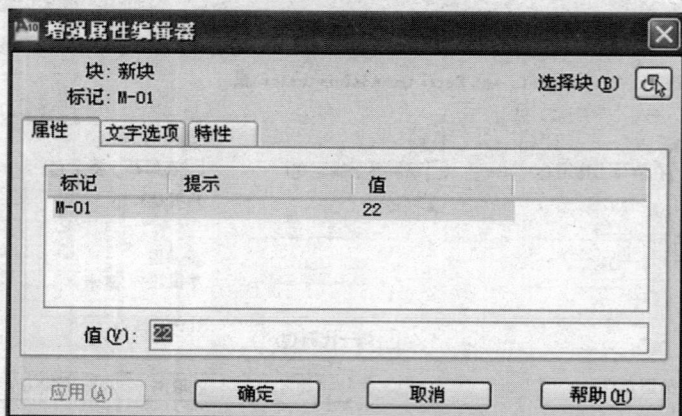

图 4-53 "增强属性编辑器"对话框

本章小结

通过本章的学习,掌握绘制直线 Line、点 Point(点样式和通过点等分对象的方法:定数等分和定距等分)、矩形 Rectang、圆 Circle、圆弧 Arc、椭圆 Ellipse 及椭圆弧、正多边形 Polygon 等基本绘图命令的使用方法;熟练掌握多段线 Pline 命令的使用,能够运用 Pline 命令绘制直线段和弧线段相连接的线,绘制有宽度的线;熟练掌握绘制多线 Mline 命令及子选项对正(J)、比例(S)、样式(ST);熟练掌握 Mlstyle 多线样式设置的方法,如墙体的多线样式设置、窗子多线样式的设置等;熟练掌握块的特点、块的分类(内部块和外部块)、块的创建(Block 内部块和 Wblock 外部块)、块的属性定义,使用块的属性、编辑属性定义和编辑块的属性的方法。

习题与实训

一、填空题

1.点的绘制方法有 4 种,分别为(   )、(   )、(   )和(   )。

2.圆的绘制方法至少有 6 种,它们分别是(   )、(   )、(   )、
(   )、(   )和(   )。

3.内部块和外部块的共同特点是:(   )。

4.绘制椭圆通常有(   )和(   )两种方法。

5.绘制多边形至少可以绘制(   )个边,最多可以绘制(   )个边。

二、选择题

1.设置点样式可以(   )。

   A.选择【格式】|【点样式】命令

   B."Ctrl+1"特性工具栏中进行设置

C. 单击【绘图】|【点样式】命令

D. 单击【工具】|【点样式】命令

2. 一定数量的等分是用（　　）命令。

　　A. Divide　　　　　　　　　　　　　B. Measure

　　C. Mlstyle　　　　　　　　　　　　　D. Polygon

3. 下列方法中,不能够创建圆的命令是（　　）。

　　A. 圆心、直径　　　　B. 4P　　　　　　C. 2P　　　　　　　D. 3P

4. 绘制椭圆的命令是（　　）。

　　A. Circle　　　　　　B. Polygon　　　　C. Point　　　　　　D. Ellipse

5. 在下列命令中,既可以绘制直线又可以绘制曲线的命令是（　　）。

　　A. 多线　　　　　　　B. 多段线　　　　　C. 样条曲线　　　　D. 修订云线

6. 创建外部块的命令是（　　）。

　　A. Block　　　　　　B. Ellipse　　　　　C. Mlstyle　　　　　D. Wblock

7. 多线编辑器的命令是（　　）。

　　A. Pe　　　　　　　　B. Ml　　　　　　　C. Pmedit　　　　　D. Mledit

9. 使用多段线命令能创建的对象有（　　）。

　　A. 直线　　　　　　　　　　　　　　　　B. 曲线

　　C. 有宽度的直线和曲线　　　　　　　　　D. 以上都是

10. 一定距离的等分是用（　　）命令。

　　A. Divide　　　　　　B. Measure　　　　C. Mlstyle　　　　　D. Polygon

三、实训绘图

1. 绘制如附图 4-1 所示墙体和门窗,窗用块(B)方式插入,并定义它的属性为 C-01。

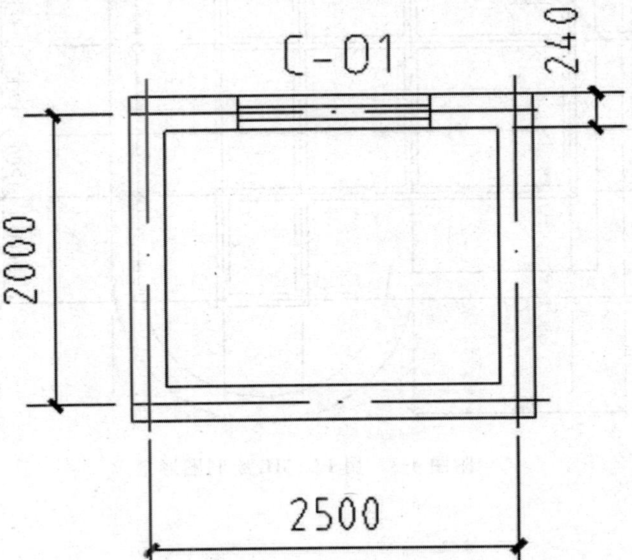

附图 4-1　创建块并定义块属性

2. 运用 Rec,Arc 等命令绘制如附图 4-2 所示浴缸。

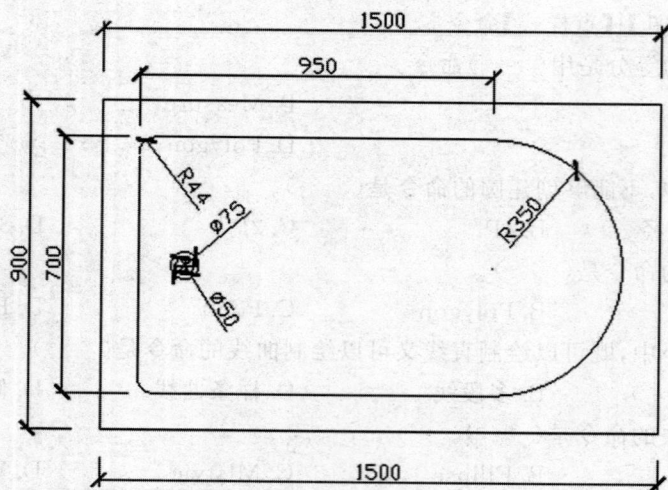

附图 4-2　绘制浴缸

3. 运用 Pl,Ml 等命令绘制如附图 4-3 所示图形。

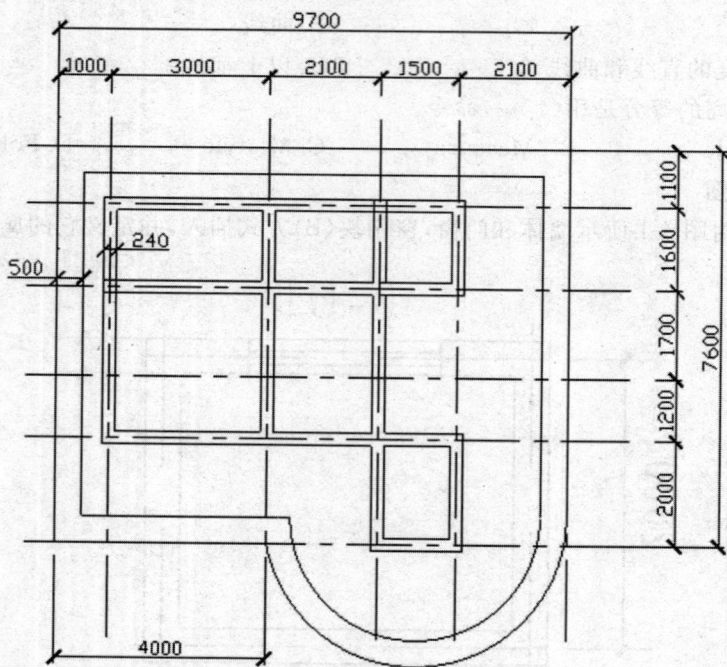

附图 4-3　用 PL、ML 绘制图形

4. 运用 Mline，Arc，Rectang 等命令绘制如附图 4-4 所示平面图。

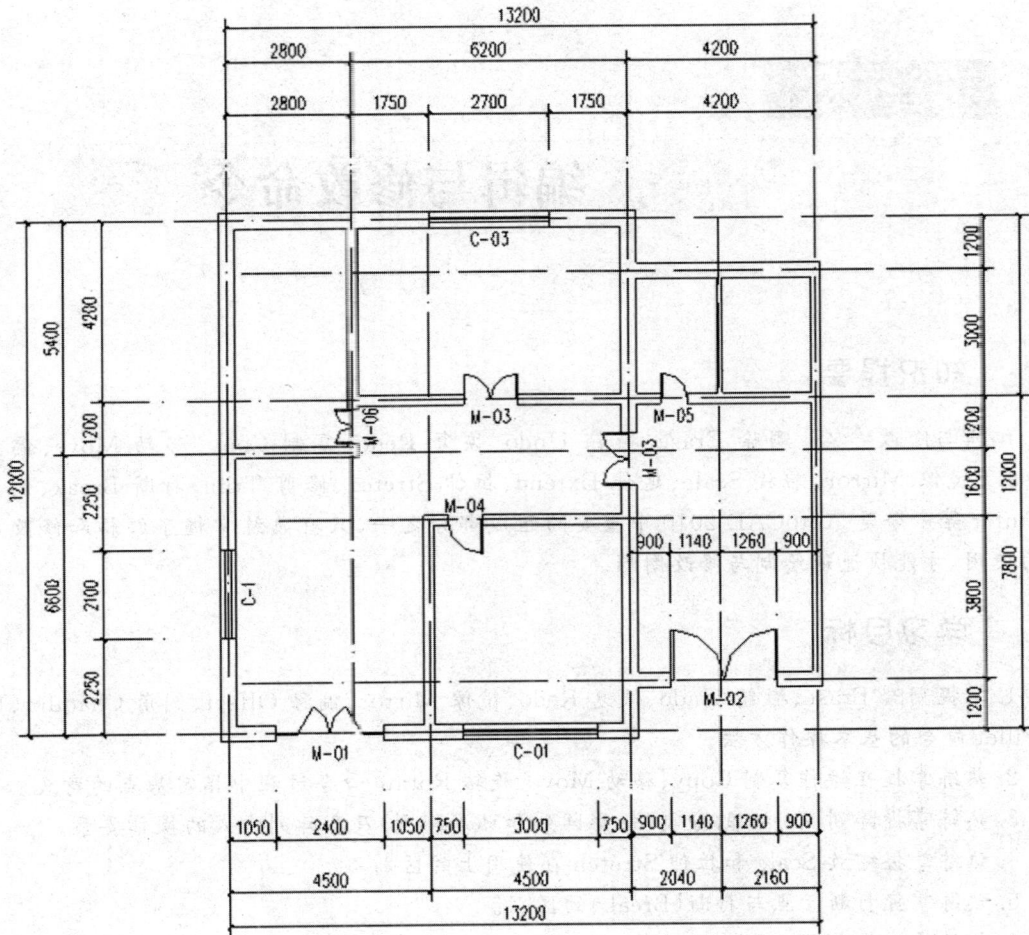

附图 4-4　绘制平面图

第5章

编辑与修改命令

知识提要

编辑与修改命令：删除 Erase、撤销 Undo、恢复 Redo、复制 Copy、移动 Move、偏移 Offset、镜像 Mirror、缩放 Scale、延伸 Extend、拉伸 Stretch、修剪 Trim、打断 Break、倒角 Chamfer 等命令是 AutoCAD 2010 中重要的组成部分之一，只有熟练掌握了编辑和修改命令的使用，才能快速地绘制与修改图形。

学习目标

1. 掌握删除 Erase、撤销 Undo、恢复 Redo、镜像 Mirror、偏移 Offset、倒角 Chamfer、圆角 Fillet 命令的基本操作方法。

2. 熟练掌握在操作复制 Copy、移动 Move、旋转 Rotate 命令过程中指定基点的意义。

3. 熟练掌握阵列 Array 的分类（矩形阵列和环形阵列）及各阵列方式的操作要素。

4. 熟练掌握缩放 Scale 和拉伸 Stretch 在使用上的区别。

5. 熟练掌握打断于点与打断（Break）的区别。

6. 熟练掌握修剪 Trim 与延伸 Extend 这对互补命令的使用技巧。

5.1　删除(Erase)、撤销(Undo)、恢复(Redo)

5.1.1　删除(Erase)

在 AutoCAD 2010 中，通常用删除（Erase）命令来删除图形对象，该命令没有任何子选项。删除对象的方法可以有以下几种：

（1）菜单栏：单击【修改】|【删除】命令；或者单击【编辑】|【清除】命令。

（2）按钮：在【修改】工具栏击单击 ✒ 按钮；或者直接按＜Delete＞键进行删除。

（3）命令行：在"命令提示行"中执行"Erase(删除)"命令并按回车，Erase 简写为 E。

如图 5-1 所示，删除下图中的圆形。

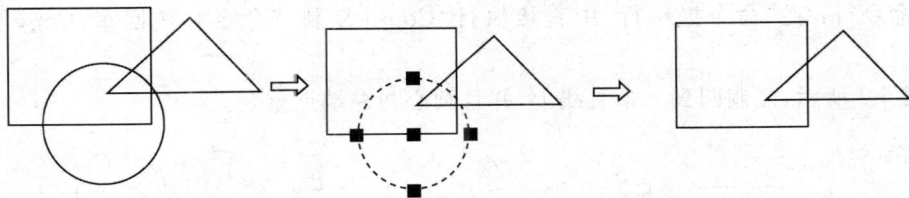

图 5-1　选中删除对象

命令：E(Erase)

选择对象：找到 1 个 // 选择要删除的对象"圆形"，按回车确定。

5.1.2　撤销(Undo)

在 AutoCAD 2010 中，用"Undo"命令来撤销图形对象，该命令没有任何子选项。撤销对象的方法可以有以下几种：

(1)工具栏：单击【常用】工具栏中的 ⟲ 按钮。

(2)命令行：在"命令提示行"中执行"Undo(撤销)"命令并按回车，Undo 简写为 U。

(3)快捷键：＜Ctrl＋Z＞

命令提示：

在命令提示行中输入 Undo 命令后，命令行提示如下：

命令：undo // 回车确定

输入要放弃的操作数目或［自动(A)/控制(C)/开始(BE)/结束(E)/标记(M)/后退(B)］＜1＞：2 // 回车进行确定

5.1.3　恢复对象

在 AutoCAD 中，撤销"Undo"命令和恢复"Redo"命令是一对互补命令，一般是要撤销才能进行恢复。撤销对象的方法可以有以下几种：

(1)工具栏：单击【常用】工具栏中的 ⟳ 按钮。

(2)命令行：在"命令提示行"中执行"Redo(恢复)"命令并按回车。

(3)快捷键：＜Ctrl＋Y＞。

5.2　复制(Copy)与移动(Move)

5.2.1　复制(Copy)

复制(Copy)命令用于复制所选定的图形对象到指定位置，而原对象不受任何影响。该命令既可以在二维中使用也可以在三维中使用。执行该命令常有以下 3 种方法：

(1)菜单栏：单击【修改】|【复制】菜单命令。

(2)工具栏：单击【修改】工具栏中的 ⬚ 按钮。

（3）命令行：在"命令提示行"中直接执行"Copy（复制）"命令并按回车，Copy 简写为 Co/Cp。

如图 5-2 所示，复制圆到一条直线上，并且圆心与左端点重合。

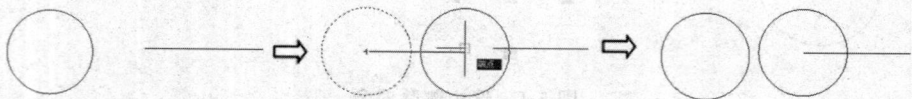

图 5-2　复制对象

命令：Co(Copy)
选择对象：找到 1 个//选择圆形
指定基点或［位移(D)/模式(O)］＜位移＞：
指定第二个点或 ＜使用第一个点作为位移＞://指定圆心为复制的基点
指定第二个点或［退出(E)/放弃(U)］＜退出＞://指定直线的端点为目标点

特别提示：

1. 在复制过程中，基点的指定非常重要，通过端点的指定，可以提高新对象位置的准确性。

2. 在 AutoCAD 2010 中，复制命令执行一次可以进行连续地复制，用户只需连续指定目标点即可不断地产生复制对象。

5.2.2　移动(Move)命令

移动(Move)命令用于精确移动所选定的图形对象到指定位置，移动后原有对象就不存在了。该命令既可以在二维也可以在三维空间中使用。执行该命令方法有以下 3 种：

（1）菜单栏：单击【修改】|【移动】命令。

（2）工具栏：单击【修改】工具栏中的 ✛ 按钮。

（3）命令行：在"命令提示行"中执行"Move(移动)"命令并按回车，Move 简写为 M。

如图 5-3 所示，移动圆到一条直线上，并且圆心与左端点重合。

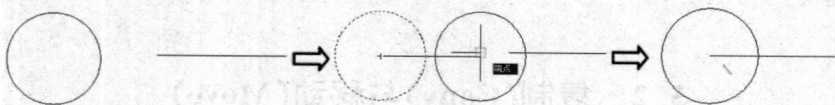

图 5-3　移动对象

命令：M(Move)//输入命令。
选择对象：找到 1 个//选择圆形。
指定基点或［位移(D)/模式(O)］＜位移＞：
指定第二个点或 ＜使用第一个点作为位移＞://指定圆心为移动的基点坐标。
指定第二个点或［退出(E)/放弃(U)］＜退出＞://指定直线的端点为目标点。

1. 在移动过程中,基点的指定非常重要,通过基点的指定,可以提高新对象位置的准确性。

2. 在 AutoCAD 中,使用实时平移 🖑 的方法可以实现对象在视觉上的移动,但它的坐标位置是不会发生变化的。

5.3　镜像(Mirror)与旋转(Rotate)

5.3.1　镜像(Mirror)

镜像(Mirror)命令可完成对物体的镜像操作,对于对称图形来说使用起来更为方便。在执行镜像命令时可选择删除或保留原对象,执行该命令方法通常有以下 3 种方法：

(1)菜单栏：单击【修改】|【镜像】命令。

(2)工具栏：单击【修改】工具栏中的 ⚏ 按钮。

(3)命令行：在"命令提示行"中直接执行"Mirror(镜像)"镜像命令,Mirror 简写为 Mi。

如图 5-4 所示,镜像图形中的凳子。

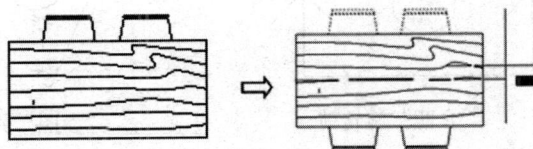

图 5-4　镜像对象

命令：Mi(Mirror)

选择对象,指定对角点：找到 14 个 //选择要镜像的椅子。

选择对象：指定镜像线的第一点。

指定镜像线的第二点：//指定镜像的中点,然后向水平方向追踪。

要删除源对象吗？［是(Y)/否(N)］<N>：Y //是否保留原有对象,回车确定。

5.3.2　旋转(Rotate)

旋转(Rotate)命令用于将选中对象绕指定基点和角度旋转图形对象,旋转命令可以辅助绘制图形对象,旋转对象通过改变图形对象方向从而达到某些绘制目的。执行旋转命令常有以下 3 种方法：

(1)菜单栏：单击【修改】|【旋转】命令。

(2)工具栏：单击【修改】工具栏中的 ↻ 按钮。

(3)命令行：在"命令提示行"中执行"Rotate(旋转)"命令并按回车,Rotate 简写为 Ro。

在 AutoCAD 2010 中,默认的旋转角度的方向是"逆时针为正,顺时针为负",因此,我们在旋转过程中,要注意旋转角度的正负方向。

1．"复制"旋转(如图 5-5 所示)

旋转"复制"后,会产生两个对象,原有的对象和旋转后的新对象。

复制旋转前　　　　　　复制旋转后

图 5-5　"复制"旋转

2．"参照"旋转(如图 5-6 所示)

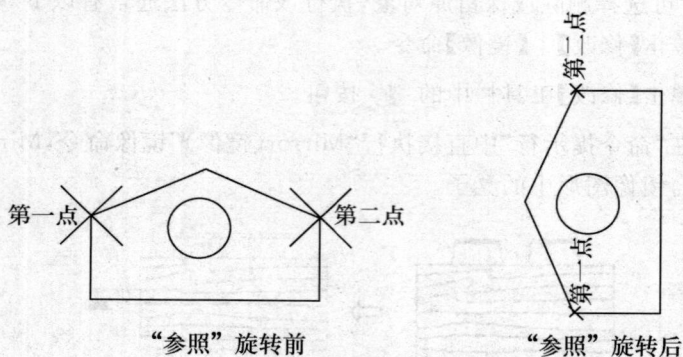

"参照"旋转前　　　　　　"参照"旋转后

图 5-6　"参照"旋转

命令：Ro(Rotate)

UCS 当前的正角方向：Angdir＝逆时针 Angbase＝0

指定基点：∥捕捉圆心作为旋转基点

指定旋转角度,或 [复制(C)/参照(R)] ＜30＞:R∥使用"参照"方式

指定参照角 ＜0＞:∥捕捉左边第一点

指定第二点：∥捕捉右边第二点

指定新角度或 [点(P)] ＜0＞:＜正交关＞ 90∥按＜Enter＞键确定

3．指定角度旋转(如图 5-7 所示)

指定马桶旋转 60°。

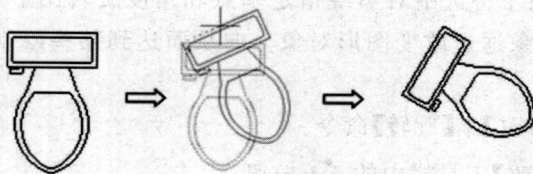

图 5-7　指定角度旋转

命令：Ro(Rotate)

UCS 当前的正角方向：Angdir＝逆时针 Angbase＝0

选择对象：找到 1 个 //选择马桶

指定基点：//指定左上角的点作为旋转基点

指定旋转角度，或［复制］(C)/［参照］(R)＜0＞：60 //指定旋转角度并按＜Enter＞键确定

5.4　偏移(Offset)

偏移(Offset)命令用于将选中的对象按指定的距离生成和原对象类似的对象，对于对称图形来说使用起来更为方便。执行该命令常有以下 3 种方法：

(1)菜单栏：单击【修改】|【偏移】命令。

(2)工具栏：单击【修改】工具栏中的 按钮。

(3)命令行：在"命令提示行"中执行"Offset(偏移)"命令并按回车，Offset 简写为 O。

如图 5-8 所示，偏移图形。

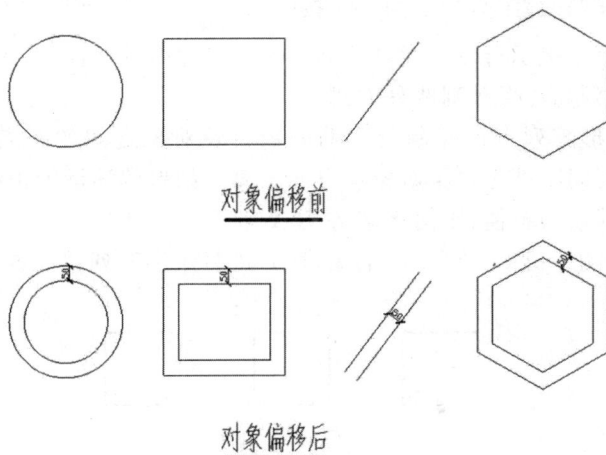

图 5-8　偏移对象

方法一：指定距离。

命令：O(Offset) //输入命令

指定偏移距离或［通过(T)/删除(E)/图层(L)］＜通过＞：50 //给定偏移的距离

选择要偏移的对象，或［退出(E)/放弃(U)］＜退出＞：//选择要偏移的对象

指定要偏移的那一侧上的点，或［退出(E)/多个(M)/放弃(U)］＜退出＞：//指定偏移的方向

选择要偏移的对象，或［退出(E)/放弃(U)］＜退出＞：//继续选择要偏移的对象或者按＜Enter＞键结束命令

方法二:通过(T)追踪。

命令:O(Offset)

指定偏移距离或[通过(T)/删除(E)/图层(L)]<通过>:T

选择要偏移的对象,或[退出(E)/放弃(U)]<退出>://选择要偏移的对象

指定通过点或[退出(E)/多个(M)/放弃(U)]<退出>:50//通过追踪给对象新的通过点

选择要偏移的对象,或[退出(E)/放弃(U)]<退出>://继续选择要偏移的对象或者按<Enter>键结束命令

5.5　阵列(Array)

阵列(Array)命令是一个高效的复制命令,可以按指定的行、列数及行间距和列间距、角度进行矩形排列,也可以按指定的一个中心点、项目总数和填充角度来环形排列对象。执行该命令常有以下几种方法:

(1)菜单栏:单击【修改】|【阵列】命令。

(2)工具栏:单击【修改】工具栏中的 🔡 按钮。

(3)命令行:在"命令提示行"中执行"阵列(Array)"命令并按回车,Array简写为Ar。

阵列分为矩形阵列和环形阵列两种方式。

(1)矩形阵列:矩形阵列可以控制行和列的数目及对象之间的距离。在进行矩形阵列时,阵列的行间距和列间距都包含了对象本身的距离。如果偏移量为正值,则向X轴右方Y轴上方排列,如果偏移量为负值,则向X轴左方Y轴下方排列。

如图5-9所示,创建一个@100,100的矩形,并进行矩形阵列:"设置行为3,列为3,行列间距均为200mm"。

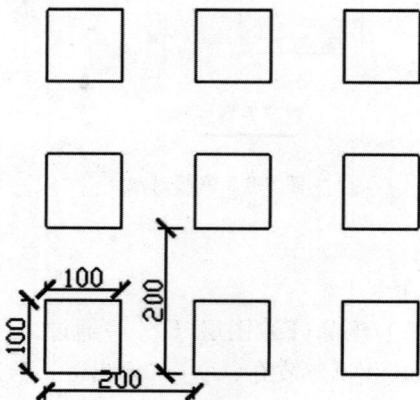

图5-9　矩形阵列对象

命令:Ar(Array)//按回车确定,弹出"阵列"对话框(如图5-10所示)。

图 5-10　矩形阵列对话框

选择阵列方式:矩形阵列

输入行、列偏移距离:200。

选择对象:单击 ⟦🖱⟧ 按钮,选择要阵列的对象。

确定。

(2)环形阵列:环形阵列是指将对象绕指定阵列中心,阵列角度及个数均匀分布对象,决定环形阵列的主要参数有阵列中心、阵列角度和阵列数目。

如图 5-11 所示,将下列圆形创建为环形阵列。

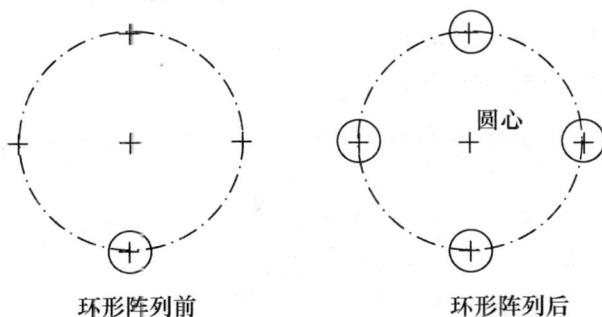

环形阵列前　　　　　　　　环形阵列后

图 5-11　环形阵列

命令:Ar(Array)∥按回车确定,弹出"阵列"对话框(如图 5-12 所示)。

选择阵列方式:环形阵列。

指定中心点:以圆心作为中心点。

选择对象:单击 ⟦🖱⟧ 按钮,选择圆形。

输入项目总数:4 个。

输入填充角度:360。

确定。

图 5-12　环形阵列对话框

5.6　比例缩放(Scale)

缩放(Scale)命令用于将选中的对象按指定的比例进行放大或缩小,可用参照方式和比例值方式,在比例值方式中若所给比例值大于 1,则放大对象,若所给比例值小于 1,则缩小对象,比例值不能是负值。执行缩放命令常有以下 3 种方法:

(1)菜单栏:单击【修改】|【缩放】命令。

(2)工具栏:单击【修改】工具栏中的 □ 按钮。

(3)命令行:在"命令提示行"中执行"Scale(缩放)"命令并按回车,Scale 简称 Sc。

"比例值"缩放:

直接输入缩放比例值,系统将根据所给比例对对象进行缩放。

(比例值<1:缩小对象,比例值>1:放大对象)

如图 5-13 所示,对厨具进行 2 倍的缩放。

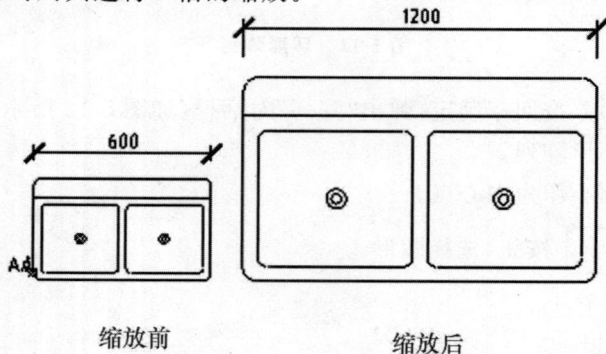

缩放前　　　　　　　　　　缩放后

图 5-13　"比例值"缩放对象

命令：Sc(Scale)

选择对象，指定对角点：找到 2 个 // 选择要进行缩放的对象

指定基点：// 捕捉 A 点

指定比例因子或［复制(C)/参照(R)］＜1.0000＞：2 // 输入要缩放的比例因子并按＜Enter＞键确定

"参照"缩放：

用户可根据自己的需求来确定新长度，用户输入参考长度后，系统会将两个长度的比值进行缩放。

如图 5-14 所示，对下列对象的 X 边长缩放为 800 mm。

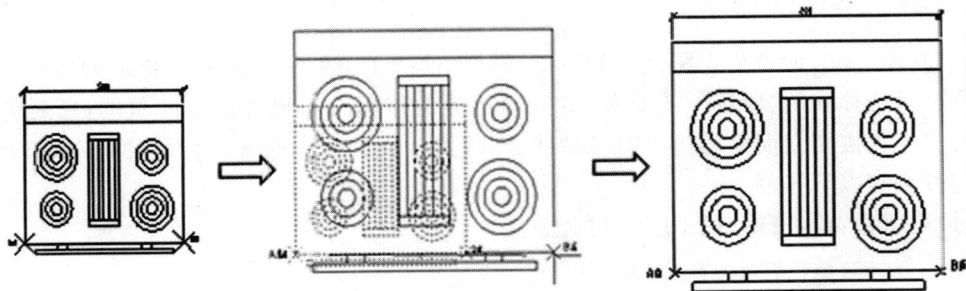

图 5-14　"参照"缩放对象

命令：Sc(Scale) // 输入命令

选择对象，指定对角点：找到 6 个 // 选择要进行缩放的对象

指定基点：// 指定 A 点作为基点

指定比例因子或［复制(C)/参照(R)］＜1.0000＞：R // 使用"参照"方式

指定参照长度 ＜500.0000＞：// 点击 A 点和 B 点作为参照长度

指定新的长度或［点(P)］＜1.0000＞：800 // 输入要指定的长度值并按＜Enter＞键确定

"复制"缩放（如图 5-15 所示）：

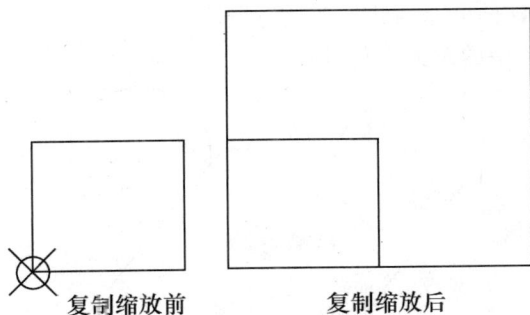

复制缩放前　　　　　复制缩放后

图 5-15　"复制"缩放对象

复制(C)：缩放的时同对原有对象进行复制。

命令：Sc(Scale) // 输入缩放命令

选择对象,指定对角点：找到 1 个∥选择要缩放的对象

指定基点：∥A 点作为基点

指定比例因子或［复制(C)/参照(R)］＜1.6000＞:C∥缩放一组选定对象

指定比例因子或［复制(C)/参照(R)］＜1.6000＞:2∥指定缩放比例因子并按回车确定

5.7　延伸(Extend)与拉伸(Stretch)

5.7.1　延伸(Extend)

延伸(Extend)命令用于将选定的直线、圆弧、曲线等图形对象延伸到指定的边界上。该边界既可以是存在的(所延伸的对象,直接与边界实体相交),也可以是隐藏的(所延伸对象并不与实体直接相交而是与边界的隐藏部分的延长线相交)。通常执行延伸(Extend)命令的常用方法有以下 3 种。

(1)菜单栏:单击【修改】|【延伸】命令。

(2)工具栏:单击【修改】工具栏中的 ⊸⁄ 按钮。

(3)命令行:在"命令提示行"中执行"Extend(延伸)"命令并按回车,Extend 简称 Ex。

子选项命令选项意义如下。

栏选（F）:绘制一连续虚折线,与虚折线相交的部分将被延伸。

窗交（C）:利用交叉窗口延伸对象。

投影（P）:通过该选项制定执行延伸的空间。

边（E）:在延伸过程中延伸边与相交边的关系。

放弃（U）:可进行撤销上一步的延伸操作。

延伸（E）:如果延伸边界边太短没有与延伸对象相交,那么系统就会假想自动将边界延长,再执行延伸操作:

不延伸（N）:只有边界与延伸边相交才能执行修剪命令。

删除（R）:在不退出延伸命令的状态下执行删除命令。

如图 5-16 所示,对图中的圆弧进行延伸。

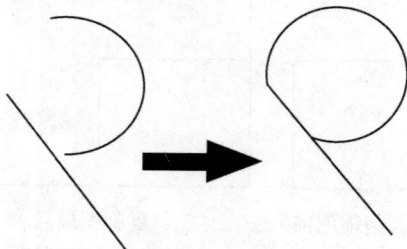

图 5-16　延伸

命令：Ex(Extend)

当前设置:投影＝UCS,边＝延伸

选择边界的边

选择对象或 ＜全部选择＞:找到 1 个 // 选择直线作为边界

选择要延伸的对象,或按住 Shift 键选择要修剪的对象,或[栏选(F)/窗交(C)/投影(P)/边(E)/放弃(U)]: // 选择弧线的一端

选择要延伸的对象,或按住 Shift 键选择要修剪的对象,或[栏选(F)/窗交(C)/投影(P)/边(E)/放弃(U)]: // 选择弧线的另一端并按回车确定

> **☞ 特别提示:**
>
> 上述操作可总结为:Ex↙↙然后直接点击要延伸的对象。

如图 5-17 所示,利用"边(E)"对下列对象进行延伸。

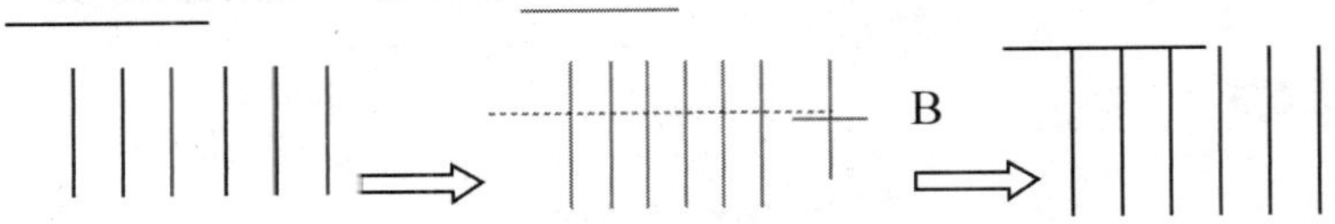

图 5-17　栏选延伸

命令：Ex(Extend)并按＜Enter＞确定

当前设置:投影＝UCS,边＝延伸

选择边界的边:

选择对象或 ＜全部选择＞:找到 1 个 // 选择边界

选择对象:选择要延伸的对象,或按住 Shift 键选择要修剪的对象,或[栏选(F)/窗交(C)/投影(P)/边(E)/放弃(U)]:E // 选择延伸方式

输入隐含边延伸模式 [延伸(E)/不延伸(N)]＜延伸＞:＜延伸＞// 选择延伸模式

选择要延伸的对象,或按住 Shift 键选择要修剪的对象,或[栏选(F)/窗交(C)/投影(P)/边(E)/放弃(U)]:F

指定第一个栏选点:A 点 // 栏选第一点

指定下一个栏选点或 [放弃(U)]:B 点 // 栏选第二点并按 Enter 确定

> **☞ 特别提示:**
>
> 上述操作可总结为:Ex↙↙ F↙。

5.7.2　拉伸(Stretch)

拉伸(Stretch)命令用于将选定对象进行拉长或缩短。在拉伸过程中,通过交叉窗口或交叉多边形选择方式选择对象夹改变端点的位置从而拉伸对象。在拉伸过程中,除被拉伸的部分外,其他图形的大小及相互间的几何关系将保持不变。执行拉伸(Stretch)命令常用的方法有以下 3 种。

(1)菜单栏:单击【修改】|【拉伸】命令。

(2)工具栏:单击【修改】工具栏中的  按钮。

(3)命令行:在"命令提示行"中执行"Stretch(拉伸)"命令并按回车,Stretch 简写为 S。
如图 5-18 所示,将下列窗子的长度 1000 mm 拉伸为 1500 mm。

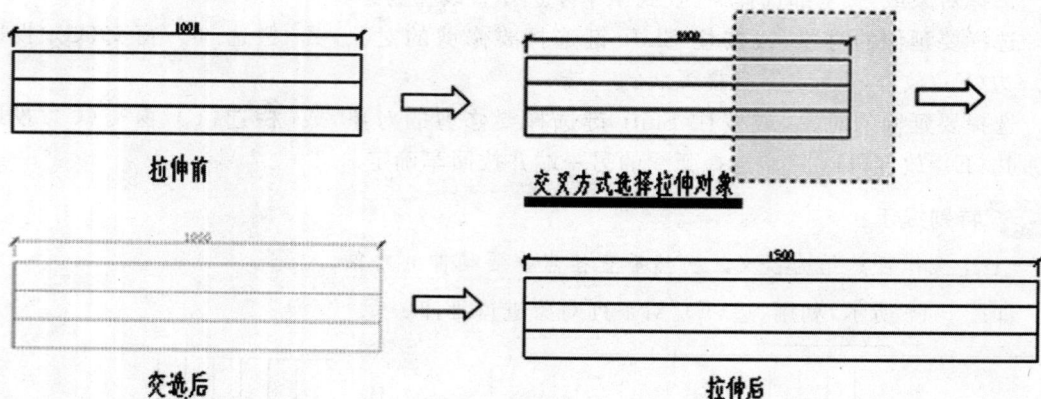

图 5-18 拉伸对象

命令:S(Stretch)∥输入命令
以交叉窗口或交叉多边形选择要拉伸的对象。
选择对象:指定对角点:找到 6 个∥以窗交或交叉多边形选择窗子
选择对象:
指定基点或〔位移(D)〕<位移>:∥指定右下角为基点向右拉伸
指定第二个点或 <使用第一个点作为位移>:500∥输入拉伸的值并按回车确定

5.8 修剪(Trim)

在使用 AutoCAD 2010 绘图过程中,所绘制对象常常相互交织,我们要修剪掉不需要的部分从而达到绘制要求。修剪(Trim)命令用于修剪相交部分多余的线段。执行修剪(Trim)命令的常用方法有以下 3 种:

(1)菜单栏:单击【修改】|【修剪】命令。

(2)工具栏:单击【修改】工具栏中的 ─/─ 按钮。

(3)命令行:在"命令提示行"中执行"Trim(修剪)"命令并按回车,Trim 简写为 Tr。
子选项命令选项意义如下。

栏选(F):绘制一连续虚折线,与虚折线相交的部分将被修剪。

窗交(C):利用交叉窗口修剪对象。

投影(P):通过该选项制定执行修剪的空间。

边(E):在修剪过程中剪切边与被修剪边的关系。

删除(R):在不退出修剪命令的状态下执行删除命令。

放弃(U):在修剪失误后可进行撤销上一步操作。

如图 5-19 所示,利用"栏选(F)"对下列对象进行修剪。

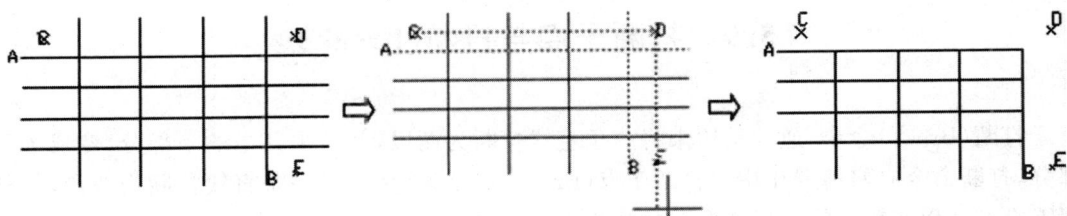

图 5-19　"栏选(F)"修剪

命令：Tr(Trim)∥输入命令

当前设置:投影＝UCS,边＝延伸

选择剪切边。

选择对象或 ＜全部选择＞:找到 1 个∥选中 A 直线

选择对象:找到 1 个,总计 2 个∥选中 B 直线

选择要修剪的对象,或按住＜Shift＞键选择要延伸的对象,或［栏选(F)/窗交(C)/投影(P)/边(E)/删除(R)/放弃(U)]:F∥选择修剪方式

指定第一个栏选点:C 点

指定下一个栏选点或［放弃(U)]:D 点

指定下一个栏选点或［放弃(U)]:E 点并按＜Enter＞键确定

如图 5-20 所示,利用"窗交(C)"对下列对象进行修剪。

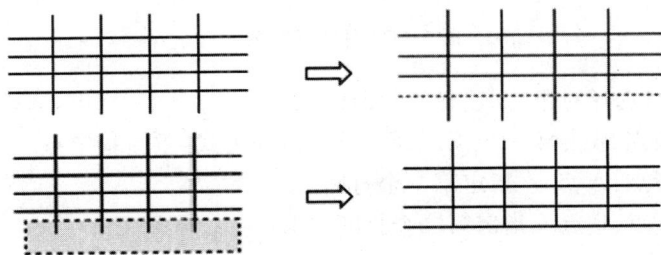

图 5-20　"窗交(C)"修剪

命令：Tr(Trim)∥输入命令

当前设置:投影＝UCS,边＝延伸

选择剪切边:∥选择后成虚线显示

选择对象或 ＜全部选择＞:找到 1 个

选择要修剪的对象,或按住 Shift 键选择要延伸的对象,或［栏选(F)/窗交(C)/投影(P)/边(E)/删除(R)/放弃(U)]:C∥选择修剪方式

指定第一个角点:指定对角点。∥选出要修剪的范围

5.9　打断于点与打断(Break)

打断(Break)命令,通常是用来将一条直线打断为两段,并截去其中的一部分,变成了两部分,打断命令有修剪的作用。打断于点(Break)命令,是用来将一条直线打断为两段,但外观上没有任何变化。执行打断命令的常用方法常有以下 3 种。

(1)菜单栏:单击【修改】|【打断】命令 。

(2)工具栏:单击【修改】工具栏中的 按钮。

(3)命令行:在"命令提示行"中执行"Break(打断)"命令并按回车,Break 简称 Br。

如图 5-21 所示,将下列矩形中的直线进行"打断"。

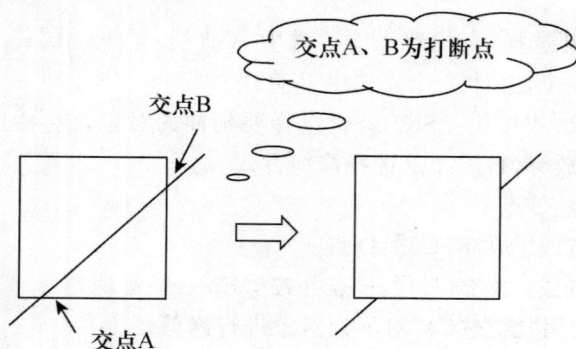

图 5-21　"打断"对象

命令:Br(Break)选择对象://选择要打断的直线

指定第二个打断点 或 [第一点(F)]:F//选择打断方式:重新指定点

指定第一个打断点:A 点 //指定第一个打断点 A

指定第二个打断点:B 点 //指定第二个打断点 B

如图 5-22 所示,将下列直线进行"打断于点":

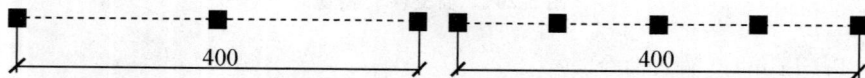

图 5-22　"打断于点"直线

命令:Break 选择对象//选择要打断的对象

指定第二个打断点 或 [第一点(F)]:F

指定第一个打断点。//指定打断于点的位置

指定第二个打断点:@

5.10 倒角(Chamfer)与倒圆角(Fillet)

5.10.1 倒角(Chamfer)

倒角(Chamfer)命令通常用于按指定的距离或角度在一对相交线上倒斜角,也可以对封闭的多段线相交处同时进行倒角。执行倒角(Chamfer)命令的常用方法有以下 3 种:

(1)菜单栏:单击【修改】|【倒角】命令。

(2)工具栏:单击【修改】工具栏中的 ⬡ 按钮。

(3)命令行:在"命令提示行"中执行"Chamfer(倒角)"命令并按回车,Chamfer 简写为 Cha。

主要子选项命令选项意义如下:

多段线(P):对选择的多段线的每个顶点进行倒角。

距离(D):设置倒角的距离。

角度(A):设置倒角角度。

修剪(T):指定倒角之后是否修剪原有直角。

多个(M):可一次创建多个倒角。根据系统提示"第一个对象"选择要进行倒角的对象。

如图 5-23 所示,利用"角度(A)、修剪(T)"对矩形进行倒角。

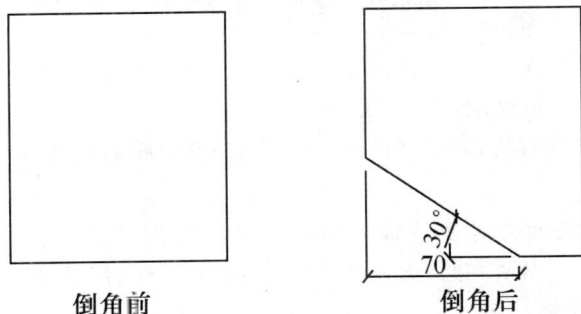

倒角前　　　　　　　　倒角后

图 5-23　"角度、修剪"方式倒角

绘制@100,100 的矩形

命令:Chamfer∥回车确定

("修剪"模式)当前倒角长度 = 100.0000,角度 = 30

选择第一条直线或[放弃(U)/多段线(P)/距离(D)/角度(A)/修剪(T)/方式(E)/多个(M)]:A∥选择倒角方式

指定第一条直线的倒角长度<100.0000>:70∥输入第一倒角长度

指定第一条直线的倒角角度 <30>:∥输入第一条直线倒角角度

选择第一条直线或[放弃(U)/多段线(P)/距离(D)/角度(A)/修剪(T)/方式(E)/多个(M)]:∥指定第一条要倒角的边

选择第二条直线,或按住 Shift 键选择要应用角点的直线://指定第二条要倒角的边

5.10.2　圆角(Fillet)

画圆角(Fillet)命令通常用于按指定半径的圆弧来光滑地连接两个对象。执行画圆角(Fillet)命令通常有以下 3 种方法:

(1)菜单栏:单击【修改】|【圆角】命令。

(2)工具栏:单击【修改】工具栏中的 ⬜ 按钮。

(3)命令行:在"命令提示行"中执行"Fillet(圆角)"命令并按回车,Fillet 简写为 F。

主要子选项命令选项意义如下:

多段线(P):对选择的多段线的每个顶点进行倒圆角。

半径(R):设置倒角半径。

修剪(T):指定倒圆角之后是否修剪原有角。

多个(M):可一次创建多个圆角。根据系统提示"第一个对象"选择要进行倒角的对象。

如图 5-24 所示,利用"多段线(P)"对多段线倒圆角。

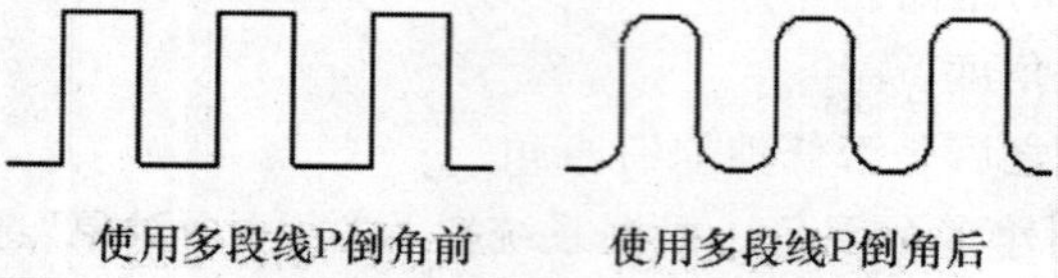

使用多段线P倒角前　　　使用多段线P倒角后

图 5-24　"多段线"方式倒角

命令:F(Fillet)

当前设置:模式 = 修剪,半径 = 0.0000

选择第一个对象或[放弃(U)/多段线(P)/半径(R)/修剪(T)/多个(M)]:R//设置倒角半径

指定圆角半径<0.0000>:20//输入倒圆角的半径20

选择第一个对象或[放弃(U)/多段线(P)/半径(R)/修剪(T)/多个(M)]:p选择二维多段线://选择圆角对象

12 条直线已被圆角

如图 5-25 所示,利用"修剪(T)"模式进行倒圆角。

圆角前　　　修剪模式(T)圆角　　　不修剪模式(N)圆角

图 5-25　"修剪(T)"方式倒角

绘制@100,100 的矩形

圆角命令：F(Fillet)∥输入命令回车确定

当前设置：模式 ＝ 不修剪,半径 ＝ 0.0000

选择第一个对象或［放弃(U)/多段线(P)/半径(R)/修剪(T)/多个(M)］：T∥选择修剪

输入修剪模式选项［修剪(T)/不修剪(N)］＜不修剪＞：N∥选择修剪模式(修剪或不修剪)

选择第一个对象或［放弃(U)/多段线(P)/半径(R)/修剪(T)/多个(M)］：R

指定圆角半径＜0.0000＞：40∥输入圆角半径

选择第一个对象或［放弃(U)/多段线(P)/半径(R)/修剪(T)/多个(M)］：P 选择二维多段线∥选择圆角对象

4 条直线已被倒成圆角。

5.11　分解(Explode)

分解(Explode)命令也称为炸开,通常用于将多线、块、标注和面域等整体对象分解为单个的对象元素。执行分解(Explode)命令通常有以下 3 种方法：

(1)菜单栏：单击【修改】|【分解】命令。

(2)工具栏：单击【修改】工具栏中的 按钮。

(3)命令行：在"命令提示行"中执行"Explode(分解)"命令并按回车,Explode 简写为 E。

如图 5-26 所示,分解门块。

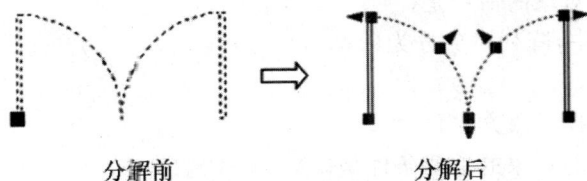

分解前　　　　　　　　　　分解后

图 5-26　Explode 分解块

命令：Explode

选择对象,指定对角点：找到 1 个↙ ∥选择要分解的对象

如图 5-27 所示,分解图案填充。

命令：Explode

选择对象：找到 1 个∥选择要分解的填充对象

已删除填充边界关联性。∥填充对象被分解为单个的元素

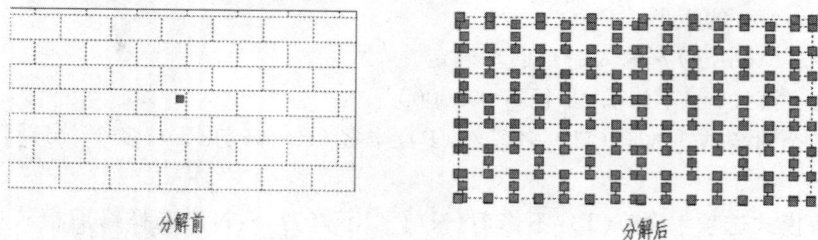

分解前   分解后

图 5-27   Explode 分解填充图案

本章小结

本章主要学习了修改工具栏中删除（Erase）、撤销（Undo）、恢复（Redo）、复制（Copy）、镜像（Mirror）、移动（Move）、偏移（Offset）、阵列（Array）、旋转（Rotate）、比例缩放（Scale）、延伸（Extend）、拉伸（Stretch）、修剪（Trim）、打断于点与打断（Break）、倒角（Chamfer）、倒圆角（Fillet）等修改工具的使用。要求掌握删除（Erase）、撤销（Undo）、恢复（Redo）、镜像（Mirror）、偏移（Offset）、倒角（Chamfer）、倒圆角（Fillet）命令的基本操作方法；熟练掌握并理解在操作复制（Copy）、移动（Move）、旋转（Rotate）命令过程指定基点的意义；熟练掌握阵列（Array）的分类（矩形阵列和环形阵列）及各阵列方式的操作要素；熟练掌握并了解缩放（Scale）和拉伸（Stretch）在使用上的区别；熟练掌握并了解打断于点与打断（Break）的区别；熟练掌握修剪（Trim）与延伸（Extend）这对互补命令的使用技巧。

习题与实训

一、填空题

1. 删除单个独立对象的命令是（   ）。

2. 在 AutoCAD 中，阵列对象分为（   ）和（   ）。

3. 打断的命令是（   ）。

4. 拉伸对象的选择对象方式是（   ）。

5. 要延伸（Extend）对象的首要条件是（   ）。

6. 分解对象的命令是（   ）。

二、选择题

1. 使用缩放命令（Scale）缩放对象时（   ）。

    A. 必须指定缩放比例　　　　　　　　　B. 可以在三维空间进行缩放

    C. 必须使用"参照"方式　　　　　　　　D. 可以不指定缩放的基点

2. 使用拉伸命令（Stretch）对象编辑对象时，应采用（   ）选择方式。

    A. 框选　　　　　　B. 交选　　　　　　C. 全选　　　　　　D. 点选

3. 下面不能偏移的对象是（   ）。

    A. 多段线　　　　　B. 多线　　　　　　C. 直线　　　　　　D. 面

4. 在偏移对象时（   ）。

A. 必须指定偏移距离

B. 必须使用追踪"T"方式

C. 可以不指定方向

D. 必须指定方向

5. 下面不能进行倒角(Chamfer)的对象是(　　)。

　A. 多段线　　　　　　B. 样条曲线　　　　　C. 直线　　　　　　D. 文字

6. 使用旋转命令(Redo)旋转对象时(　　)。

　A. 必须指定旋转基点　　　　　　　　B. 必须指定旋转角度

　C. 必须使用(复制)子选项　　　　　　D. 必须使用参照方式

7. 删除对象的命令是(　　)。

　A. Block　　　　　　B. Redo　　　　　　C. Erase　　　　　　D. Wblock

8. 下面不能改变对象位置的编辑工具是(　　)。

　A. 删除　　　　　　B. 移动　　　　　　C. 旋转　　　　　　D. 修剪

9. 剪去相交部分的直线的命令是(　　)。

　A. Extend　　　　　B. Trim　　　　　　C. Array　　　　　　D. Erase

10. 绘制同心圆可以通过(　　)来实现。

　A. Move　　　　　　B. Offset　　　　　C. Extend　　　　　D. Layer

三、实训绘图

1. 运用 Rec,Fillet,Mirror,Arc 等命令绘制如附图 5-1 所示图形。

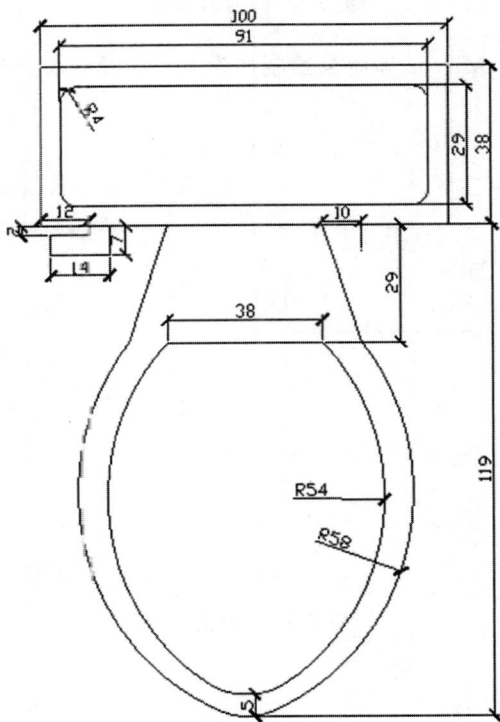

附图 5-1　马桶

2.运用 Rec,Offset,Array 等命令绘制如附图 5-2 所示图形。

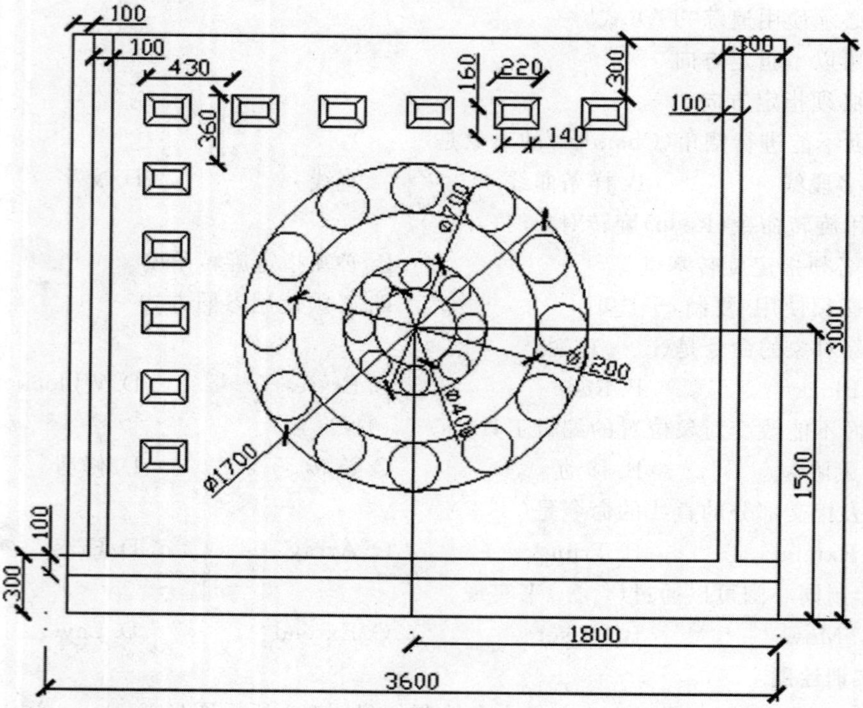

附图 5-2　阵列图形练习

3.运用 Circle,Array,Mirror 等命令绘制如附图 5-3 所示水龙头。

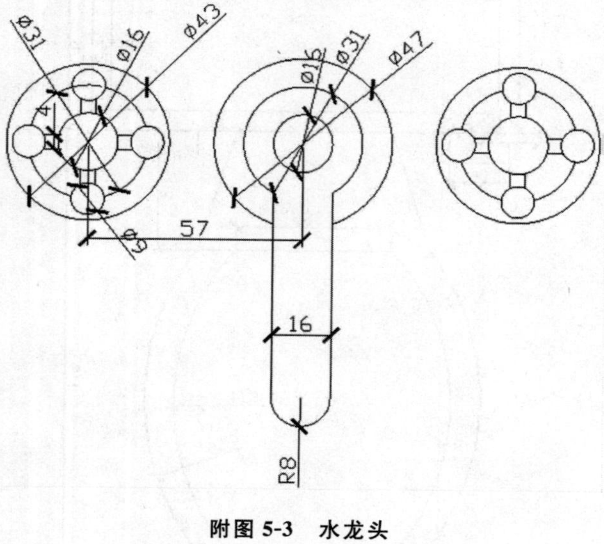

附图 5-3　水龙头

第6章

尺寸标注与文字表格

📖 **知识提要**

每一张图纸除了要表达对象的形状,还需要必要的尺寸标注和文字注释,例如标题栏、明细表、技术要求等都需要填写文字。AutoCAD 2010 具有很好的尺寸标注和文字处理功能,它可以使图中的尺寸标注与文字符合各种制图标准,并且提高了创建和编辑表格的功能,可以自动生成各类数据表格。

✎ **学习目标**

1. 掌握并熟练操作尺寸标注;
2. 掌握并熟练操作文字注释;
3. 学会创建及修改表格。

6.1 尺寸标注样式

6.1.1 尺寸标注的类型和组成

1. 尺寸标注的类型

AutoCAD 2010 提供了 10 多种尺寸标注类型,分别为:快速标注、线性、对齐、弧长、坐标、半径、折弯、直径、角度、基线、连续、标注间距、标注打断、多重引线、公差、圆心标记等,在【标注】菜单和【标注】工具栏中列出了尺寸标注的类型,分别如图 6-1 和图 6-2 所示。本节将分别介绍各类型的标注方法。

2.尺寸标注组成

工程图中一个完整的尺寸一般由尺寸线、尺寸界线、尺寸起止符号（箭头）和尺寸数字四个部分组成（如图6-3所示）。

图6-1 "标注"菜单

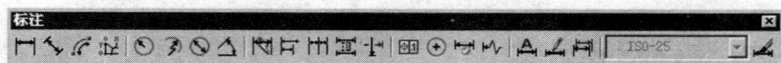

图6-2 "标注"工具栏

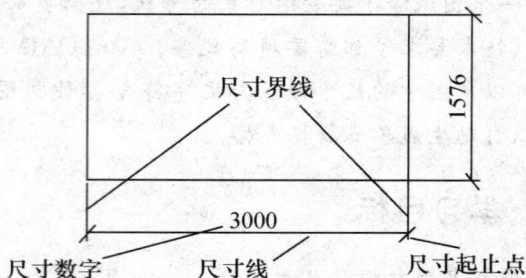

图6-3 尺寸标注的组成

3.尺寸标注各组成部分的特点

（1）尺寸线：尺寸线用于表示尺寸标注的方向。必须以直线或圆弧的形式单独画出，不能用其他线条替代或与其他线条重合。

（2）尺寸界线：尺寸界线用于表示尺寸标注的范围。可以单独绘出，也可以利用轴线轮廓作为尺寸界线，一般情况下尺寸界线与尺寸线垂直。

（3）尺寸起止符号：尺寸起止符号用于表示尺寸标注的起始和终止位置。制图标准中规定尺寸起止符号常用3种形式，即箭头、圆点、斜线尺寸。起止符号用中粗斜短线绘制，其倾斜方向应与尺寸界线成顺时针45°，长度宜为2~3 mm。半径、直径、角度与弧长的尺寸起止符号，宜用箭头表示。

6.1.2 尺寸标注的样式

尺寸标注时，必须符合有关制图的国家标准规定，所以在进行尺寸标注时，要对尺寸标注的样式进行设置，以便得到正确统一的尺寸样式。

1.标注样式管理器

（1）输入命令。

菜单栏：单击【标注】|【标注样式】命令。

工具栏：【标注】工具栏 按钮。

命令行：输入"Dimstyle"命令(D)。

执行输入命令，打开"标注样式管理器"对话框(如图 6-4 所示)。

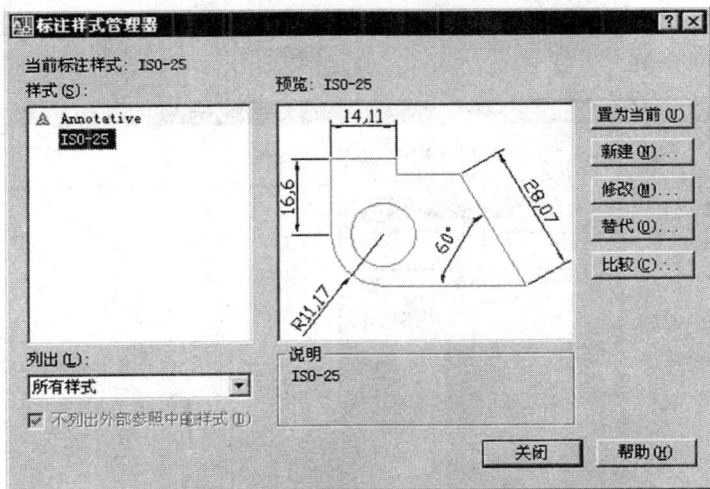

图 6-4　"标注样式管理器"对话框

(2)对话框选项说明。

"标注样式管理器"对话框中的各选项功能如下：

"当前标注样式"标签：用于显示当前使用的标注样式名称。

"样式"列表框：用于列出当前图中已有的尺寸标注样式。

"列出"下拉列表框：用于确定在"样式"列表框中所显示的尺寸标注样式范围。可以通过列表在"所有样式"和"正在使用的样式"中选择。

"预览"框：用于预览当前尺寸标注样式的标注效果。

"说明"框：用于对当前尺寸标注样式的说明。

"置为当前"按钮：用于将指定的标注样式设置为当前标注样式。

"新建"按钮：用于创建新的尺寸标注样式。单击"新建"按钮后，打开"创建新标注样式"对话框(如图 6-5 所示)。

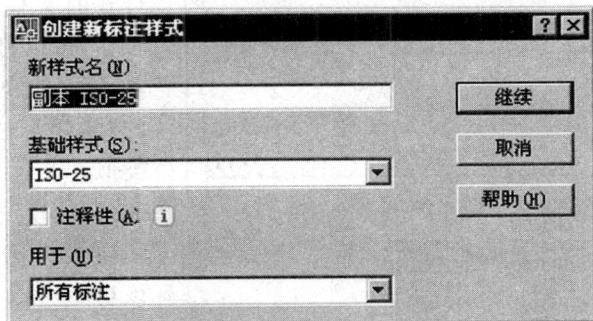

图 6-5　"创建新标注样式"对话框

在对话框中，"新样式名"文本框，用于确定新尺寸标注样式的名字。"基础样式"下拉列表框，用于确定以哪一个已有的标注样式为基础来定义新的标注样式。"用于"下拉列表框，用于确定新标注样式的应用范围,包括了"所有标注"、"线性标注"、"角度标注"、"半径标注"、"直径标注"、"坐标标注"、"引线与公差"等范围供用户选择。完成上述设置后,单击"继续"按钮,打开"新建标注样式"对话框(如图 6-6 所示)。其中各选项卡的内容和设置方法将在后面小节中详细介绍。设置完成后,单击"确定"按钮,返回"标注样式管理器"对话框。

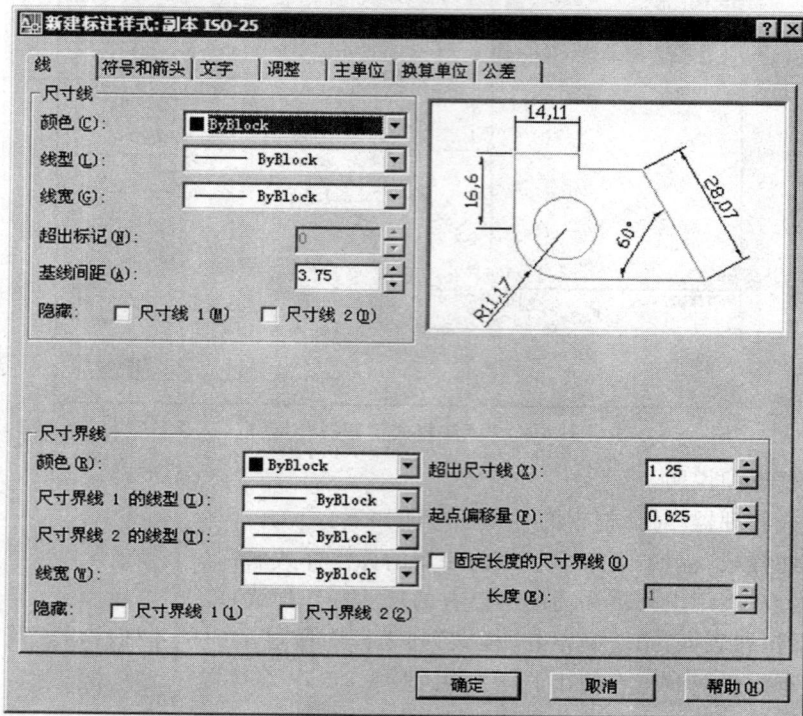

图 6-6 "新建标注样式"对话框

"修改"按钮:用于修改已有的标注尺寸样式。单击"修改"按钮,可以打开"修改标注样式"对话框,此对话框与图 6-6 所示的"新建标注样式"对话框功能类似。

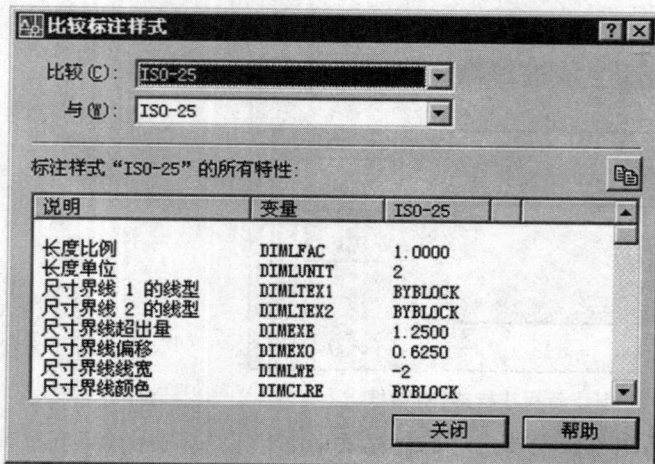

"替代"按钮:用于设置当前样式的替代样式。单击"替代"按钮,可以打开"替代标注样式"对话框,此对话框与图 6-6 所示的"新建标注样式"对话框功能类似。

"比较"按钮:用于对两个标注样式作比较区别。用户利用该功能可以快速了解不同标注样式之间的设置差别,单击"比较"按钮,打开"比较标注样式"对话框(如图 6-7 所示)。

图 6-7 "比较标注样式"对话框

6.2　尺寸标注的方法和步骤

6.2.1　标注线性尺寸

该功能用于水平、垂直、旋转尺寸的标注(如图 6-8 所示)。

(a)水平标注　　　　　(b)垂直标注

图 6-8　标注线型尺寸示例

(1)输入命令。

可以执行以下操作之一。

菜单栏:单击【标注】|【线性】命令。

工具栏:【标注】工具栏,单击 ⊢⊣ 按钮。

命令行:输入"Dimlinear"命令或 Dli。

(2)操作格式。

命令:(输入命令)

指定第一条尺寸界线原点或＜选择对象＞:(指定第 1 条尺寸界线起点)

指定第二条尺寸界线原点:(指定第 2 条尺寸界线起点)

指定尺寸线位置或[多行文字(M)/文字(T)/角度(A)/水平(H)/垂直(V)/旋转(R)]:(指定尺寸位置或选项)

(3)选项说明。

命令中的各选项功能如下:

"指定尺寸线位置":用于确定尺寸线的位置。可以通过鼠标移动光标来指定尺寸线的位置,确定位置后,则按自动测量的长度标注尺寸。

"多行文字":用于使用"多行文字编辑器"编辑尺寸数字。

"文字":用于使用单行文字方式标注尺寸数字。

"角度":用于设置尺寸数字的旋转角度。

"水平":用于尺寸线水平标注。

"垂直":用于尺寸线垂直标注。

"旋转":用于尺寸线旋转标注。

6.2.2　标注对齐尺寸

该功能用于标注倾斜方向的尺寸(如图 6-9 所示)。

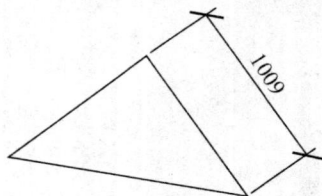

图 6-9　标注对齐尺寸示例

(1)输入命令。

可以执行以下操作之一。

菜单栏:单击【标注】|【对齐】菜单命令。

工具栏:【标注】工具栏,单击 按钮。

命令行:输入"Dimaligned"命令(Dal)。

(2)操作格式。

命令:(输入命令)

指定第 1 条尺寸界线原点或<选择对象>:(指定第 1 条尺寸界线起点)

指定第 2 条尺寸界线原点:(指定第 2 条尺寸界线起点)

指定尺寸线位置或[多行文字(M)/文字(T)/角度(A)]:(指定尺寸位置或选项)。

以上各选项含义与线性标注选项含义类同。

6.2.3　标注弧长尺寸

该功能用于标注弧长的尺寸(如图 6-10 所示)。

(1)输入命令。

可以执行以下操作之一。

菜单栏:单击【标注】|【弧长】菜单命令。

工具栏:【标注】工具栏,单击 按钮。

命令行:输入"Dimarc"命令(Dar)。

(2)操作格式。

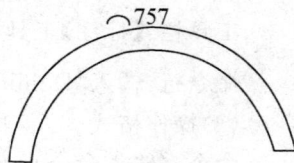

图 6-10　弧长标注示例

命令:(输入命令)

选择弧线段或多线段弧线段:(选取弧线段)

指定弧长标注位置或/[多行文字(M)文字(T)角度(A)部分(P)引线(L)]:(使用鼠标牵引位置,单击左键结束命令。

6.2.4　标注基线尺寸

该功能用于基线标注。可以把已存在的一个线性尺寸的尺寸界线作为基线,来引出多条尺寸线。下面以图 6-11 为例说明操作方法。

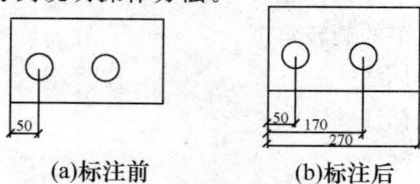

(a)标注前　　　(b)标注后

图 6-11　基线尺寸标注示例

（1）输入命令。

可以执行以下操作之一。

菜单栏：单击【标注】|【基线】命令。

工具栏：【标注】工具栏，单击 ⊨ 按钮。

命令行：输入"Dimbaseline"命令（Dba）。

（2）操作格式。

命令：（输入命令）

选择基准标注：（指定已存在的线性尺寸界线为起点，如图 6-12 中的点 a）

指定第二条尺寸界线原点或[放弃（U）/选择（S）]＜选择＞：（指定第一个基线尺寸的第 2 条尺寸界线起点 b，创建 170 的尺寸标注）

指定第二条尺寸界线原点或[放弃（U）/选择（S）]＜选择＞：（指定第二个基线尺寸的第 2 条尺寸界线起点 c，创建 270 的尺寸标注）

指定第二条尺寸界线原点或[放弃（U）/选择（S）]＜选择＞：（指定第三个基线尺寸的第 2 条尺寸界线起点，或按＜Enter＞键结束命令）

选择基准标注：（可另选择一个基准尺寸采用同上操作进行基线尺寸标注，或按＜Enter＞键结束命令）

6.2.5　标注连续尺寸

该功能用于在同一尺寸线水平或垂直方向连续标注尺寸。下面以图 6-12 为例。

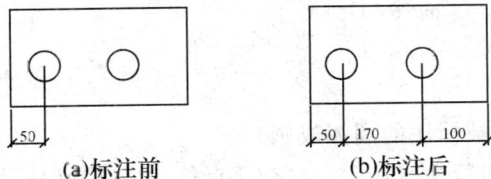

图 6-12　标注连续尺寸示例

（1）输入命令。

可以执行以下操作之一。

菜单栏：单击【标注】|【连续】菜单命令。

工具栏：【标注】工具栏，单击 ⊩⊩ 按钮。

命令行：输入"Dimcontinue"命令（Dco）。

（2）操作格式。

命令：（输入命令）。

选择基准标注：（指定已存在的线性尺寸界线为起点，如图 6-12 所示的点 A）。

指定第二条尺寸界线原点或[放弃（U）/选择（S）]＜选择＞：（指定第一个连续尺寸的第 2 条尺寸界线起点 B，创建 170 的尺寸标注）

指定第二条尺寸界线原点或[放弃（U）/选择（S）]＜选择）：（指定第二个连续尺寸的第 2 条尺寸界线起点 C，创建 100 的尺寸标注）

指定第二条尺寸界线原点或［放弃（U）/选择（S）］＜选择＞：（指定第三个连续尺寸的第2条尺寸界线起点或按＜Enter＞键结束命令）

选择基准标注：（可另选择一个基准尺寸同上操作进行连续尺寸标注或按＜Enter＞键结束命令）

其中选项含义与基准标注中选项含义类同。

6.2.6　标注半径尺寸

该功能用于标注圆弧的半径尺寸，如图 6-13 所示。

图 6-13　半径尺寸标注的各种类型示例

（1）输入命令。

可以执行以下操作之一。

菜单栏：单击【标注】|【半径】菜单命令。

工具栏：【标注】工具栏，单击　按钮。

命令行：输入"Dimradius"命令（Dra）。

（2）操作格式。

命令：（输入命令）

选择圆弧或圆：（选取被标注的圆弧或圆）

指定尺寸的位置或［多行文字（M）/文字（T）/角度（A）］：（移动鼠标指定尺寸的位置或选项）

如果直接指定尺寸的位置，将标出圆或圆弧的半径；如果选择选项，将确定标注的尺寸与其倾斜角度。

6.2.7　标注折弯尺寸

该功能用于折弯标注圆或圆弧的半径，如图 6-14 所示。

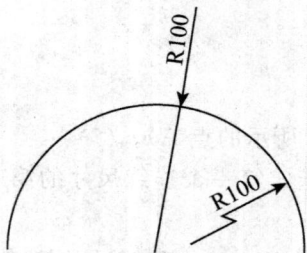

（1）输入命令。

可以执行以下操作之一。

菜单栏：单击【标注】|【折弯】菜单命令。

工具栏：【标注】工具栏，单击　按钮。

命令行：输入"Dimjoged"命令（Djo）。

（2）操作格式。

命令：（输入命令）选择圆弧或圆：（选择对象）

图 6-14　折弯尺寸示例

指定指定中心位置替代:(指定尺寸线起点位置)

指定尺寸线位置或[多行文字(M)/文字(T)/角度(A)]:(移动鼠标指定位置或选项)

指定折弯位置:(滑动鼠标指定位置后结束命令)

折弯角度可在"新建标注样式"对话框的"符号和箭头"选项卡中设置,默认值为 45°。

6.2.8　标注直径尺寸

该功能用于标注圆或圆弧的直径尺寸,如图 6-15 所示。

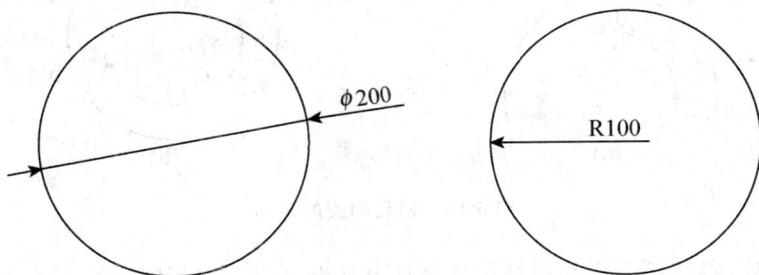

图 6-15　直径尺寸标注的各种类型示例

(1)输入命令。

可以执行以下操作之一。

菜单栏:单击【标注】|【直径】菜单命令。

工具栏:【标注】工具栏,单击 ⊘ 按钮。

命令行:输入"Dimdiameter"命令(Ddi)。

(2)操作格式。

命令:(输入命令)

选择圆弧或圆:(选择对象)

指定尺寸线的位置或[多行文字(M)/文字(T)/角度(A)]:(指定位置或选项)

6.2.9　标注角度尺寸

该功能用于标注角度尺寸。

(1)输入命令。

可以执行以下操作之一。

菜单栏:单击【标注】|【角度】菜单命令。

工具栏:【标注】工具栏,单击 ◿ 按钮。

命令行:输入"Dimangular"命令(Dan)。

(2)操作格式。

命令:(输入命令)

选择圆弧、圆、直线或<指定顶点>:(选取对象或指定顶点)

(3)选项说明。

命令中的各选项功能如下。

"圆弧":用于标注圆弧的包含角。

选取圆弧上任意一点后,系统提示:

指定标注弧线位置或[多行文字(M)/文字(T)/角度(A)]:(拖动尺寸线指定位置或选项)若直接指定尺寸线位置,AutoCAD将按测定尺寸数字完成角度尺寸标注,如图6-16(a)所示。

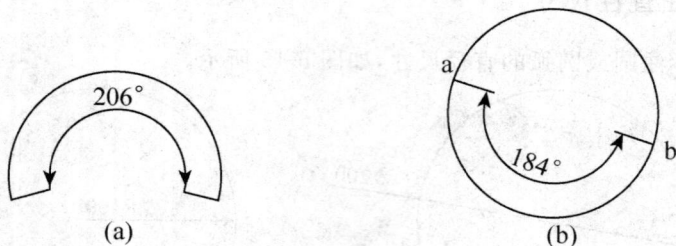

图 6-16　圆弧和圆的示例

若进行选项,各选项含义与线性尺寸标注方式的同类选项相同。

"圆":用于标注圆上某段弧的包含角。

选取圆的某点后,系统提示:

·指定角的第二端点:(选择圆上第二点)。

指定标注弧线位置或[多行文字(M)/文字(T)/角度(A)]:(指定尺寸线位置或选项)

指定尺寸线的位置后,完成两点间的角度标注,如图6-16(b)所示。

·"直线":用于标注两条不平行直线间的夹角。

选取一条直线后,系统提示:

选择第二条直线:(选取第二条直线)。

指定标注弧线位置或[多行文字(M)/文字(T)/角度(A)]:(指定尺寸线位置或选项)

指定尺寸线的位置后,完成二直线间的角度标注,如图6-17(a)所示。

·"顶点":用于三点方式标准角度。

图 6-17　两直线和三点的角度标注示例

命令:(输入命令)

选择圆弧、圆、直线或<指定顶点>:(直接按<Enter>键)

指定角顶点:(指定角度顶点)

指定角的第一个端点:(指定第一条边端点)

指定角的第二个端点:(指定第二条边端点)

指定标注弧线位置或[多行文字(M)/文字(T)/角度(A)]:(指定尺寸线位置或选项)

若直接指定尺寸线位置,AutoCAD 将按测定尺寸数字完成三点间的角度标注,如图 6-17(b)所示。

6.2.10　标注圆心标记

该功能用于创建圆心的中间标记或中心线,如图 6-18 所示。

(1)输入命令。

可以执行以下操作之一。

菜单栏:单击【标注】|【圆心标注(M)】菜单命令。

工具栏:【标注】工具栏,单击 ⊕ 按钮。

命令行:输入"Dimcenter"命令(Dce)。

图 6-18　创建圆心标记示例

(2)操作格式。

命令:(输入命令)。

选择圆弧或圆:(选择对象)。

执行结果与"尺寸标注样式管理器"的"圆心标记"选项设置一致。

6.2.11　快速标注尺寸

快速标注尺寸可以在一个命令下进行多个直径、半径、连续、基线和坐标尺寸的标注。

(1)输入命令。

可以执行以下操作之一。

菜单栏:单击【标注】|【快速标注(Q)】菜单命令。

工具栏:【标注】工具栏,单击 按钮。

命令行:输入"Qdim"命令。

(2)操作格式。

命令:(输入命令)

选择要标注的几何图形:(选取对象)

指定尺寸位置或[连续(C)/并列(S)/基线(B)/坐标(O)/半径(R)/直径(D)/基准点(P)/编辑(E)](连续):(指定尺寸位置或选项)

(3)选项说明。

命令中的各选项功能如下。

指定尺寸位置:用于确定尺寸线的位置。

"连续":采用连续方式一次性标注多个所选对象。

"并列":采用并列方式一次性标注多个所选对象。

"基线":采用基线方式一次性标注多个所选对象。

"坐标":采用坐标方式一次性标注多个所选对象。

"半径":用于对所选的圆和圆弧标注半径。

"直径":用于对所选的圆和圆弧标注直径。

"基准点":用于设置坐标标注或基线标注的基准点。

"编辑":用于对快速标注的尺寸进行编辑。显示以下提示,"指定要删除的标注点或【添加(A)/退出(X)】＜退出＞",用鼠标选取要删除或要添加的点,系统自动快速标注尺寸。

6.2.12 标注引线

引线标注用于创建多种格式的指引线和文字注释,其中包括:Qleader、Mleader 和 Leader 执行命令,下面主要介绍 Qleader 和 Mleader 命令的操作方法。

1. 引线的组成

引线一般包含:箭头、引线、基线和多行文字四个部分。箭头指向目标位置;多行文字为目标的内容说明;引线和基线为箭头和文字的相关联部分。

2. 设置多重引线

在 AutoCAD 2010 中,执行 Mleader 命令可以创建连接注释与几何特征的引线,其功能更强大,使用更方便。标注多重引线时,可以先对其进行设置,操作步骤如下。

(1)输入命令。

可以执行以下操作之一。

菜单栏:单击【格式】|【多重引线样式(I)】

工具栏:【多重引线】工具栏,单击  按钮(如图 6-19 所示)。

命令行:输入"Mleaderstyle"命令。

(2)操作格式。

命令:(输入命令)。

打开"多重引线样式管理器"对话框(如图 6-20 所示)。

图 6-19 "创建新多重引线样式"对话框 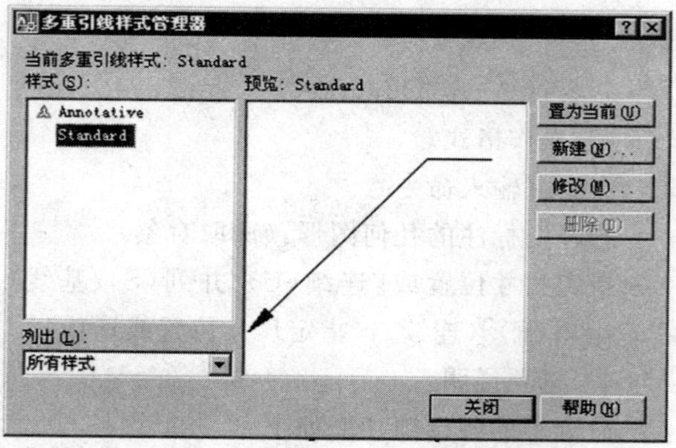   图 6-20 "多重引线样式管理器"对话框

3. 标注多重引线

Mleader 命令用于创建连接注释与几何特征的引线,其操作步骤如下:

(1)输入命令。

可以执行以下操作之一。

菜单栏:单击【标注】|【多重引线】菜单命令。

工具栏:【多重引线】工具栏,单击  按钮。

命令行：输入命令"Mleader"命令。

（2）操作格式。

命令：（输入命令）

指定引线箭头的位置或[引线基线优先（L）/内容优先（C）/选项（O）]＜引线基线优先＞：输入字母"O"

输入选项[引线类型（L）/引线基线（A）/内容类型（C）/最大节点数（M）/第一个角度（F）/第二个角度（S）/退出选项（X）]＜退出选项＞：（选项或按＜Enter＞键）

指定引线箭头的位置或[引线基线优先（L）/内容优先（C）/选项（O）]＜选项＞：（单击鼠标在绘图区指定引线箭头的位置）

指定引线基线的位置：（单击鼠标在绘图区指定引线基线的位置）

在基线处显示"文字输入编辑器"来编辑引线注释（如图 6-21 所示）。

图 6-21　"多重引线"标注示例

输入注释后，单击"确定"按钮结束命令。

6.3　编辑尺寸标注

6.3.1　编辑标注

该功能用于修改尺寸。

（1）调用方式。

工具栏：【标注】单击 按钮。

命令行：输入命令"Dimtedit"，（Ded）

（2）选项说明。

操作方法如下：

命令：输入 Dimtedit（Ded）命令。

输入标注编辑类型[默认（H）/新建（N）/旋转（R）/倾斜（O）]（默认）：（选项）

选择对象：（选择编辑对象）。

编辑效果如图 6-22 所示。

图 6-22　编辑标注

6.3.2　编辑标注文字

该功能用于修改尺寸文本位置。

(1)调用方式。

工具栏:【标注】工具栏,单击 ![按钮] 按钮。

命令行:输入命令"Dimtedit"

(2)选项说明。

操作方法如下:

命令:输入"Dimtedit"命令

选择标注:(选择要编辑的标准)

指定标注文字的新位置或[左(L)/右(R)/中心(C)/默认(H)/角度(A)]:(指定位置或选项)编辑效果如图 6-23 所示。

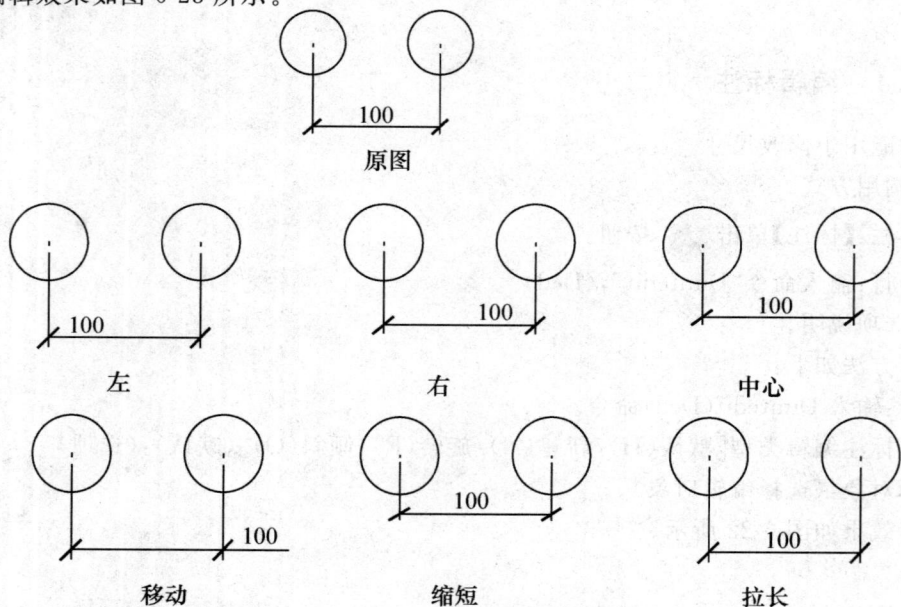

图 6-23　编辑标注文字

6.3.3　更新尺寸标注

该功能更新尺寸标注样式使其采用当前的标注样式。该命令必须在修改当前注释样式之后才起作用。

(1)调用方式。

工具栏:【标注】工具栏,单击 按钮。

命令行:输入命令"Dimstyle"

操作方法如下:

命令:输入 Dimtedit 命令

输入标注样式选项[保存(S)/恢复(R)/状态(ST)/变量(V)/应用(A)]<恢复>:(选项)

(2)选项说明。

命令中的各选项功能如下:

"保存":用于存储当前新标注样式。

"恢复":用于以新的标注样式替代原有的标注样式。

"状态":用于文本窗口显示当前标注样式的设置数据。

"变量":用于选择一个尺寸标注,自动在文本窗口显示有关数据。

"应用":将所选择的标注样式应用到被选择的标注对象上。

6.3.4　调整标注间距

该功能可以自动调整平行的线性标注和角度标注之间的间距或指定间距。

(1)调用方式。

工具栏:【标注】工具栏,单击 按钮。

命令行:输入命令"Dimspace"。

(2)选项说明。

下面以图 6-24 为例,操作方法如下:

命令:Dimspace

选择基准标注:50

选择要产生间距的标注:170

选择要产生间距的标注:100

选择要产生间距的标注:(按<Enter>键)

输入值或[自动(A)]<自动>:(输入间距值或按<Enter>键结束命令)

调整结果如图 6-24 所示。

(a)调整前　　　　　　　　　　　(b)调整后

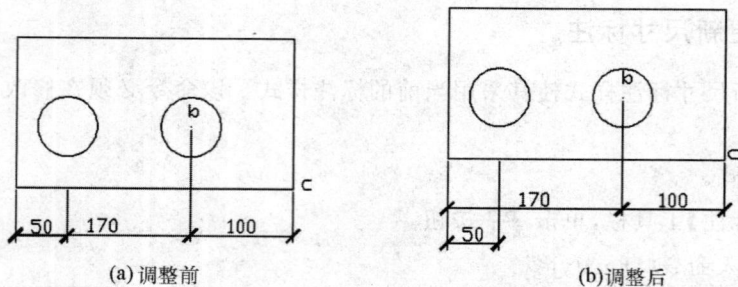

图 6-24　调整标注间距示例

6.3.5　打断尺寸标注

该功能可以在尺寸线或尺寸界线与其他对象相交的地方打断。

(1)调用方式。

工具栏:【标注】工具栏,单击 按钮。

命令行:输入命令"Dimbreak"。

(2)选项说明。

下面以图 6-25 为例,操作方法如下:

命令:DIMBREAK

选择标注或【多个(M)】:(选择垂直标注"60")

选择要打断标注的对象或[自动(A)/恢复(R)/手动(M)]<自动>:(选择直线 L)

选择要打断标注的对象:(按<Enter>键)

命令结束后,打断结果如图 6-25 所示。也可以选择多尺寸,操作如下:

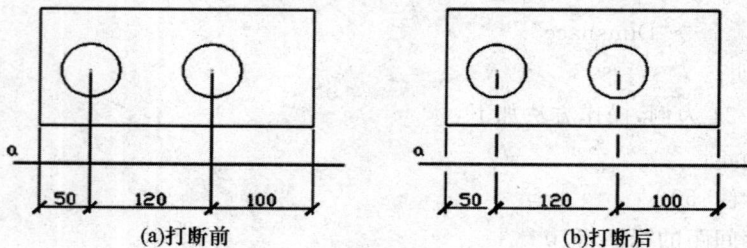

(a)打断前　　　　　　　　　　　(b)打断后

图 6-25　打断尺寸标注示例

命令:

选择要产生间距的标注:(按<Enter>键)

选择标注:50

选择标注:170

选择标注:100

选择标注:(按<Enter>键)

输入选项【打断(B)/恢复(R)】<打断>:(按<Enter>键结束命令)

命令结束后,打断结果如图 6-25 所示。

6.3.6 操作实例

标注如图 6-26 所示建筑平面图,此图为一张 A3 幅面的建筑平面图,绘图比例为
1:100。标注此图样,结果如图 6-26 所示。

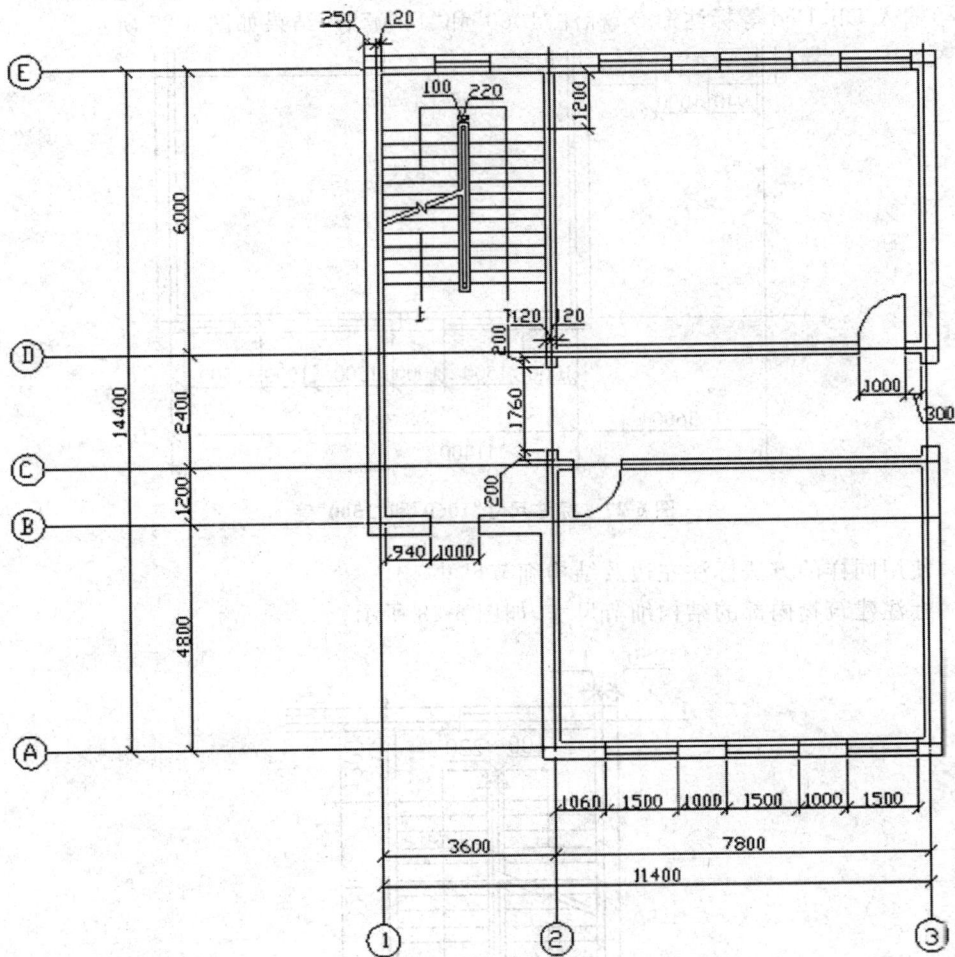

图 6-26 建筑平面图

(1)建立一个名为"建筑—标注"的图层,设置图层颜色为红色,线型为"Continuous",并
使其成为当前层。

(2)创建新文字样式,样式名为"标注文字",与该样式相关联的字体文件是"gbenor.
shx"和"gbcbig.sbx"。

(3)创建一个尺寸样式,名称为"工程标注",对该样式进行以下设置。

①标注文本选择"标注文字",文字高度等于"2.5",精度为"0.0",小数点格式是"句点"。

②标注文本与尺寸线间的距离是"0.8"。

③尺寸起止符号为"建筑标记",其大小为"1.3"。

④尺寸界线超出尺寸线的长度等于"1.5"。

⑤尺寸线起始点与标注对象端点间的距离为"0.6"。

⑥标注基线尺寸时,平行尺寸线间的距离为"8"。

⑦标注全局比例值为"100"。

⑧使"工程标注"成为当前样式。

(4)输入 Dli、Dco 等标注命令,标注"1060"和"1500"等,结果如图 6-27 所示。

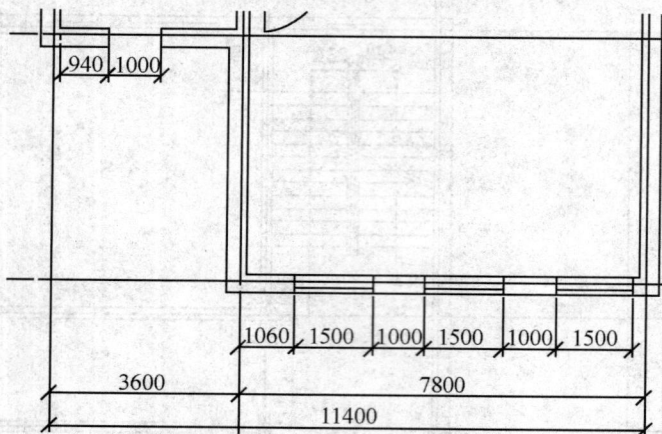

图 6-27 标注尺寸"1060"和"1500"等

(5)使用同样的方法标注左边及结构细节尺寸。

(6)标注建筑物内部的结构细节尺寸,如图 6-28 所示。

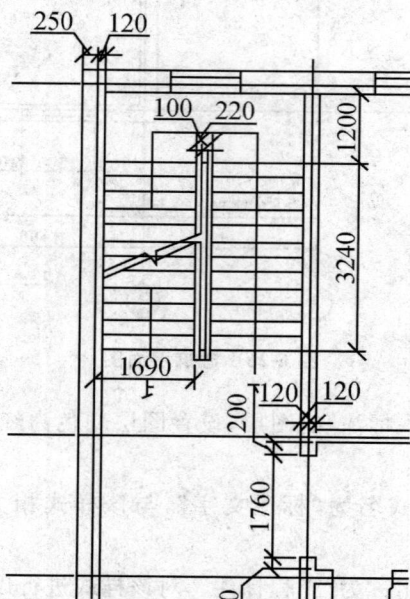

图 6-28 标注细节尺寸

(7)绘制轴线引出线,再绘制半径为 350 的圆,在圆内书写轴线标号,字高为 350,如图 6-29 所示。

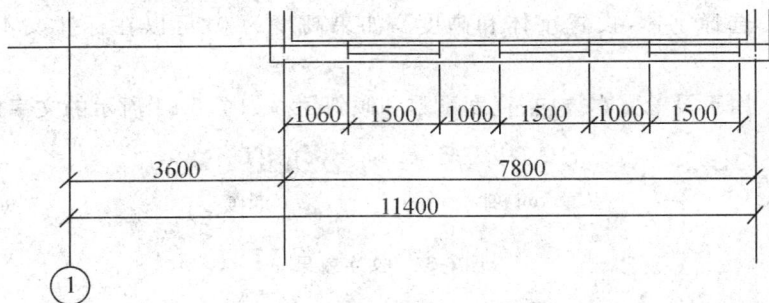

图 6-29　书写轴线标号

(8)复制圆及轴线编号,然后使用 Ddedit 命令修改编号数字,结果如图 6-26 所示。

注:文字编辑参看"文字编注"及"文字编辑"。

6.4　文字注释

6.4.1　文字编注

在不同的场合会使用到不同的文字样式,所以设置不同的文字样式是文字标注的首要任务。当设置好文字样式后,可以利用该文字样式和相关的文字标注命令标示文字。

(1)调用方式。

菜单栏:单击【格式】|【文字样式】

命令行:输入命令"Ddstyle/Style"。

(2)选项说明。

启动命令后,系统弹出"文字样式设置"对话框(如图 6-30 所示)。在该对话框中,可以新建文字样式或修改已有文字样式。

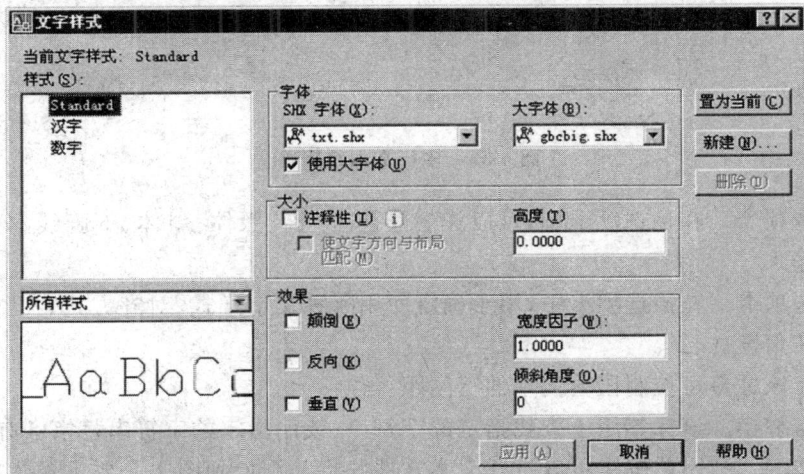

图 6-30　"文字样式设置"对话框

（1）字体。选择字体，设置字体和高度。如果高度为 0，可以在标注文本时临时输入高度。

（2）效果。用于设置文本方向、宽度系数和倾斜角。如图 6-31 所示的文字效果。

（a）正常　　　　　　　（b）颠倒　　　　　　　（c）反向　　　　　　　（d）倾斜

图 6-31　文字效果

（3）预览。用于预览当前样式的文本格式。

6.4.2　多行文字

在 AutoCAD 中设置好文字样式后，就可以使用单行文字和多行文字标注各种样式的文本了。由于多行文本操作直观，易于控制。比如可以一次输入多行，而且可以设定不同文字具有不同的样式、颜色、高度等特性。所以多采用多行文本，这里只介绍多行文本标注。

（1）调用方式。

菜单栏：单击【绘图】|【文字】|【多行文字】菜单栏命令。

工具栏：【绘图】工具栏，单击 **A** 按钮。

命令行：输入命令"Text"。

（2）选项说明。

启动该命令后，系统要求在屏幕上指定一个窗口，随后弹出如图 6-32 所示的对话框。

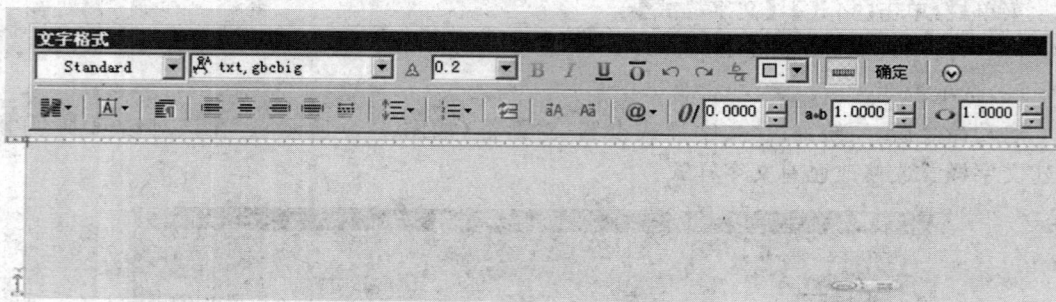

图 6-32　多行文本编辑器

①字符选项卡。在该选项卡中，可以设置字体、字高、黑体、斜体、下画线、分数、颜色和特殊符号的输入。

②特性选项卡。在该选项卡中，用于确定使用哪种文字样式、对齐方式、文本行的宽度、文本行的旋转角度。

③行距。该标签可控制段落文本的行间距。

④查找与替换。该标签用于查找指定的字符串，或用指定的字符串替换已有的字符串。

⑤输入文字。利用该按钮可以打开文本文件并将其添加到图中。要求输入的文本首先用文字编辑器编辑完成后存在磁盘中。

（3）上机实践。

标注段落文本操作步骤如下：

命令：Text // 启动多行文字命令

当前文字样式："Standard" // 系统提示当前文字字型与字高

指定第一地个角度点：在屏幕上点取一定，作为文本输入的第一角点

指定对角点或［高度（H）/对正（J）/行距（L）/旋转（R）/样式（S）/宽度（W）/栏（C）］：点取第二角点后屏幕弹出对话框。在其中输出内容如图 6-33 所示。按上述内容输入完成后，单击确定内容按钮。

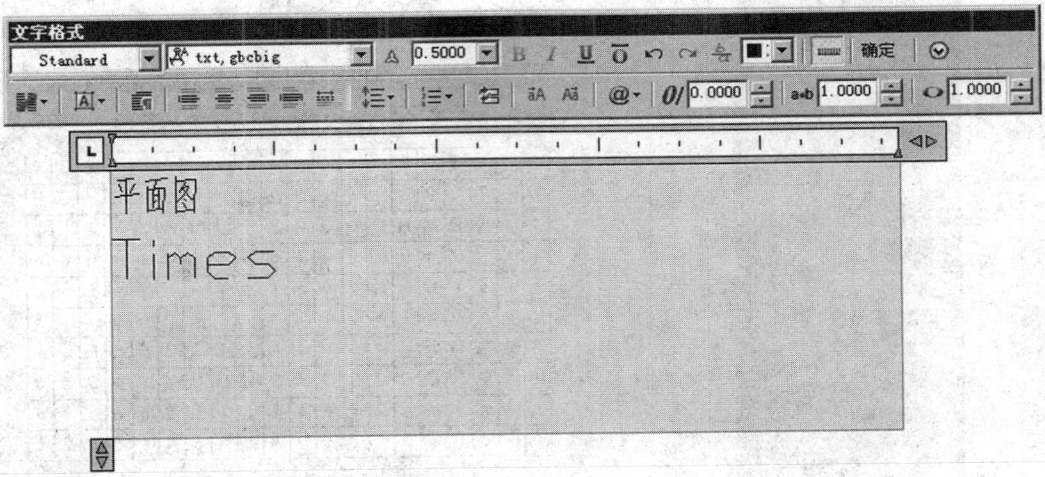

图 6-33　多行文本编辑器对话框——编辑事例

（4）命令说明。

①用多行文字输入的文本，不管包括多少行都作为一个实体，可以对其进行整体选择、编辑等操作。

②上一行标注完成后，如果不进行重新设定，下一行文本将承袭上一行的设定。如样式、字体、文字高度、下划线等。

③特殊字符的输入。在多行文字样式编辑中提供了三种格式：度数、正/负、直径。还一些其他字符是无法通过标准键盘直接键入，只能通过特殊字符输入格式用键盘输入。如：

| 上画线 | ％％o | 下画线 ％％u |

百分号　　　　　　　　　　％％％％

绘制 AscII 码 nnn：　　　　％％nnn

百分号只能作为特殊符号输入。例如％％％％为"％"；％％％％％％P 为"％±"；％％后如无字符（如 c，P）或数字，系统将视为无定义，且删除它及后面的所有字符。有些字体可能不能标注某些符号，如图中出现"：100"，这是因为没有该字体。

特殊符号快捷菜单：在文本输入框中单击鼠标右键，弹出快捷菜单，该菜单中包含了一些标准编辑特有的选项［如图 6-34 所示（只显示了部分选项）］。

"符号"：该选项包含以下几个常用的子选项。

"度数"：在光标定位处插入特殊字符"％％d"，它表示度数符号"°"。

"正/负"：在光标定位处插入特殊字符"%%p"，它表示加、减符号"±"。

"度数"：在光标定位处插入特殊字符"%%c"，它表示直径符号"φ"。

"几乎相等"：在光标定位处插入符号"≈"。

"下标2"：在光标定位处插入下标"2"

"平方"：在光标定位处插入上标"2"

"立方"：在光标定位处插入上标"3"

"其他"：选择该选项，系统打开【字符映射表】对话框（如图6-35所示）。

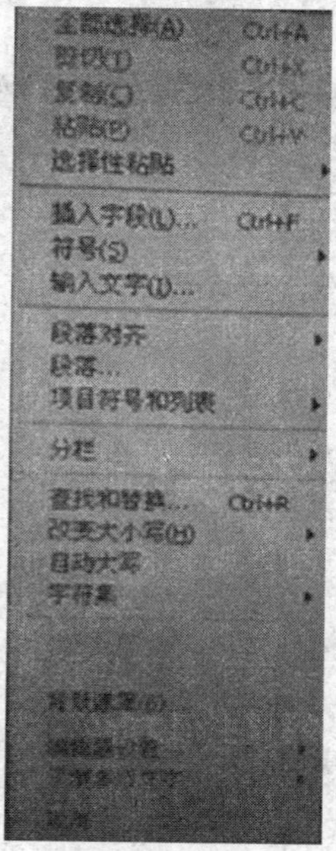

图6-34　快捷菜单

图6-35　字符映射表

6.5　编辑文字

6.5.1　调用文字编辑

在绘图过程中，如果文字标注不符合要求，可以通过编辑文字命令进行修改。

改变单行文字或多行文字。

该功能可以利用"编辑文字"对话框对已注写的文字进行修改。

（1）输入命令。菜单栏：单击【修改（M）】|【对象（O）】|【文字（T）】|【比例（S）】菜单命令。

（2）使用编辑命令Ddedit"Ed"。

（3）在屏幕上双击要修改的文字对象，屏幕会弹出相应的对话框来修改文字。

6.5.2　改变文字高度和宽度

(1)改变文字高度。

菜单栏:单击【修改(M)】|【对象(O)】|【文字(T)】|【比例(S)】菜单命令。

选择对象:(选择注写对象)。

选择对象:(按<Enter>键)。

输入选项或按<Enter>键。

指定新模型高度或[图纸高度(P)/匹配对象(M)/比例因子(S)]<0.38610>:

(输入新高度)

命令:

执行命令后,改变新高度。

(2)改变文字宽度。

命令:单击菜单栏【修改(M)】|【对象(O)】|【文字(T)】|【对正(J)】菜单命令。

选择对象:(选择注写对象)。

选择对象:(按<Enter>键)。

输入选项或按<Enter>键。

命令:

执行命令后,改变字体的对正方式。

6.5.3　查找与替换文字

该功能可以查找与替换文字。

(1)输入命令。

可以执行以下操作之一。

菜单栏:单击【编辑】|【查找】菜单命令。

工具栏:【文字】工具栏:单击 按钮。

命令行:输入"Find"命令。

(2)操作格式。

命令:(输入命令)。

系统打开"查找和替换"对话框,如图 6-36 所示。

(3)选项说明。

对话框中各选项功能如下:

"查找内容"文本框:用于输入要查找的字符串,也可以从下拉列表框中选择。

"查找位置"下拉列表框:用于确定查找范围,可以通过下拉列表框在"整个图形"和"当前选择"之间选择,也可以通过单击右边的"选择"按钮从屏幕上直接拾取文字对象来确定搜索范围。

"替换为"文本框:用于输入替换的新字符对象,也可以通过下拉列表选择。单击 按钮,打开"搜索选项"和"文字类型"选项组,可以确定查找与替换的范围。

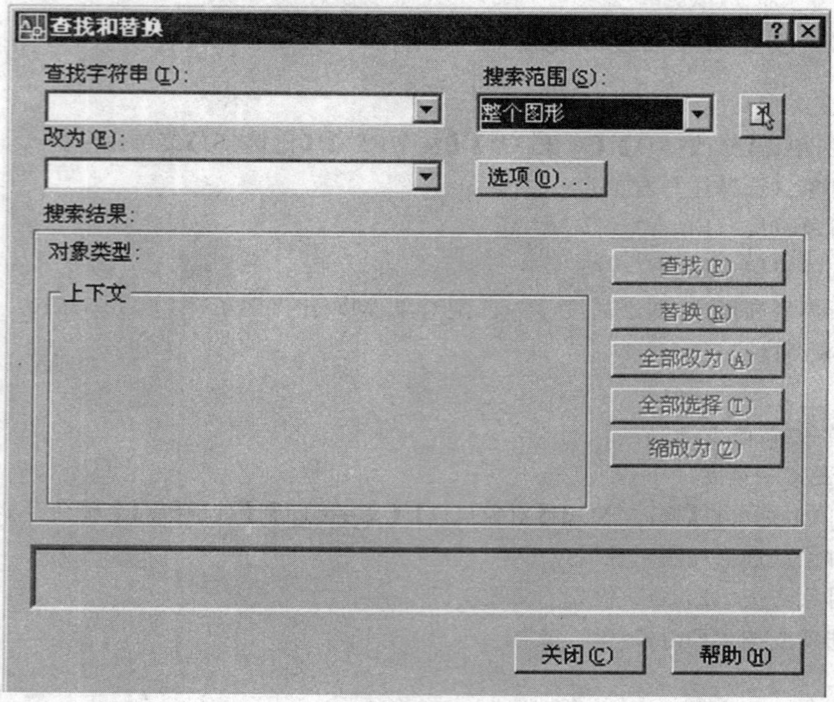

图 6-36 "查找和替换"对话框

6.6 创建及修改表格

在 AutoCAD 2010 中可以生成表格对象。创建该对象时，系统首先生成一个空白表格，随后用户可以在该表中填入文字信息。用户可以很方便地修改表格的宽度、高度及表中文字，还可按行方式删除表格单元或合并表中的相邻单元。

6.6.1 创建表格

(1)输入命令。

可以执行以下操作之一。

菜单栏：【绘图】|【表格】菜单命令。

工具栏：【绘图】工具栏，单击 ▦ 按钮。

命令行：输入"TABLE"命令。

(2)操作格式。

命令：输入命令。

执行命令后，打开"插入表格"对话框，如图 6-37 所示。

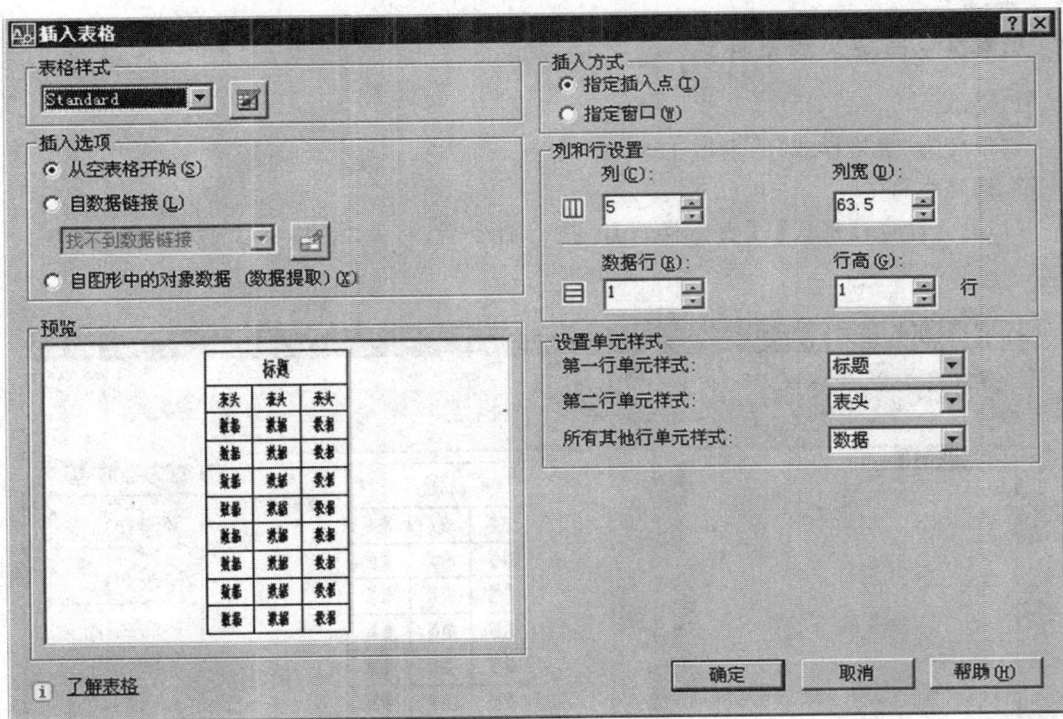

图 6-37　"插入表格"对话框

"插入表格"对话框中的各选项功能如下：

"表格样式"下拉列表框：用来选择系统提供或用户自定义的表格样式。单击其后 按钮，可以在打开的对话框中创建或修改新的表格样式，如图 6-34 所示。

"插入选项"选项组：用来指定插入表格的方式。

"从空表格开始"单按钮：用来手动创建填充数据的空表格。

"自数据链接"单选钮：用来从外部电子表格中的"数据提取"向导。

"插入方式"选项组：包括"指定插入点"和"指定窗口"两个选项。选择"指定插入点"单选按钮，可以在绘图区中通过拖动表格边框来创建任意大小的表格。

"列和行设置"选项组：可以改变"列"、"列宽"、"数据行"和"行高"文本框中的数值，来调整表格的外观大小。

"设置单元样式"选项组：用来指定新表格中不包含起始表格时的行单元格式。

"第一行单元样式"：用来指定新表格中第一行的单元样式。"标题"为默认单元样式。

"第二行单元样式"：用来指定新表格中第二行的单元样式。"表头"为默认单元样式。

"所有其他行单元样式"：用来指定新表格中所有其他行的单元样式。默认情况下，为"数据"单元样式。

根据需要设置对话框后，单击"确定"按钮，关闭对话框，返回绘图区。指定插入点，拖动表格到合适位置后，单击鼠标，完成表格创建。

6.6.2 自定义表格样式

1.要求

创建名为"表格样式"的表格样式。

2.操作步骤

(1)输入命令:【格式】|【表格样式】。执行命令后,打开"表格样式"对话框,如图 6-38 所示。

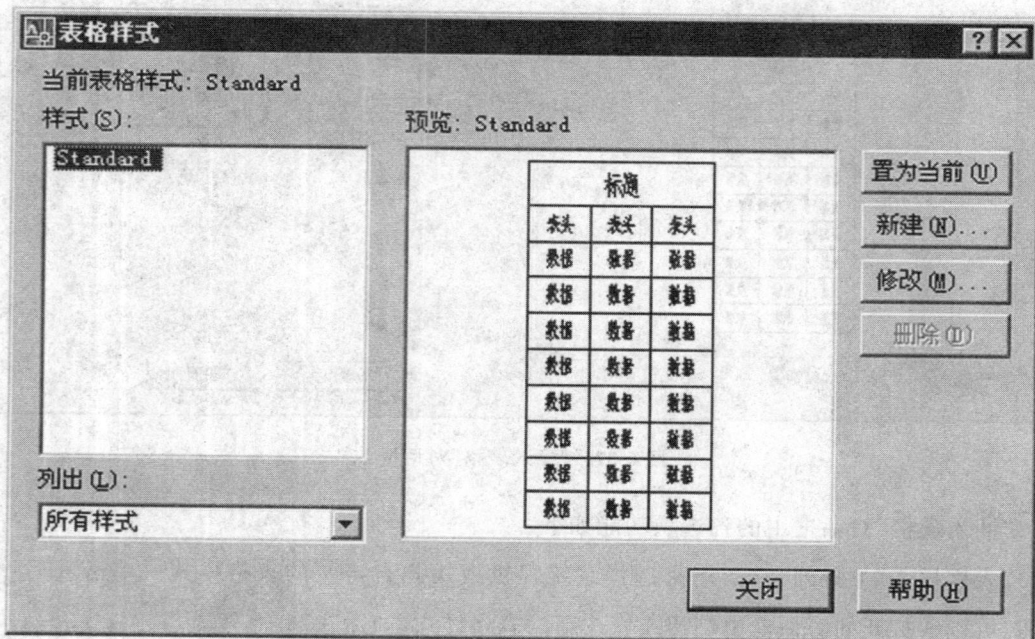

图 6-38 "表格样式"对话框

(2)单击对话框"新建"按钮,打开"创建新的表格样式"对话框,如图 6-39 所示。

图 6-39 "创建新的表格样式"对话框

(3)在"新样式名"文本框中输入"表格样式"。单击"继续"按钮,打开"新建表格样式:表格样式"对话框,如图 6-40 所示。

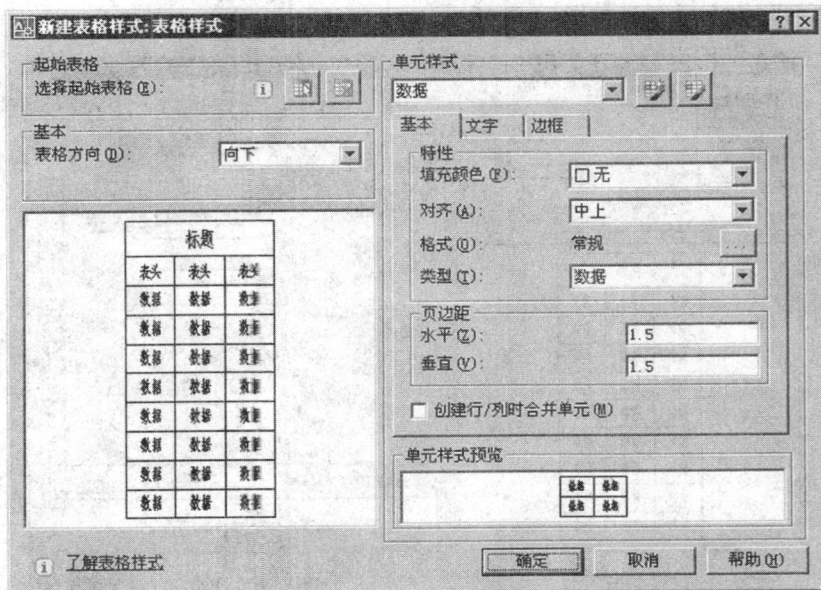

图 6-40　"新建表格样式：表格样式"对话框

（4）设置"数据"单元样式：在"基本"选项卡中（如图 6-40 所示），选对齐方式为"正中"。在"文字"选项卡中，选择"图样文字"样式（如图 6-41 所示）。如果未设置可以单击 ... 图标，在打开的对话框中，重新设置"仿宋"字体为"图样文字"。

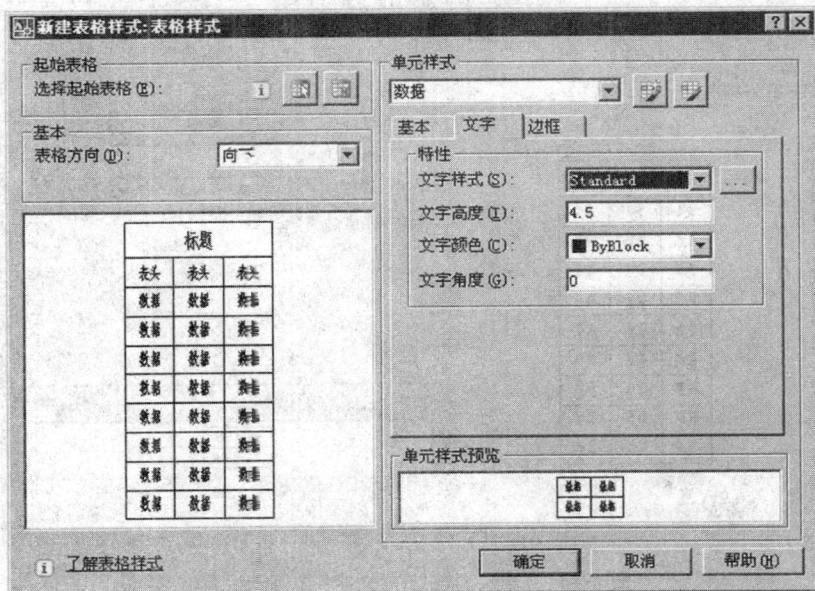

图 6-41　"数据"样式的"文字"选项卡设置

（5）设置"标题"单元样式：在"样式"下拉列表框中选择"标题"选项，在"文字"选项卡中，选择"图样文字"(仿宋)样式,如图 6-42 所示。

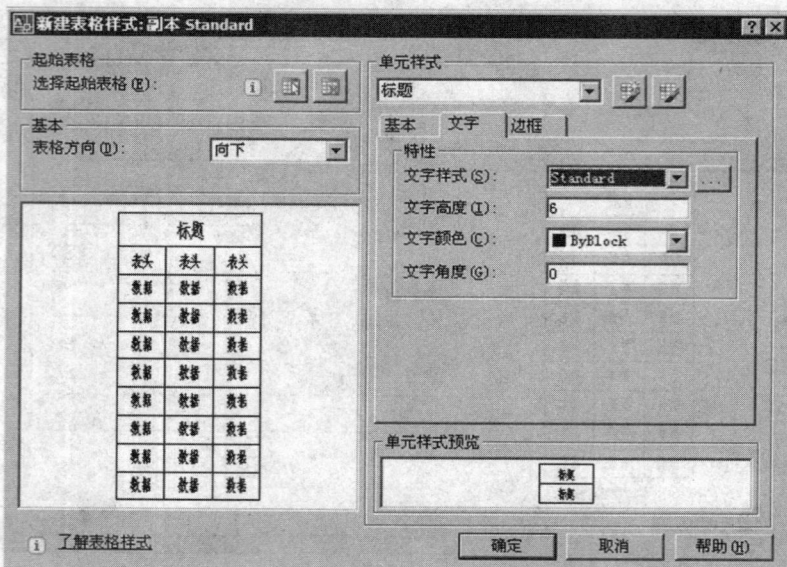

图 6-42 "标题"样式的"文字"选项卡设置

(6)设置"表头"单元样式:在"样式"下拉列表框中选择"表头"选项,在"文字"选项卡中,选择"图样文字"(仿宋)样式,如图 6-43 所示。

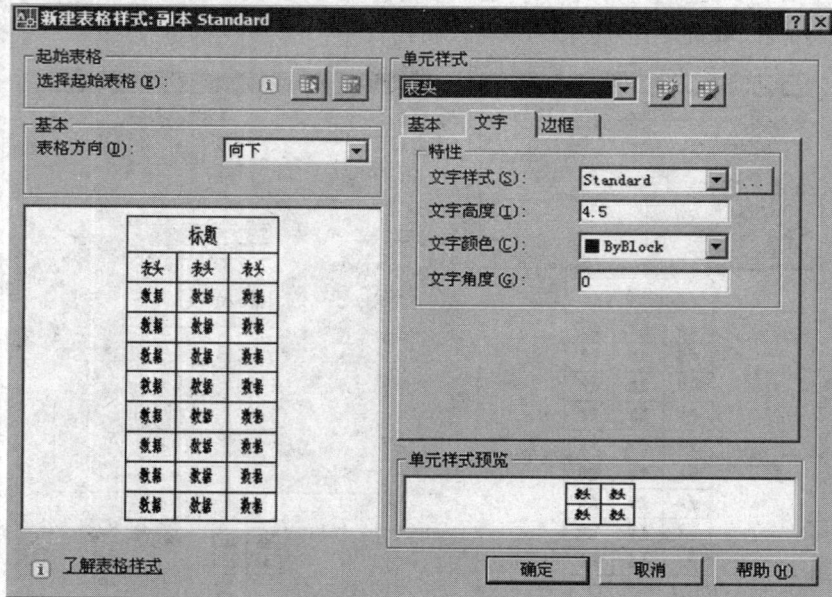

图 6-43 "表头"样式的"文字"选项卡设置

(7)其他参数可以设置为默认,设置完成后,单击"确定"按钮,关闭对话框,完成创建表格样式。

6.6.3 编辑表格

1.使用【表格】工具栏编辑

单击表格单元,在单元格上方显示【表格】工具栏,如图 6-44 所示。

图 6-44 ［表格］工具栏

利用【表格】工具栏可以快速编辑表格。

工具栏的各项功能从左向右依次为:在上方插入行、在下方插入行、删除行、在左侧插入列、在右侧插入列、删除列、合并和取消合并单元、编辑单元边框、编辑数据格式和对齐、锁定和解锁编辑单元、插入块、字段和公式、创建和编辑单元样式、链接外部数据等。

2.使用夹点编辑表格

使用夹点功能可以快速修改表格(如图 6-45 所示),其方法步骤如下:

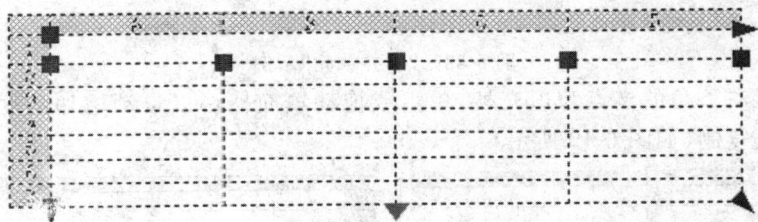

图 6-45 夹点示意图

(1)单击表格线以选中该表格,显示夹点。

(2)单击以下夹点之一。

"左上"夹点:用于移动表格。

"左下"夹点:用于修改表格高度并按比例修改所有行高。

"右上"夹点:用于修改表格宽度并按比例修改所有列高。

"右下"夹点:用于同时修改表格高表格宽并按比例修改行和列。

加宽或缩小相邻列而不改变被选表格宽。

最小列宽是单个字符的宽度。空白表格的最小行高是文字的高度加上单元边距。

(3)使用夹点修改表格中的单元。

使用夹点修改表格中的单元步骤如下。

①使用以下方法之一选中一个或多个要修改的表格单元。

在单元内单击鼠标。

选中一个表格单元后,按住<Shift>键并在另一个单元内单击,可以同时选中这两个单元以及它们之间的所有单元。

在选定单元内单击,拖动到要选择的单元区域,然后释放鼠标。

②要修改选定表格单元的行高,可以拖动顶部或底部的夹点(如图 6-46 所示)。如其中有多个单元,每行的行高将做同样的修改。

③如果要修改选定单元的列宽,可以拖动左侧或右侧的夹点(如图 6-47 所示)。如其中有多个单元,每列的列宽将做同样的修改。

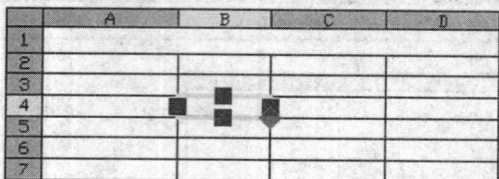

图 6-46　改变单元行高的示例　　　　　图 6-47　改变单元列宽的示例

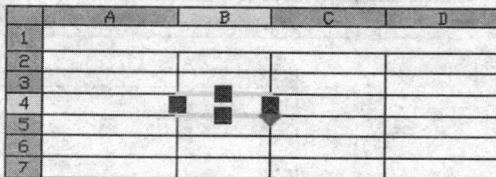

(4)如果要合并选定的单元格(如图 6-48 所示),同时单击鼠标右键打开相应的快捷菜单,选择"合并单元"命令即可。如果选择了多个行或列中的单元,可以按行或列合并。

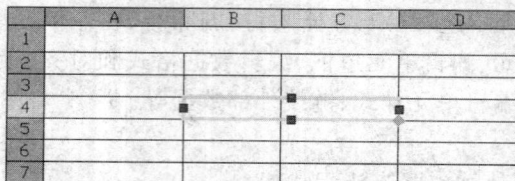

(a)选择多个单元　　　　　　　　　(b)合并多个单元

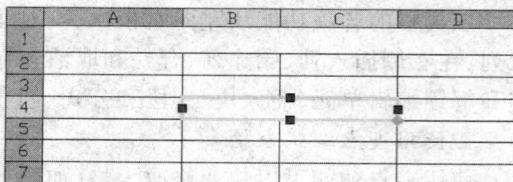

图 6-48　"合并单元"示例

(5)夹点区右下角的夹点为填充柄,单击或拖动填充柄可以自动增加数据,如果拖动的是文字,将对其复制(如图 6-49 所示)。

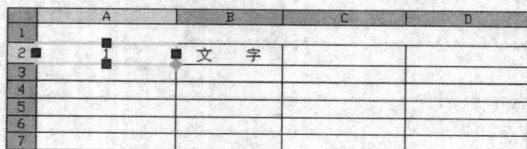

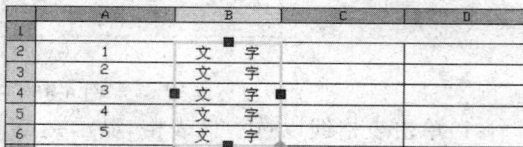

(a)拖动"填充柄"　　　　　　　　(b)"数字"和"文字"填充示例

图 6-49　"填充柄"示例

(6)按<Esc>键可以删除选择。

(7)使用快捷菜单编辑表格。

在选中单元格时,单击鼠标右键,就会弹出相应的编辑对话框。

6.7　操作实例

在表格中输入和编辑文字。

如图 6-50 所示,在打开的"文字格式"工具栏的"字体"列表框中选择"仿宋",字高指定"14"。表格单元中的文字样式由当前表格样式中指定的文字样式控制。

输入文字时，单元的行高会自动加大以适应输入文字的行数。要移动到下一个单元时，可以按<Tab>键或使用“方向键”向左、右、上和下移动。当输入文字时，需要结束单元命令，按<Enter>键后，方可使用方向键移动。

分别选择表格第 3、4 行单元格中的文字，在“表格”工具栏中或单击鼠标右键；在打开的菜单中选择【对齐】|【正中】命令，设置文字为居中对齐。

单击“文字格式”工具栏的“确定”按钮，完成创建表格文字(如图 6-50 所示)。

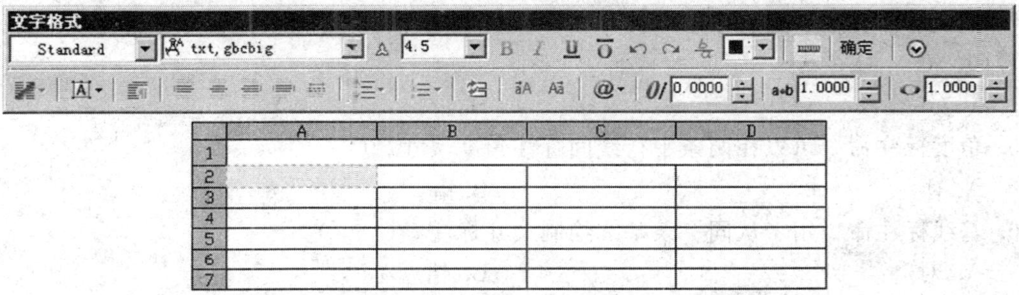

	A	B	C	D
1	学 生 统 计 表			
2	姓 名	年 龄	身 高	体 重
3	袁晓敏	7	119	22
4	李明军	6	119	25
5	王涛	7	124	24

图 6-50 创建学生统计表格示例

如果需要重新填写表格或编辑文字时，可以双击文字所在的单元格，在打开的“文字格式”工具栏中编辑文字。如在所选单元格单击右键，在打开的快捷菜单中选取“编辑文字”选项，也可以在打开的“文字格式”工具栏中进行编辑。

本章小结

本章详细介绍了 AutoCAD 尺寸标注的方法和设置，关键的问题是应掌握尺寸标注参数的设置。如果设置正确了，标注时只要按照提示操作便能够很容易地进行正确的标注。由于尺寸标注能够自动测量图形对象的尺寸，所以绘图时要求精确，这样尺寸标注才方便快捷。同时在使用过程中应注意与对象捕捉工具配合使用。

本章还详细介绍了文字与表格的设置和编辑，文字与表格的使用和 Word 有很多地方一样，特别是表格还可以在其他软件中复制。在 AutoCAD 2010 中掌握夹点编辑表格很重要。掌握正确了，编辑表格时非常快捷，能很准确地得到所需要的表格。

习题与实训

一、选择题

1. AutoCAD 中包括的尺寸标注类型有(　　)。

A. 线性标注   B. 角度标注   C. 直径标注   D. 半径标注

E. 以上都是

2. 如果要使某个文字对象中各个文字大小不一,需要用到的命令是(　　　)。

A. Text   B. Dtext   C. Mtext   D. Style

3. 如果要得到"文字样式"对话框,需要用到的命令是(　　　)。

A. Text   B. Dtext   C. Mtext   D. Style

4. 绘制一个线性尺寸标注,必须确定第一条尺寸界线的原点、尺寸线的位置和第二条尺寸界限。(　　　)

A. 对   B. 错

5. 角度标注命令可以在两条平行线间标注角度尺寸。(　　　)

A. 对   B. 错

6. 基线标注命令用于从同一条基线绘制尺寸标注。(　　　)

A. 对   B. 错

二、实训绘图

1. 绘制附图 6-1 所示图形,并进行尺寸标注。

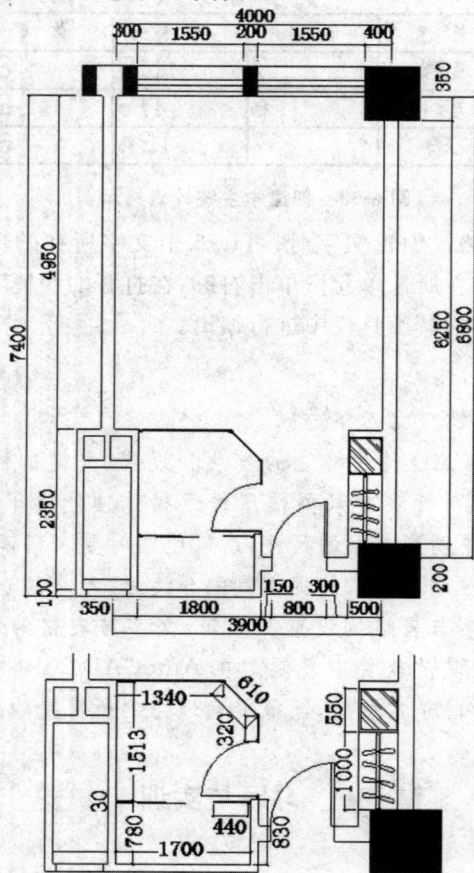

附图 6-1 平面图

2.绘制附图 6-2 所示图形,并标注尺寸。

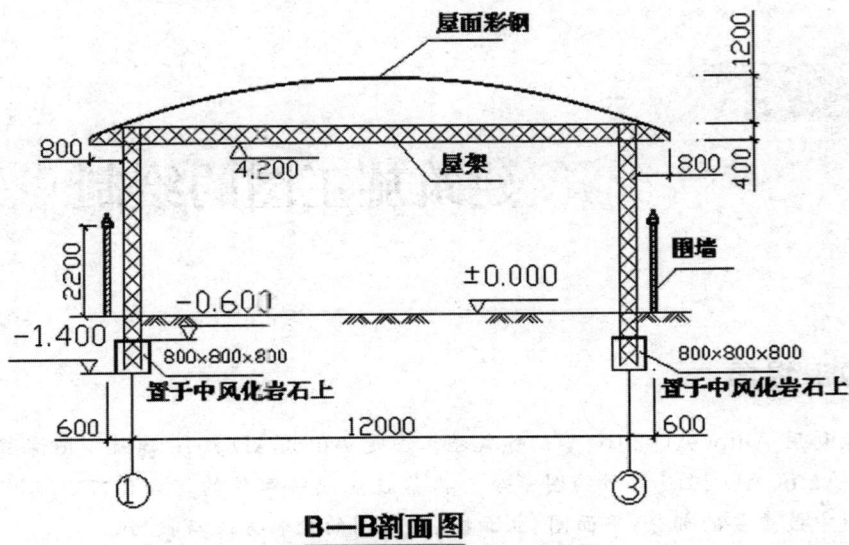

附图 6-2　剖面图

3.用表格命令绘制并填写材料表。要求标题为宋体,字高 80,列标题和数据单元格为宋体,字高 50,如表 6-1 所示。

表 6-1　用表格命令绘制并填写材料表

主 要 材 料			
位　置	名　称	材料	备　注
客 厅	地　面	500×500 地砖	
	墙　面	高级墙纸	
	天　花	海马斯乳胶漆	
	阳　台	100×600 青石板	
	窗　台	金碧辉煌大理石窗台	

三、思考题

1.用线性标注命令标注尺寸时,为什么有时只显示标注线而没有标注汉字?

2.能否修剪和延伸尺寸标注,该如何实现?

3.如何使用快速标注?

4.文字样式与文字的关系是怎样的?

5.表格绘制完以后可以修改吗?

第7章

建筑施工图的绘制

知识提要

　　熟练地利用 AutoCAD 2010 绘制建筑施工图是 AutoCAD 2010 建筑制图课程的目标之一,也是对 AutoCAD 2010 各种绘图命令与操作技能熟练掌握的综合体现。本章主要讲解建筑施工图中最重要的部分:平面图、立面图、剖面图的绘制方法与技巧。

学习目标

　　能综合应用 AutoCAD 2010 各种绘图命令与操作技巧,并结合建筑制图的相关规范,快速地完成建筑平面图、立面图、剖面图的绘制。

7.1　绘制建筑平面图

7.1.1　建筑平面图的概述

1.建筑平面图的概念

　　建筑平面图是建筑施工图的基本样图,它是假想用一水平的剖切面沿门窗洞位置将房屋剖切后,对剖切面以下部分所作的水平投影图。它反映出房屋的平面形状、大小和布置,墙、柱的位置、尺寸和材料;门窗的类型和位置等。它是建筑工程施工图最重要的图形,建筑平面图的绘制也是学习 AutoCAD 2010 建筑制图课程最重要的内容。

特别提示:

　　建筑平面图是剖切的水平投影图,所以平面图的墙线要用粗实线来表现。

2.建筑平面图的常见类型

　　建筑平面图主要分为首层平面图、标准层平面、屋顶层平面图三种平面图。

　　首层平面图:也称底层平面图,一般是指建筑物的入口层,它表示第一层平面图、建筑入口、门厅及楼梯。在绘制首层平面图时,要注意入口大门、台阶、坡道、散水、楼梯的绘制方法。

　　标准层平面图:主要是指当建筑物的中间几层平面布置完全相同时,只需要用一个平面图表示,这种平面图成为标准层平面图。

屋顶层平面图:是指屋顶平面的水平投影。

说明:

对于不上人屋顶的建筑物,在绘制施工图时,一般还需绘制一幅顶层平面图,它是指房屋建筑物的最高层平面布置图,这个顶层平面图与标准层平面图的区别主要在于楼梯的绘制不同,而对于上人屋顶的建筑,顶层平面常与标准层平面是相同的。

3.建筑平面图绘制的主要内容

建筑平面图绘制的主要内容有以下几个方面。

(1)建筑物及其组成房间的名称、尺寸、轴线及轴号标注和墙线。

(2)走廊、楼梯位置及尺寸。

(3)门窗位置、尺寸及编号,门的代号是 M,窗的代号是 C。在代号后面写上编号,同一编号表示同一类型的门窗(如 M-1,C-1,对于编号也可以用门窗的宽度参数来标注,如 C1800 表明窗的宽度为 1800 mm)。

(4)台阶、阳台、雨篷、散水的位置及细部尺寸。

(5)室内地面的高度。

(6)首层地面上应画出剖面图的剖切位置线,以便与剖面图对照查阅。

7.1.2　AutoCAD 2010 绘制建筑平面图主要的相关规范和基本要求

建筑平面图的制图规范和要求,可以参考建筑制图统一标准 GB 50104—2010 和房屋建筑制图统一标准 GB 50001—2010 及其他相关标准与规范。

1.比例

建筑平面图常用比例有 1∶50、1∶100、1∶150、1∶200、1∶300,现在学习时一般以 1∶100 为例进行绘制。

特别提示:

AutoCAD 2010 是以实际长度绘制的,这不同于人工绘制时先按比例的缩小绘制。

2.轴线与轴号

轴线的线型选择:单点长画线,可以选择 ACAD_ISOO4W100 或 Center。

轴号:开间的轴号用阿拉伯数字编写,从左至右顺序编写,进深轴号应用大写拉丁字母,从下至上顺序编写。它的绘制最好应用块的操作方法来完成,当然在实际绘制中或一次性的考试过程中,也可以用复制的方法来完成。轴网的尺寸标注以及尺寸线之间的间距等要符合相关的标准与规范。

3.线型与线宽

建筑平面图的线宽要符合线宽组的相关规定,特别是要体现粗线、中粗、细线的基本要求。

常见的线型有以下几种:

粗实线:剖切到的墙体轮廓、剖切符号、详图符号等。

中实线:门窗洞、楼梯梯段及栏杆扶手、可见的女儿墙压顶、泛水、尺寸起止符号等。

细实线:门、窗扇及其分格线、雨水管、家具、洁具、尺寸线、尺寸界线、标高符号、索引符号、填充等。

点画线:轴线等。

虚线:表示不可见部分。

4.尺寸标注

尺寸单位,除标高及总平面以 m 为单位外,其余必须以 mm 为单位,尺寸宜标注在图样轮廓以外,不宜与图线、文字及符号等相交。绘图时,较小尺寸应离轮廓线较近,较大尺寸应离轮廓线较远。注意三道尺寸的标注以及它们之间的间距要符合相关制图规范,最远一道尺寸为总尺寸;中间尺寸为定位尺寸,即轴线尺寸;最靠近平面图的为细部尺寸,即门窗等细节尺寸。

5.标高标注

建筑制图的标高,一般是指相对标高,在建筑平面图绘制中应注明室内、室外部分的地面、楼面、楼梯休息平台面、阳台面、屋顶檐口顶面、雨棚等的标高。

在施工图中经常有一个小小的直角等腰三角形,三角形的尖端或向上或向下,用细实线绘制、高为 3 mm 的等腰直角三角形,这就是指的标高符号。建筑 CAD 绘制标高符号时,可以建立标高块,利用块的操作方法来完成。

标高标注时还需要注意以下几点:

(1)总平面图室外地面标高符号为涂黑的等腰直角三角形。

(2)首层平面图中室内主要地面的零点标高注写为±0.000。低于零点标高的为负标高,标高数字前加"－"号,如－0.450。高于零点标高的为正标高,标高数字前可省略"＋"号,如 3.000。

(3)在标准层平面图中,同一位置可同时标注几个标高,表明所标的标高楼层的平面图都与标准层相同。

(4)标高符号的尖端应指向被标注的高度位置,尖端可向上,也可向下。

(5)标高的单位:米。

6.建筑制图常见的符号标注

(1)剖切符号:剖切符号绘制在一层平面,剖切符号应由剖切位置线及投射方向线组成。剖切位置线的长度宜为 6～10 mm,投射方向线应垂直于剖切位置线,长度应短于剖切位置线,宜为 4～6 mm;

(2)索引符号:索引符号是由直径为 10 mm 的圆和水平直径组成,圆及水平直线均应以细实线绘制;

(3)引出线:引出线应以细实线绘制,宜采用水平方向的直线、与水平方向成 30°、45°、60°、90°的直线;

(4)指北针:指北针用细实线绘制,圆的直径为 24 mm,注明"北"或者"N"指针尾部宽度应为 3 毫米,需要用较大的直径绘制指北针的时候,指针尾部宽度应为直径的 1/8;

(5)折断线:是当绘制的物体比较长时,而中间的形状相同,这时就不用全部绘制出来,只要绘制两端的效果就可以了,中间不用绘制,这时就可以绘制一个折断符号。

7.1.3　建筑平面图绘制基本步骤与流程

(1)绘图前的基本设置,并新建立或利用已有的建筑图样板文件。

①单位:建筑用图,以毫米为单位,精确为整数;

②图层:建筑图中常见图层设置,线型、线宽、颜色的设置;

③图形界线:用建筑图的实际长度来绘图;

④标注样式设置;

⑤文字样式设置;

(2)绘制定位轴线,并对轴网尺寸与轴号进行标注与绘制。

(3)用【多线(ML)】命令绘制墙线,并完成多线编辑,绘阳台、柱子并对柱子填充。

(4)门与窗的绘制,先开门洞与窗洞,用外部块的方式,分别完成门与窗的绘制。

(5)做图案填充与室内布置。

(6)进行部分文字标注与尺寸标注,以及各种符号的标注。

(7)如果是对称图形,则进行镜像操作,教学与测试一般是对称的图形来学习。

(8)绘制楼梯、电梯,完成标准层的其他操作。

(9)完成首层平面图的散水、台阶、楼梯、室外大门、室内外标高、剖切符号等内容。

(10)完成屋顶层平面图,并对三个基本平面图插入图框,标题栏等,完成平面图的绘制。

特别提示:

以上只是一个基本步骤与基本流程,同学们在学习与今后工作中灵活掌握与应用。

7.1.4　建筑平面图绘制实例

建筑平面图是建筑工程制图中最重要的基本样图,也是建筑施工图中最重要与最复杂的图形之一,是建筑结构施工图、整栋楼房的强电、弱电、水路、消防设计图以及楼房室内外装修设计图的基础。

如图 7-1 所示,以“首层平面图”为例讲解建筑平面图的绘制的基本方法,绘图比例为 1:100,采用 A2 的幅面的图框。为了教材所给图形的简洁与清晰,图形去掉了一些细部尺寸、标题栏、图框及一些说明文字等。

特别说明:

课堂教学时为了在有限的时间,讲授更多的知识点,可以选用首层平面图为例来讲解,但图中的楼梯建议采用中间层的楼梯进行练习,不以平常所说的首层楼梯图形出现,可以理解为本栋楼还有地下层,故不属违背相关的建筑规范。

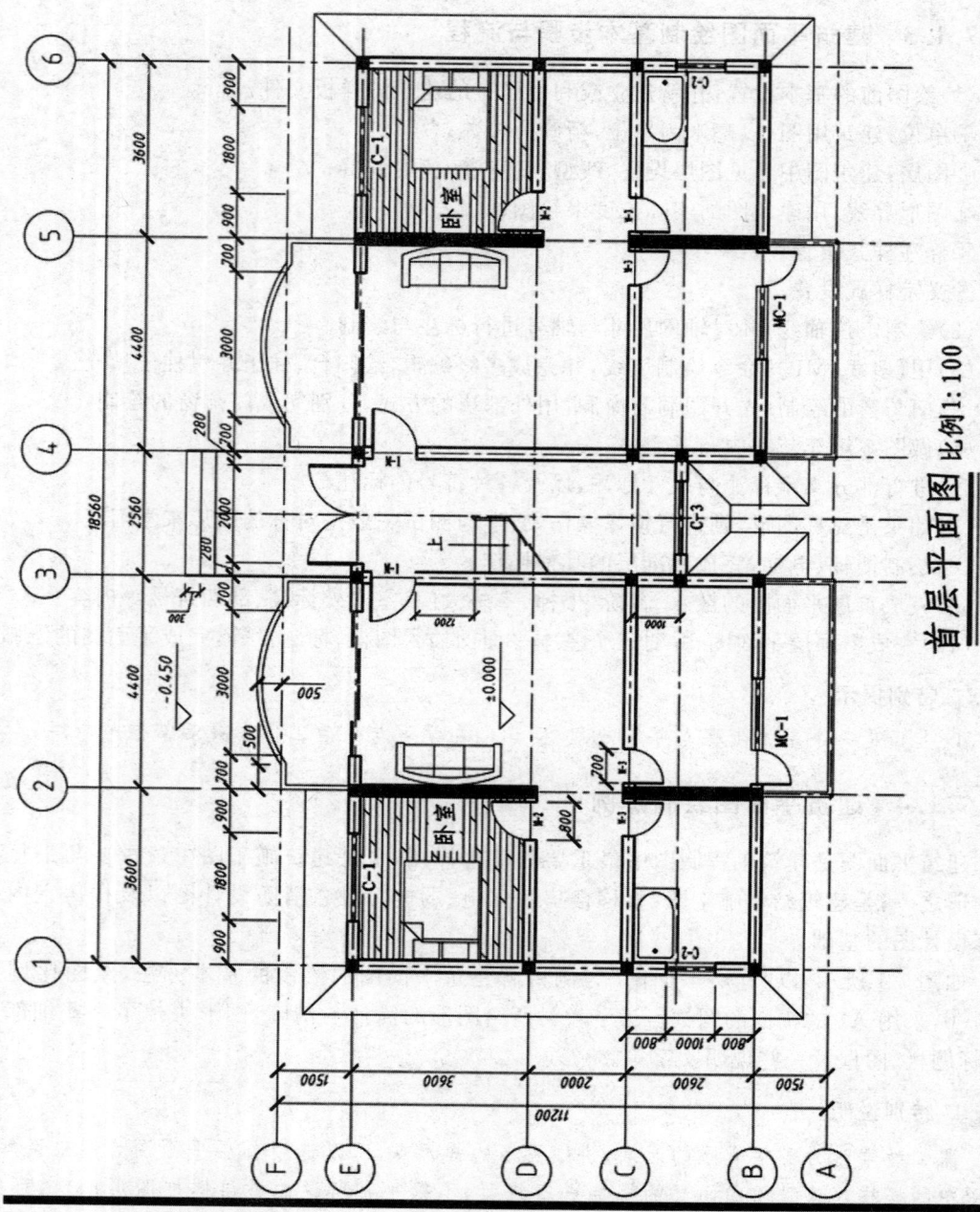

图 7-1　首层平面图

1. 绘图前的基本设置

启动 AutoCAD,启动后立即保存文件名为"建筑平面图.dwg"。

(1)单位设置:建筑用图,以 mm 为单位,精度为 0。

操作方法:菜单命令【格式】|【单位】,在图形单位对话框中将精度设置为 0。

(2)图层:建筑图中常见图层设置,线型、线宽、颜色的设置。

操作方法:【格式】|【图层】.在"图层特性管理器"对话框中建立相应的图层。建筑平面图常见图层的设置(如图 7-2 所示)。

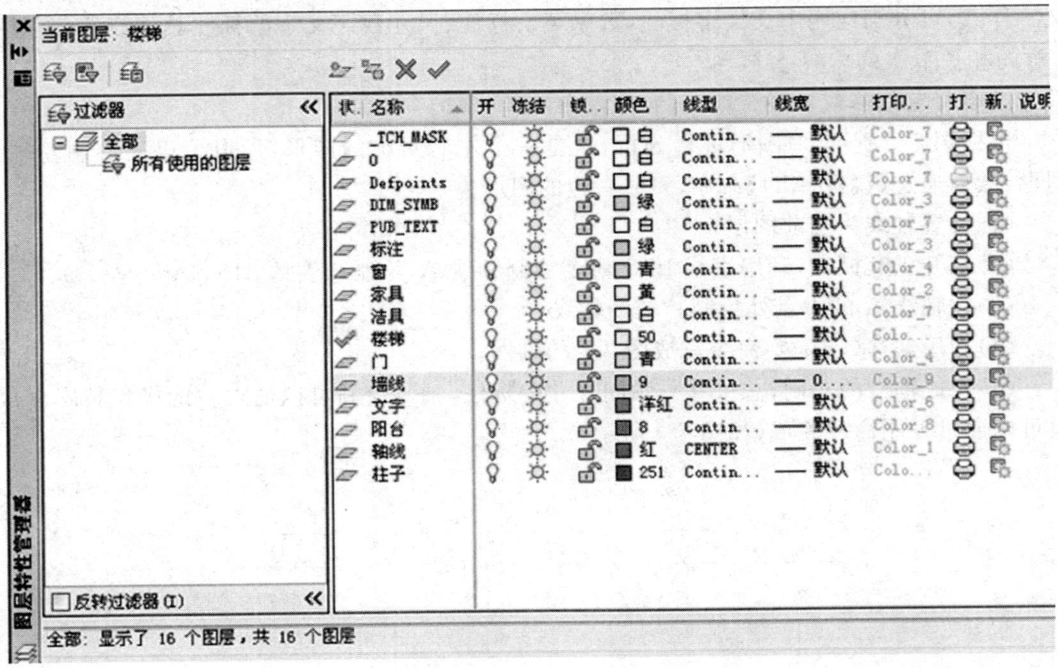

图 7-2　建筑平面图主要图层

> 👉 **特别说明:**
>
> ①根据建筑制图线宽组的相关规范思想,如墙线需为粗实线,如何设置呢? 主要有两种方式:
>
> • 方式一:在图纸大小确定的情况下,可以在图层设置时,将墙线的线宽按规范设置,打印出图时,就以对象线宽模式打印。
>
> • 方式二:图层设置时,不设置墙线的线宽,打印出图时,根据不同出图图纸对线宽的要求,可以通过色号来设置线宽模式打印,而这种方式在实际工作是应用最多的方式。
>
> ②注意对不同图层的颜色色号设置。如有不同线宽的图层,一定设置为不同的色号。
>
> ③线型的设置,在建筑平面图中主要应用三种线型:实线、虚线、点画线。

(3)图形界线:用建筑图的实际长度来绘图。

操作方法:菜单命令【格式】|【图形界限】。

本实例图可以设置为:左下角点(0,0),右上角点(20000,15000),不同图形设置不一定相同,设置好后也可以更改。

(4)标注样式设置。

在一幅建筑图中,标注样式常需要设置 3 种不同比例的标注,可分别应用全局、局部、细部尺寸的标注。有时还要根据不同的需要设置不同的箭头,具体设置参见第 6 章的相关内容。

(5)文字样式设置。

在一幅建筑图中,根据文字标注的不同,可以建立不同的文字样式,主要设置 3 种不同文字样式,可分别应用中文文字标注,数字英文标注、尺寸数字文字的标注具体设置,参见第 6 章的相关节次的内容。

2.绘制定位轴线

根据图 7-1 所示,对图形进行分析,这是一个左右对称的图形,所以可以先绘制左边的图形,然后通过【镜像(Mi)】命令,完成右边的图形。

(1)设置轴线为当前图层;

(2)打开正交模式,利用直线 Line 命令绘制轴线 A,绘制长度约 21000 mm 左右;

(3)在轴线 A 的中点处绘制一辅助轴线;

(4)利用偏移(Offset)命令完成图 7-3 的轴网;

(5)完成轴号的绘制,总尺寸与轴间尺寸的标注,轴号绘制可以通过块的操作技术完成,也可以通过复制命令完成(如图 7-3 所示)。

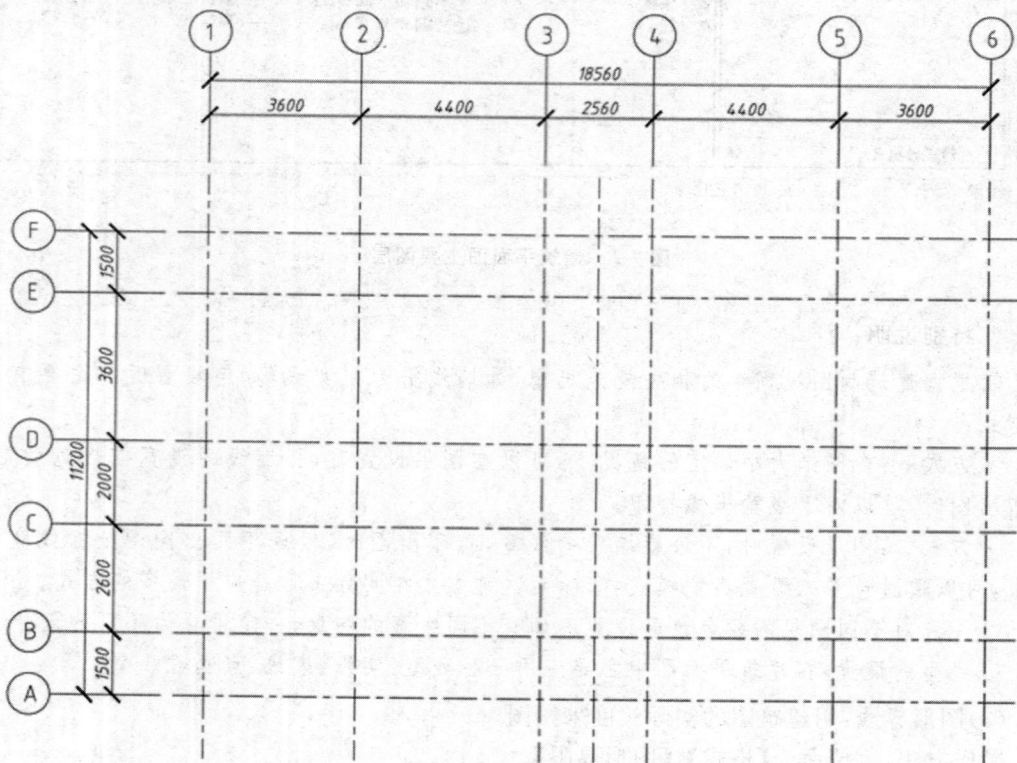

图 7-3　轴网

3.用【多线(Ml)】命令绘制墙线

(1)绘制墙体之前将轴线的线型比例改为 1,外观为实线,便于绘图,图形最终完成可以改回点画线外观。

(2)依图绘制墙线,用【多线(Ml)】命令完成。

①绘制墙线:对于多线样式的选择,现以标准的双线样式完成,所以多线样式不需要设

置,只需修改多线的比例与对正的方式就可以了,设置与操作方法如下:

命令:Ml(Mline)

当前设置:对正 = 上,比例 = 20.00,样式 = Standard

指定起点或[对正(J)/比例(S)/样式(ST)]:S

输入多线比例 <20.00>:240

当前设置:对正 = 上,比例 = 240.00,样式 = Standard

指定起点或[对正(J)/比例(S)/样式(ST)]:J

输入对正类型[上(T)/无(Z)/下(B)]<上>:Z

设置完后如图 7-4 所示绘制墙线。

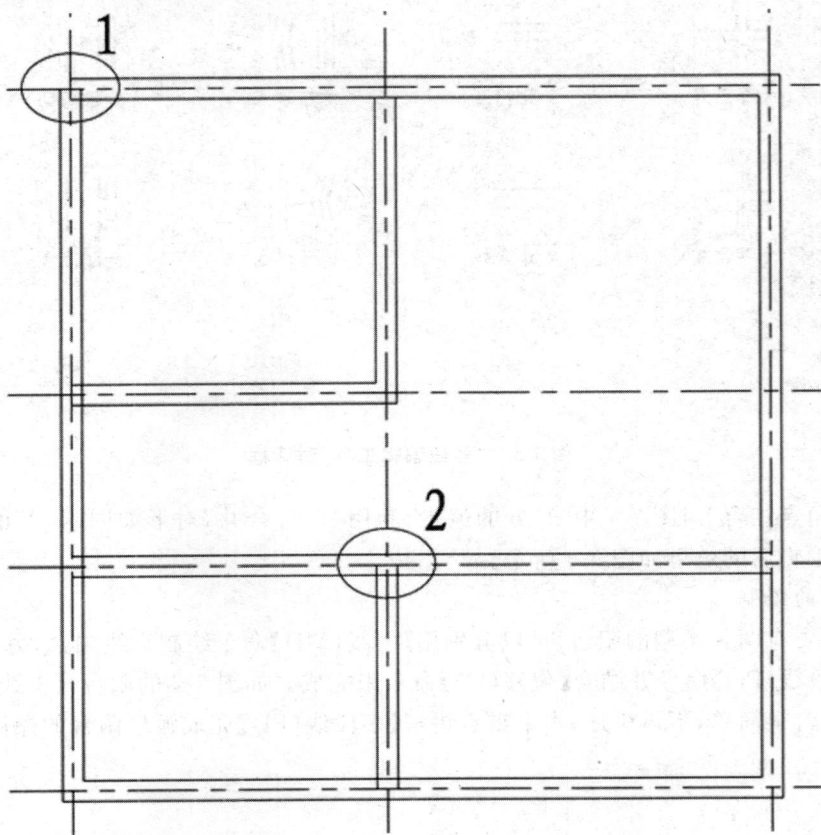

图 7-4 墙线一

②多线的编辑与修改:双击多线进入"多线编辑工具"对话框,如图 7-5 所示。

特别说明:

在完成多线编辑之前,多线不能分解,如果分解了就不是多线了,就不能用多线编辑命令来修改。

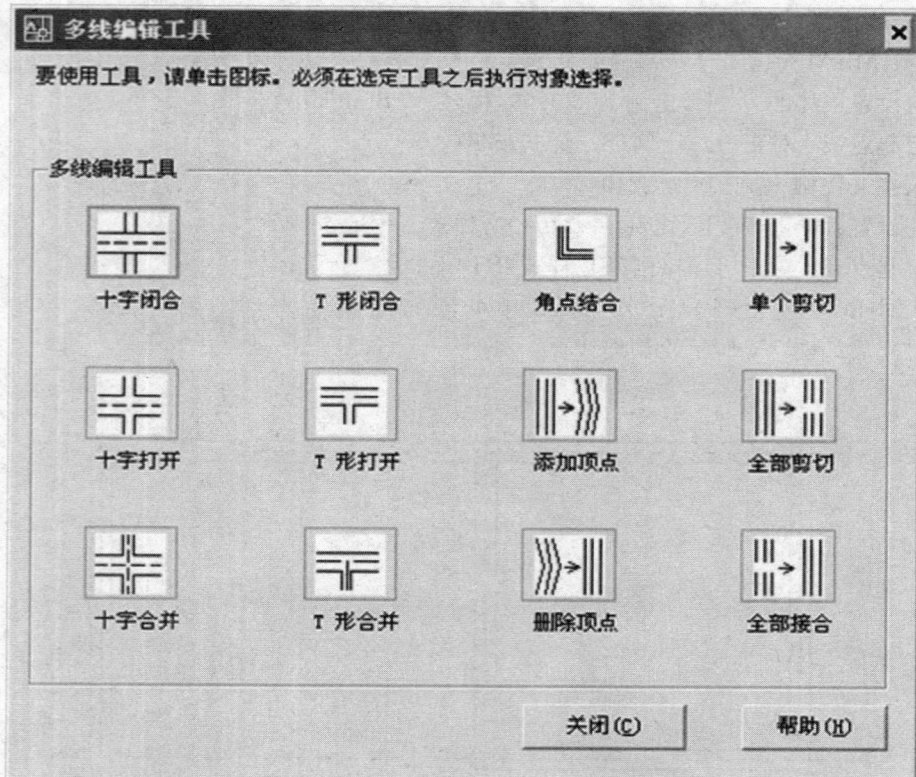

图 7-5 "多线编辑工具"对话框

利用"角点结合"对图 7-4 中"1"处的编辑,利用"T 形合并"对形如图示"2"的所有 T 形合并编辑,编辑后的效果如图 7-6 所示。

4.阳台的绘制

图中主要有两种类型的阳台,可以分别用【多线(Ml)】命令绘制直线阳台,另一弧形阳台可以用【多段线(Pl)】命令并结合【偏移(O)】命令来完成。如图 7-7 的阳台,【多线(Ml)】命令绘制直线阳台很简单,不再讲述,本书重点讲解【多段线(Pl)】完成弧形阳台的操作方法。

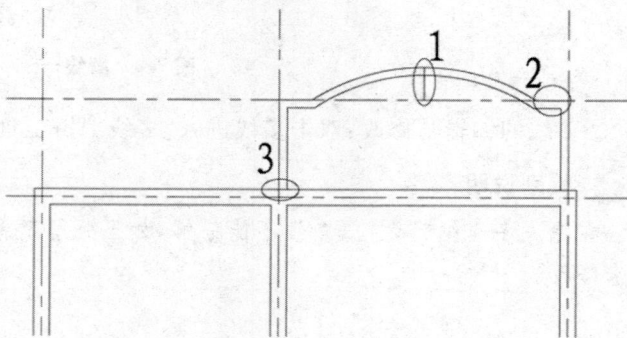

图 7-6 墙线二

图 7-7 阳台

（1）先绘制辅助直线，如图 7-7 所示的"1"与"2"，长度各为 500 mm。

（2）利用【多段线（Pl）】完成一条阳台线绘制，后向内偏移 120 mm，步骤如下。

命令：Pl(Pline)

指定起点：// 见图 7-7 的 3 为起点；

当前线宽为 0

指定下一个点或［圆弧（A）/半宽（H）/长度（L）/放弃（U）/宽度（W）］：

指定下一点或［圆弧（A）/闭合（C）/半宽（H）/长度（L）/放弃（U）/宽度（W）］：500

指定下一点或［圆弧（A）/闭合（C）/半宽（H）/长度（L）/放弃（U）/宽度（W）］：A

指定圆弧的端点或［角度（A）/圆心（CE）/闭合（CL）/方向（D）/半宽（H）/直线（L）/半径（R）/第二个点（S）/放弃（U）/宽度（W）］：S

指定圆弧上的第二个点：

指定圆弧的端点：

指定圆弧的端点或［角度（A）/圆心（CE）/闭合（CL）/方向（D）/半宽（H）/直线（L）/半径（R）/第二个点（S）/放弃（U）/宽度（W）］：L

指定下一点或［圆弧（A）/闭合（C）/半宽（H）/长度（L）/放弃（U）/宽度（W）］：

指定下一点或［圆弧（A）/闭合（C）/半宽（H）/长度（L）/放弃（U）/宽度（W）］：

指定下一点或［圆弧（A）/闭合（C）/半宽（H）/长度（L）/放弃（U）/宽度（W）］：

命令：O(Offset)

当前设置：删除源＝否 图层＝源 OFFSETGAPTYPE＝0

指定偏移距离或［通过（T）/删除（E）/图层（L）］＜120＞：120

选择要偏移的对象，或［退出（E）/放弃（U）］＜退出＞：

5. 柱子与剪力墙的绘制

柱子是建筑物结构中主要承受压力，有时也同时承受弯矩的竖向杆件，用以支承梁、桁架、楼板等，本图中柱子以构造柱的方式绘制，方法可以有如下两种：

方法一：可以先建立柱块，用块的操作技术来完成，适用于今后工作中；

方法二：可以先绘制一个柱子，并填充，然后通过复制的方法完成，适用于学习与考试这种临时绘图。

本图中还有一个知识点，就是剪力墙的绘制练习，在 AutoCAD 2010 制图中一般是通过"填充（H）"命令来完成，绘制完成后如图 7-8 所示。

6. 门与窗的绘制

门与窗是建筑平面图中最重要的元素之一，它为建筑施工人员提供门与窗的位置以及门与窗的洞口尺寸。

（1）第一步：绘制门洞与窗洞。

门洞的绘制：可以将轴线偏移门跺宽加半墙宽的距离，然后将其偏移门宽的距离，将所得到的两条轴线通过"特性匹配"或者更改图层的方法来完成，将其改为墙线，利用"修剪（Tr）"命令完成得到门洞（如图 7-9 所示）。

绘窗洞时，可以在墙中点处绘制一线段，然后向两侧偏移半个窗宽的距离，利用"修剪

(Tr)"命令完成窗洞,如果窗不在墙正中心位置而是偏向一侧,可以用开门洞的方法完成(如图 7-9 所示)。

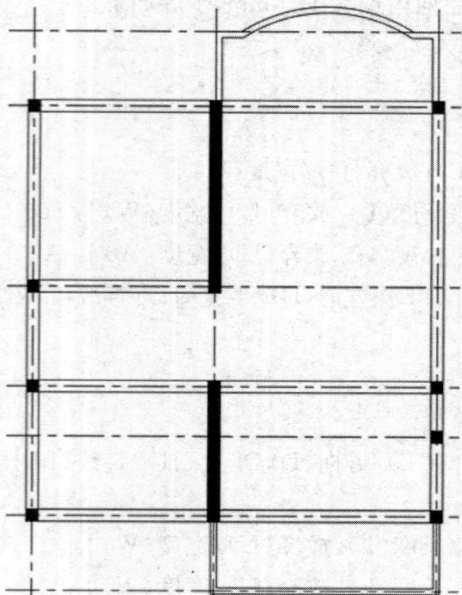

图 7-8　柱子与剪力墙　　　　　　　　图 7-9　门窗洞

(2)第二步:完成门窗块文件的建立。

门块的绘制:选择门图层,绘制一个 1 米平开门,并以"块属性(ATT)"命令完成门名的块属性设置[图 7-10(a)]。

窗块的绘制:选择窗图层,绘制一个 1000 mm × 240 mm 的平面窗,并以"块属性(ATT)"命令完成窗名的块属性设置[图 7-10(b)]。

通过"外部块(W)"命令建立门与窗的块文件存放在指定的位置。

☞ **特别说明:**

关于窗与门编号:常用 C 表示窗,M 表示门,编号主要有两种方式,其一是在 C 或 M 后加"一数字",其二是在 C 或 M 后加洞口尺寸,参见相关的制图规范与标准。

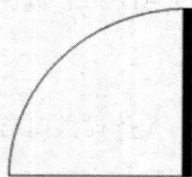

(a)门块　　　　　　　　　　　　　　　(b)窗块

图 7-10　门窗块

(3)第三步:用插入块的命令,插入门块与窗块,插入块时注意调整比例,比如:M-1 是

900 mm,则比例为 0.9,M-2 的门是 800 mm,则比例为 0.8,对于窗,在 Y 方向者是 240 mm,
所以插入窗时,y 方向比例为 1,,如 C-1 的窗宽为 1800 mm,则 X 方向比例设置为 1.8,依次
完成门窗的绘制,并通过"多段线(Pl)"命令完成门联窗的绘制,客厅阳台处的滑门绘制,最
后清理不需要的辅助线,完成后如图 7-11 所示。

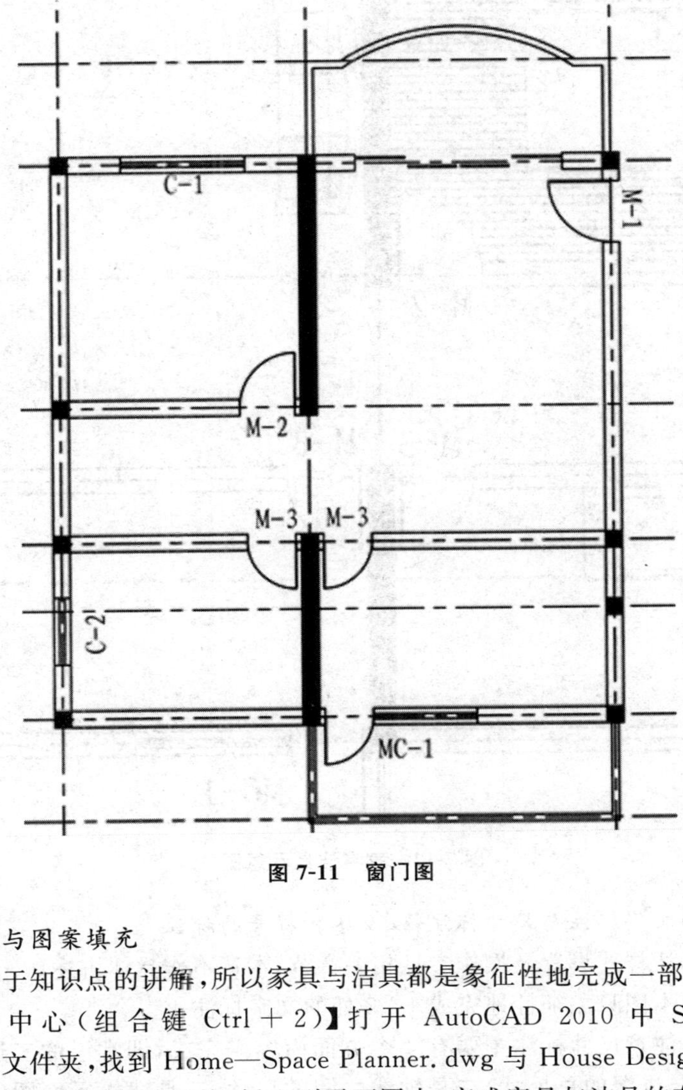

图 7-11　窗门图

7. 室内布置与图案填充

本实例侧重于知识点的讲解,所以家具与洁具都是象征性地完成一部分。

通过【设计中心(组合键 Ctrl + 2)】打开 AutoCAD 2010 中 Sample 文件夹中
DesignCenter 子文件夹,找到 Home—Space Planner. dwg 与 House Designer. dwg 两文件,
将这两个文件自带的家具与洁具块,插入到平面图中,完成家具与洁具的布置。

本实例图对主卧室做了一个木地板的填充,操作方法:执行"填充(H)"命令,在"图案填
充与渐变色"对话框中,点取"图案填充"标签,选取图案"domlit",并完成填充。完成后的结
果如图 7-12 所示。

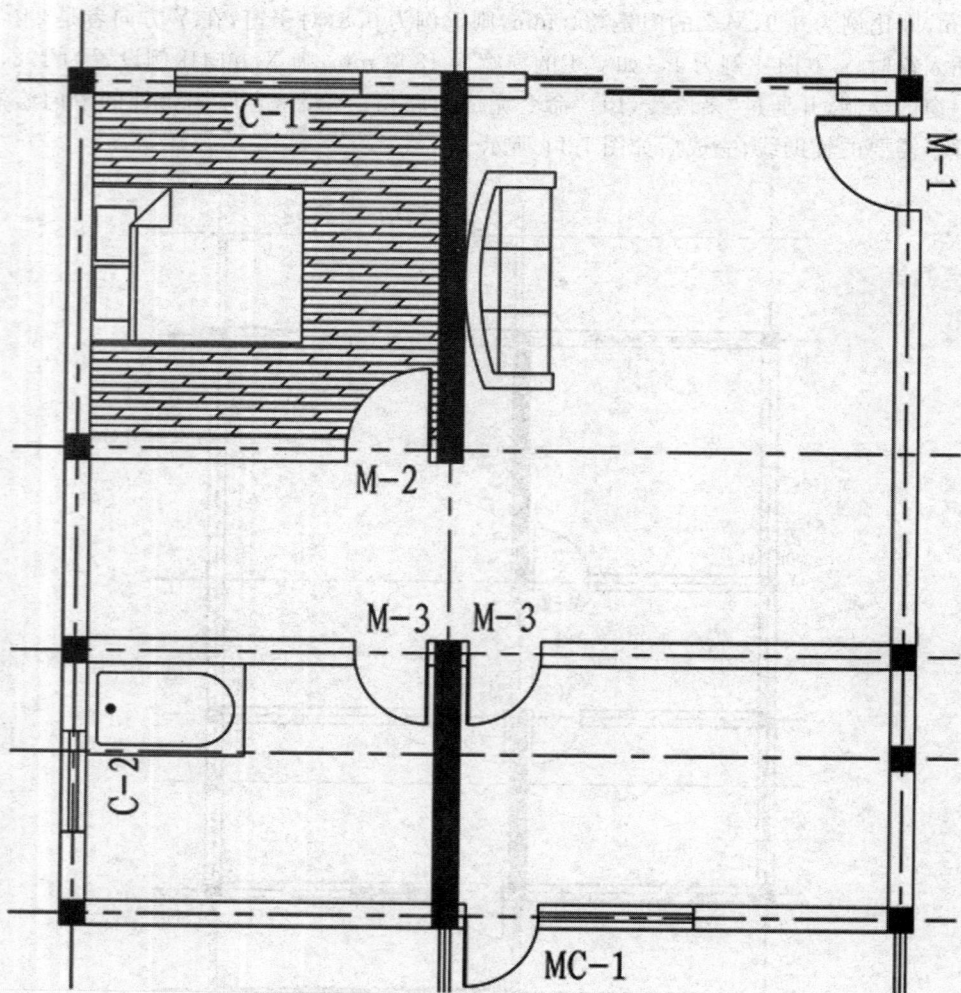

图7-12   家具洁具示意图

8.进行部分的文字标注与尺寸标注,以及各种符号的标注

关于文字与标注样式设置及操作参见相关章节,本章不作具体讲述。

(1)文字标注:本图只象征性地完成1~2处的文字标注。

(2)尺寸标注:注意尺寸标注主要有4个方面内容需完成,即常说的三道尺寸与细部尺寸标注:一是开间与进深的总尺寸,二是轴线之间的尺寸,三是建筑平面图的四周门窗与墙体等相关的尺寸,四是平面图内的各细部尺寸,门窗尺寸与细部尺寸参见第10点所讲。

(3)常见符号标注:建筑平面图中常见有标高符号,指北针,图名标注,楼梯的双折断线,剖切符号,现先对前三种进行讲解。

①标高:标高按基准面选取的不同分为绝对标高和相对标高。建筑施工图一般都是应用相对标高:一般以建筑物室内首层主要地面高度为零作为标高的起点,所计算的标高称为相对标高。如本实例中的首层平面标高±0.000,如果室外比首层地平底450 mm,则室外相对标高为−0.450,相对标高以米为单位,精度保留小数点后三位。

标高的符号:在施工图中经常有一个小小的直角等腰三角形,三角形的尖端或向上或向下,这是标高的符号——用细实线绘制高为 3 mm 的等腰直角三角形。本图是以 100 的比例绘制(如图 7-13 所示),所以可以绘制高为 300 mm 的等腰直角三角形,当然也可以先建立一个高为 3 mm 的等腰直角三角形的标高块,并设置块的属性,通过块插入方法来完成。

②图名标注:图名标注主要有三部分:图名汉字,图纸的比例和图名格式选取。其中比例的字高小于图名汉字的字高,如汉字选 7,则比例选 5,如以 1:100 的比例,则可以分别设置为 700 与 500。图名的格式可以选取国标的,也可选取传统的,如是传统的用两条线表示,上方为一粗实线,下方为细线,粗实线可以通过"多段线(Pl)"命令绘制,也可以通过设置图层的线宽,还可以在打印出图时设置色号的线宽来完成,建议用"多段线(PL)"绘制有宽度的线(如图 7-14 所示)。

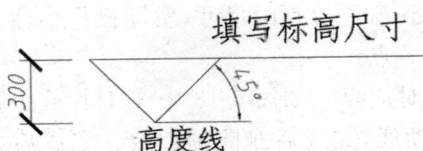

图 7-13　标高符号

图 7-14　图名

③指北针:在建筑首层平面图上,一般都需要绘制指北针,用它来表示该建筑物的朝向。指北针是用细实线绘制一个直径为 24 mm 的圆圈,指针尖为北方,指针尾部宽度为 3 mm。绘制方法可以先绘制一指北针块,然后根据实际图纸的大小,按比例方向插入块(如图 7-15 所示)。

④箭头引注:绘制带有箭头的引出标注,文字可在线端标注也可在线上标注,引线可以多次转折。可用于楼梯方向线、坡度等标注。可以用"多段线(Pl)"来绘制,现以直线箭头为例(如图 7-16 所示)。

图 7-15　指北针

图 7-16　直线箭头

9.如果是对称图形,则进行镜像操作,教学与测试一般是使用对称的图形

对于有的建筑图全部或部分是对称的,如教学楼、写字间、宾馆、一些住宅楼等建筑,要注意观察所绘制的图形是否有对称的部分,如果有对称的图形,一定要利用"镜像(Mi)"来完成,本例就是以左右对称的图形讲授。

10.绘制楼梯,完成标准层的其他操作

(1)楼梯的绘制。

第一步:补充楼梯间处的墙体、窗,参见图 7-17 的标准层平面楼梯。

第二步:绘制标准层楼梯;楼梯箭头引注与折断线可以用【多段线(PL)】来完成。

第三步:标注楼间的细部尺寸;对于梯段处的尺寸,可以用 X 命令分解,并修改为 $300 \times 9 = 2700$,表示实有 10 步梯步,各为 300 mm 的宽,如图 7-17 所示的标准层平面楼梯。

(2)门窗尺寸及细部尺寸标注。本实例图门窗尺寸只标注上开间尺寸,外墙四周的门窗尺寸标注,就是常说的第三道尺寸标注,用尺寸来标明门窗在外墙处的具体平面位置,是建筑工程门窗施工中最重的参数。标注方法如下:

①选择标注图层为当前图层,并选择对应的标注样式。

②用"线性标注"命令标注最左边墙中点处到窗左边点的尺寸,实际操作中注意追踪的应用,需点取如图 7-18 中 1、2 所示的对应点 A、B 点。

③用连续标注命令依次点取所需要标注的对应点。如图 7-18 中 3、4 所示的对应 C、D 点。为了捕捉与追踪相应的点,可以绘制一辅助线,完成后删除辅助线。完成后如图 7-19 所示的标准层平面图。

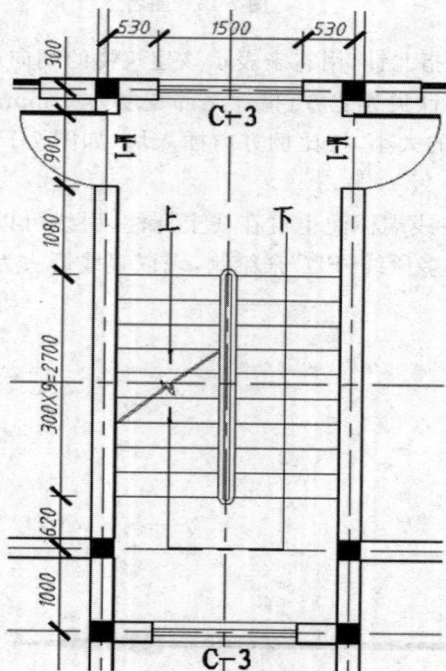

图 7-17　标准层平面楼梯

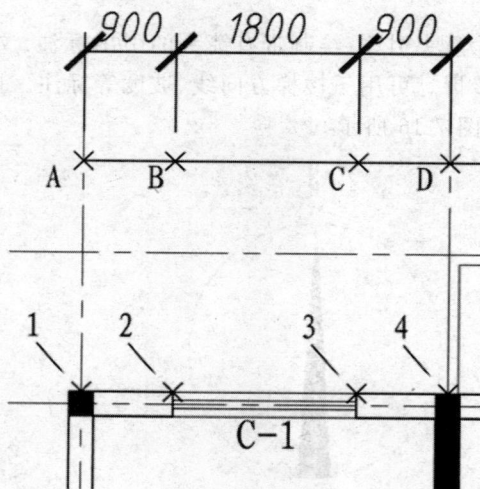

图 7-18　门窗尺寸标注

(3)完成图名标注。

(4)绘制标高符号,输入值 3.000。

(5)输入文字,标注房间名称。

(6)如有电梯,可以绘制,如还有其它相关内容也可以补充绘制。

(7)修改轴线的线型比例。单击【格式】|【线型】,在"线型管理器"中,设置点画线 Center

的全局比例因子为 25 左右。

（8）根据出图图纸大小，插入对应的图框块，完成标题栏相关内容。为了图形的清晰，本实例图不显示图框。完成后如图 7-19 所示的标准层平面图。

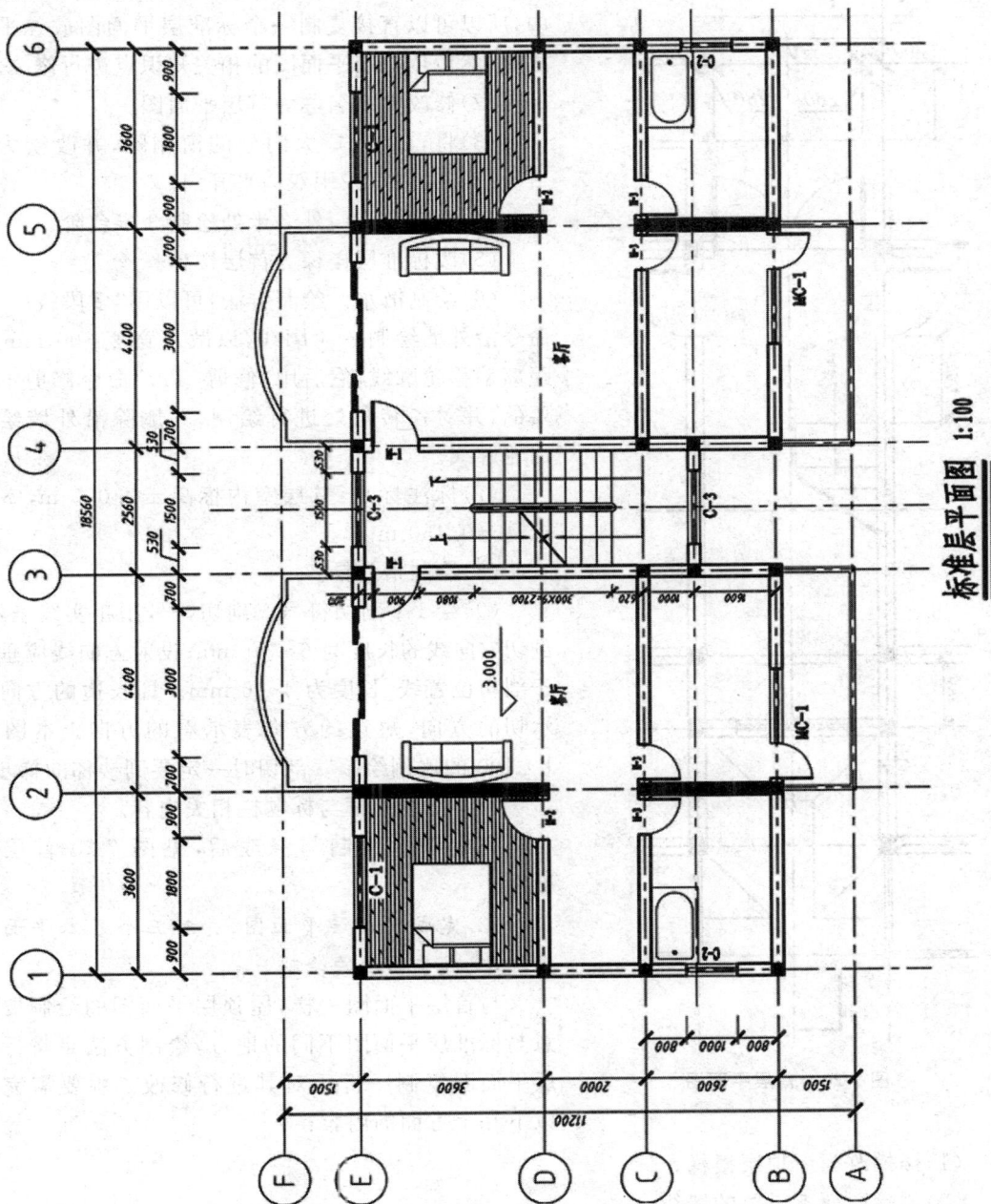

图 7-19　标准层平面图

11. 完成首层平面图的散水、台阶、楼梯、室外大门、室内外标高、剖切符号等内容

进行首层平面图的绘制时要注意与标准层平面图不同的地方，绘制方法是将标准层平面图复制一份后对其进行修改。

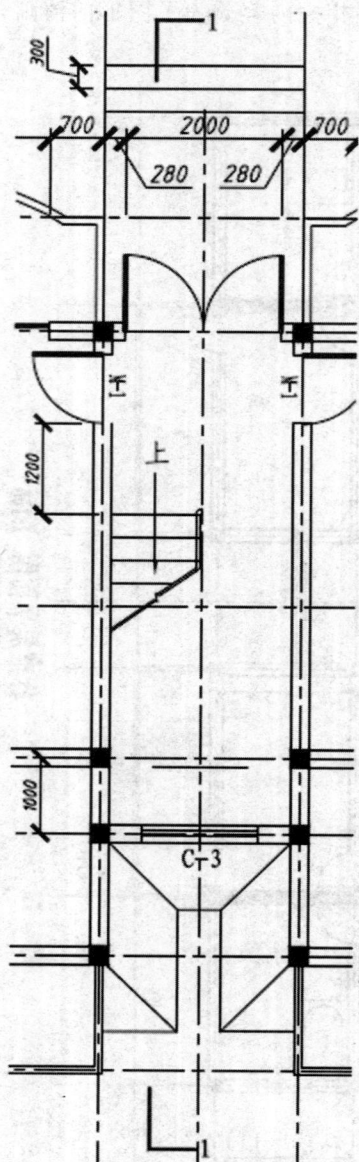

图 7-20　首层平面图

(1)复制标准层平面图。对于 AutoCAD 2010 绘图,可以直接将平立剖绘制在同一个 DWG 文件中,所以可以直接复制一个标准层平面图放在平行放置,然后依首层平面图的相关知识点进行修改。

(2)修改图纸名称为首层平面图。

(3)将首层入口大门处的窗删除,并改绘为入口大门。大门可采用双扇平开门。

(4)在入口大门外 2 米处绘制 3 步台阶。

(5)改标准层楼梯为首层楼梯。

(6)绘制散水。绘制方法:可以用"多段线(Pl)"命令沿外墙绘制一轮廓线,以散水宽度 600 mm 为距离偏移轮廓线,然后用"修剪(Tr)"命令修剪不需要的,并对各转角处进行绘制,并删除沿外墙绘制的轮廓线。

(7)标注标高:首层室内标高±0.000 m,室外标高－0.450 m。

(8)绘制指北针。

(9)绘 1-1 剖切符号。剖切符号用粗实线表示,剖切方向线的长度为 6~10 mm;投射方向线应垂直于剖切位置线,长度为 4~6 mm。即长边的方向表示切的方向,短边的方向表示看的方向。本图以 1∶100 的比例绘制。剖切时一定要剖楼梯的梯步。

(10)修改图框与标题栏相关内容。

完成以上绘制与修改后,见图 7-20 首层平面图。

12.完成屋顶层平面图,并对三个基本平面图清理,完成平面图的绘制

与首层平面图一样,屋顶层平面图的绘制要注意与标准层平面图不同的地方,绘制方法是将标准层平面图复制一份后对其进行修改。主要需完成以下几个方面的内容:

(1)楼梯改为屋顶层楼梯;

(2)删除屋面不需要的墙线;

(3)删除四周的门与窗,保留楼梯间的门窗;

(4)绘制屋顶线与坡度符号;

(5)标高符号、图名、图框、标题栏等相关内容的修改。

通过以上 5 步基本可以完成屋顶层平面图的绘制,具体的绘制方法本实例就不详细讲

述,最后对三个基本平面图进行清理,并将三个平面图布置在一起,从而完成建筑平面图的绘制。

7.2　绘制建筑立面图

7.2.1　建筑立面图的基本知识

建筑立面图是指用正投影法对建筑各个外墙面进行投影所得到的正投影图。它主要反映建筑物的立面形式和外观情况,主要表现建筑物各个方位的外立面的造型和装修。反映建筑物的主要入口或比较显著地反映建筑物外貌特征的一面的立面图叫作正立面图,其他面的立面图相应地称为背立面图和侧立面图。

建筑立面图的命名方式如下。

(1)以相对主入口的位置特征命名:正立面图,背立面图,侧立面图。这种方式一般适用于建筑平面图方正、简单,入口位置明确的情况。

(2)以相对地理方位的特征命名:如南立面图、东立面图、北立面图、西立面图,它适用于建筑平面图规整、简单,且朝向相对正南正北偏转不大的情况。

(3)以轴线编号来命名:命名准确,便于查对,特别适用于平面较复杂的情况,如①～⑥、Ⓐ～Ⓓ立面图。

教学一般以相对主入口的位置特征命名,并且一般只讲解正立面图的绘制,综合实训项目练习可以同时讲解背立面图与侧立面图。

7.2.2　绘制建筑立面图的相关内容

1.线型

为使立面图外形更清晰,通常用粗实线表示立面图的最外轮廓线,而墙面的雨篷,阳台、柱子、窗台、窗楣、台阶、花池等投影线用中粗线画出,地坪线用加粗线(粗于标准粗度的1.4倍)画出,其余如门、窗与墙面分格线、落水管及材料符号引出线、说明引出线等用细实线画出。

2.建筑立面图的图示内容

(1)画出室外地面线及房屋的勒脚、台阶、门窗、雨棚、阳台、室外楼梯、墙柱、檐口、屋顶、雨水管、墙面分割线等内容。

(2)标注出外墙各主要部位的标高。如室外地面、台阶顶面、窗台、窗上口、阳台、雨篷、檐口、女儿墙顶、屋顶水箱间及楼梯间屋顶等的标高。

(3)标注建筑物两端的定位轴线与编号。

(4)标注索引编号。

(5)用文字说明外墙面装修的材料及其做法。

7.2.3　AutoCAD 2010 绘制建筑立面图的一般步骤与流程

(1)通过在首层平面图的基础上引出定位辅助线,确定立面图样的水平位置及大小,然后根据高度方向的设计尺寸确定立面图样的竖直位置及尺寸,从而依次绘制出一个个图样。

(2)建筑立面绘图设置,主要是立面图的图层设置,如:建筑轮廓层,其他设置可以应用平面图的相关设置。

(3)绘制定位辅助线:包括墙和柱定位轴线、楼层水平定位辅助线以及其他立面图样的辅助线。

(4)立面图样绘制:包括墙体外轮廓及内部凹凸轮廓、门窗(幕墙)、入口台阶及坡道、雨篷、窗台、壁柱、檐口、栏杆、外露楼梯、各种线脚等内容。

(5)配景:包括植物、车辆、人物等。

(6)尺寸、文字标注。

(7)线型、线宽设置。

☞ **特别说明:**

在绘制辅助线时,并不是将所有的辅助线绘制完成后才绘制图样,一般是由总体到局部,由粗到细,一项一项完成。若将所有辅助线一次绘出,会密密麻麻,无法分清。

7.2.4 AutoCAD 2010 绘制建筑立面图

AutoCAD 2010 绘制建筑立面图的基本方法:利用 7.1 节所绘制的首层平面图,并沿平面图门、窗、柱、墙、台阶等轮廓做竖直投影线,然后绘制地平线,并以地平线为基准,在各投影线处,依据门、窗、柱、墙等高度,绘制相关图样,如门窗洞、阳台、台阶,屋顶线等,最后是标注尺寸、文字,并对立面图进行清理,插入图框,完成正立面图的绘制。

1. 创建正立面图

将首层平面图文件打开,另存为正立面图(建议用这种方式),这样可以不破坏原平面图的相关内容。或者应用外部引用方式,或者通过复制<Ctrl+C>,粘贴<Ctrl+V>的方法复制一个首层平面图,并取名为正立面图,保存在磁盘中。

2. 图层名的修改与调整

根据建筑立面图的绘制需要,对图层的设置做相应的调整。主要增加轮廓与地坪两个图层。图层设置为不同的颜色,线型为实线,设置线宽:轮廓可以设置为 0.7,地坪为 1.0,对于线宽也可以在打印时设置。可以关闭标注图层。

3. 绘制正立面图各种轮廓线

由于这个实例图的正面朝上,先将这个实例图首层平面图利用 Ro 命令旋转 180°,也就是让台阶大门原在的上开间转换为下开间;选择轴线为当前图层,将其作为辅助线图层,分别沿立面墙、立面窗洞、立面阳台、立面门、立面阳台等轮廓处向上引出定位辅助线,本图为左右对称图形,所以只需完成台阶左侧部分。

4. 绘制地坪线与屋顶线

选择地坪为当前图层,选择合适的位置从左到右,利用 PL 命令,设置宽度为 100 并绘制地坪线。

将地坪线向上偏移 450 mm,并利用 X 命令分解后,向上偏移的 9 000 mm,继续向上偏移 300 mm(实例图以 3 层楼为例,室外地坪标高 −0.450 m,每层高为 3 000 mm,屋面厚 300 mm,

平屋顶,无女儿墙)。如图 7-21 所示为建筑物立面的投影线或轮廓线。

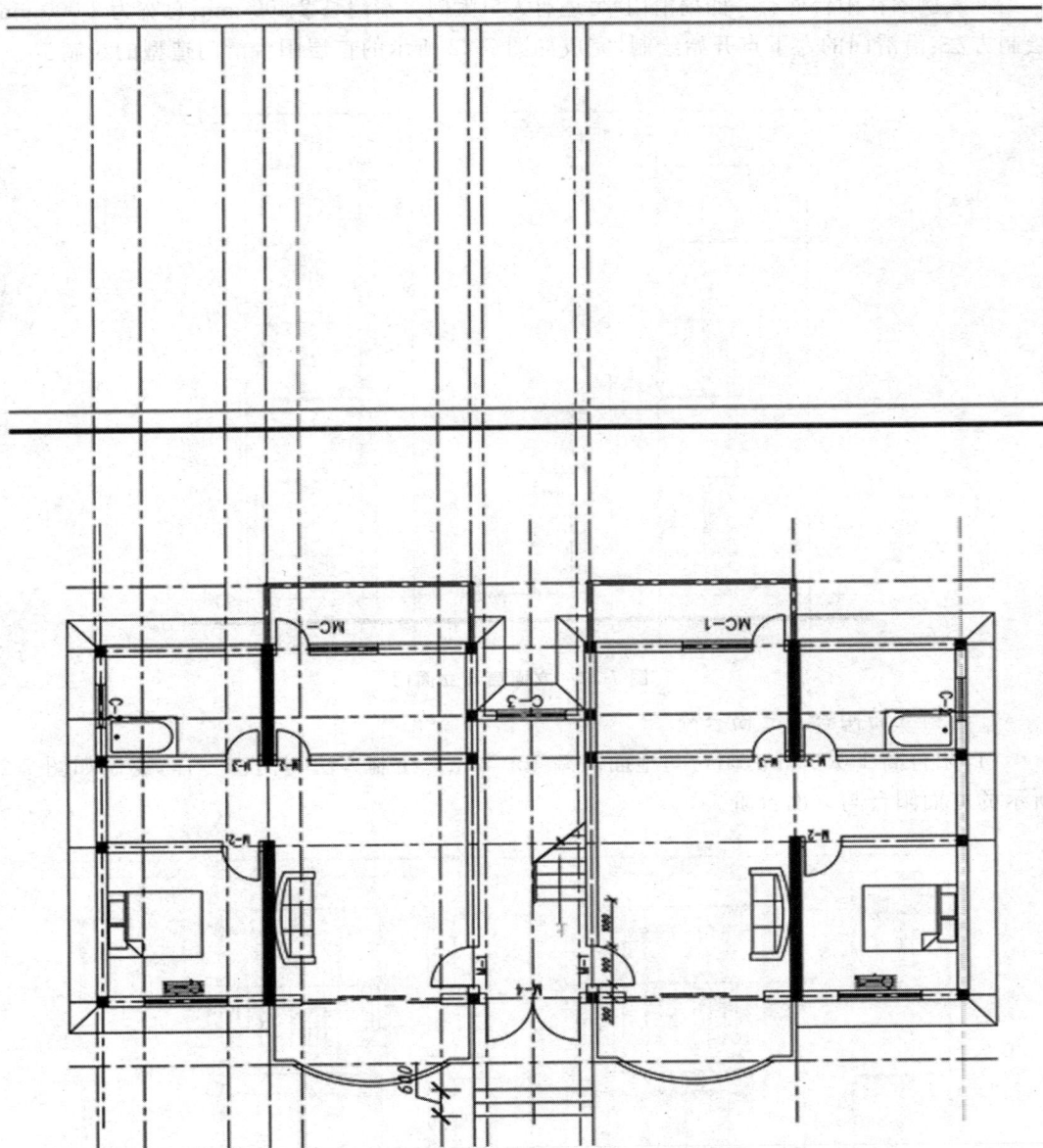

图 7-21　建筑物立面的投影线或轮廓线示意图

5. 绘制立面窗

本实例图以最简单的双扇窗来讲解,窗台高 800 mm,窗高 1 500 mm,窗宽 1 800 mm。

绘制方法:首先找到首层左侧窗的最左下角点(可以用 Offset 或 Line 等命令),以此左下角点为基点在右上方绘制一个高 1 500 mm,宽为 1 800 mm,然后完成如图 7-22 所示立面门与立面窗中双扇窗造型,并利用向上阵列的方法完成竖向窗的绘制。用同样的方法绘制楼梯处的立面窗。最后将首层入口处的窗改绘为入口大门。

6. 绘制立面门

本实例图在阳台处有一四扇滑门,另还有入口大门。滑门高 2 400 mm,总宽为 3 000 mm,绘制方法:沿滑门的左下点开始绘制,完成如图 7-22 所示的首层阳台滑门造型的绘制。

图 7-22　立面窗与立面门

7. 绘制立面阳台与立面台阶

(1)阳台高 1 000 mm,阳台与地面高差 100 mm。绘制方法与门窗一样,绘制如图 7-23 所示的立面阳台与立面台阶。

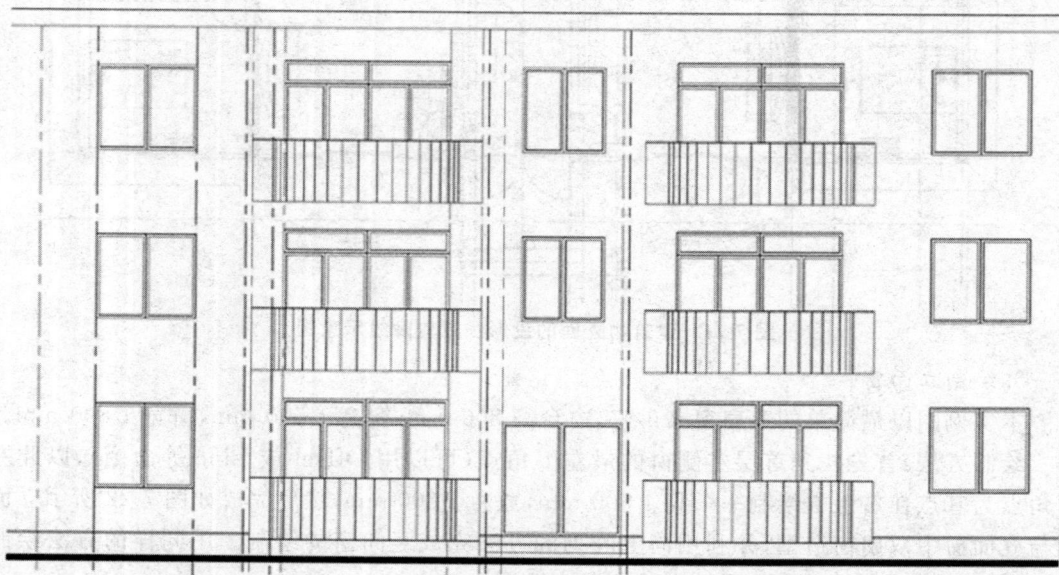

图 7-23　立面阳台与立面台阶

(2)将立面滑门被遮挡的部分删除。

(3)将立面滑门与立面阳台同时向上阵列。利用 MI 镜像命令,完成右侧立面门窗的绘制。

(4)完成首层入口大门的绘制,入口大门高 2 400 mm,总宽为 2 000 mm。

8.墙体、外轮廓、立面屋顶

(1)正立面图的墙体,一般情况下只能看见墙体的轮廓线,本实例图只能看见左右两侧的墙线,也正好处于外轮廓,所以被外轮廓线替代。

(2)可以用 PL 多段线命令沿立面图除地平以外的四周绘制宽度为 70 mm 的粗实线。

(3)立面屋顶绘制,本实例图以平屋面为例,无女儿墙或特殊造型屋顶。

9.标注尺寸、标高符号、轴号标注

正立面图的尺寸标注要注意三道尺寸的标注,一般是左右两侧均要标注,本实例为了图示清晰,只标左侧尺寸,标注方法一般是标注一层楼的内侧两道尺寸与标高后用 Ar 命令完成,最后标注最外总尺寸,分别修改标高,并完成局部细节尺寸与特殊部位的标高。

轴号的标注,一般情况下,只需标注有墙体轮廓线处的轴号,本图只需标注两侧轴号即可。注意与建筑平面图的轴号要对应。

轴号与标高的绘制可以通过块的操作方法,将事先存在磁盘上的块文件插入,修改块的属性方法来完成。

10.做图形的清理工作,并插入图框、输入相关的文字

对图形做清理工作,补绘没有完成的各种图形,如层间线是否需要绘制与删除,入口大门上方绘制雨篷板,删除辅助线等,并插入图框、输入相关的文字,为了实例图形的清晰就不插入图框,最后完成正立面图(如图7-24所示)。

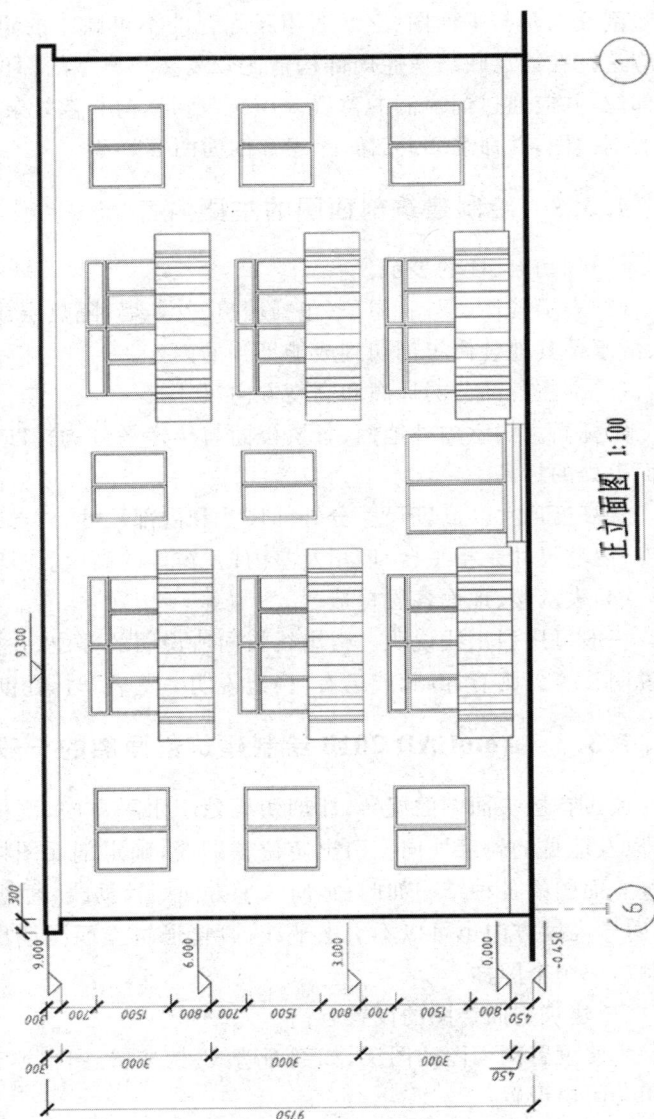

图 7-24 正立面图

7.3　绘制建筑剖面图

7.3.1　建筑剖面图的基本知识

建筑剖面图主要用于反映房屋内部的结构形式,分层情况及各部分的联系、应用的结构材料以及建筑物内部的结构高度等。它的绘制方法是假想用一个垂直于外墙轴线的铅垂剖切面,将房屋剖开,所得的投影图,称为建筑剖面图,简称剖面图。

剖面图是与平面图、立面图相互配合的不可缺少的重要图样之一,对于剖面图来说,位置应选择在能反映出房屋内部构造比较复杂与典型的部位,如楼梯间或层高不同、层数不同的部位,并应通过门窗洞的位置。当建筑物结构非常复杂,还需要多处楼梯间及一些局部结构的剖面图,并命名 1-1 剖面图、2-2 剖面图等。

7.3.2　绘制建筑剖面图的主要内容

(1)剖切墙、柱的表示。

(2)表示楼面、顶棚、屋顶(包括檐口、女儿墙、隔热层或保温层等)、门、窗、楼梯、阳台、雨篷、散水及其他装修等剖切到或能见到的内容。

(3)标注各部分的标高和高度方向尺寸。

①标高。指室内外地面、各层楼面与楼梯平台、檐口或女儿墙顶面、楼梯间顶面、电梯间顶面等处的标高。

②高度尺寸。高度尺寸分外部尺寸和内部尺寸,外部尺寸是指门窗高度,层间高度及总高度;内部尺寸是指平台、墙裙及室内门、窗等的高度。

(4)表示楼、地面各层构造。

一般可用引出线说明。引出线指向所说明的部位,并按其构造的层次顺序,逐层加以文字说明。若另画有详图,或已有"构造说明一览表"时,在剖面图中可用索引符号引出说明。

7.3.3　AutoCAD 2010 绘制建筑剖面图的一般步骤与流程

通过首层平面图的旋转,让剖切线处于水平方向,剖视方向向上,然后根据不同剖切结构,以及能见的轮廓处向上引出定位辅助线,确定剖面图样的水平位置及大小,同时也可以通过立面图的各种结构如门窗,向水平方向引辅助线,通过水平与竖向交点来完成图形的绘制,对于高度方向也可以不引水平线,直接通过立面图读出设计尺寸高度来绘制,从而依次绘制出一个个图样。

(1)建筑剖面绘图的设置。

主要设置剖面图的图层,如剖面墙线、构造层、图案填充层等,其他设置可以应用平面图的相关图层设置。

(2)竖向定位辅助线的绘制。

竖向定位辅助线包括墙和柱定位轴线、楼层水平定位辅助线以及其他剖面图样的辅助线。

（3）剖面图样的绘制。

剖面图样包括剖切的墙线、墙体轮廓线、柱线、立面门窗轮廓、剖切的门窗、剖切的各种梁、入口台阶或坡道、雨篷、窗台、檐口、楼梯栏杆与扶手等内容。

（4）各种结构处理。

如材料的填充、粗实线的表达等。

（5）尺寸、文字、标高、轴号的标注。

（6）图名、比例、图框的绘制。

7.3.4　AutoCAD 2010 绘制建筑剖面图

剖面图的绘制与立面图的绘制思想基本是一致的，也是通过已知平面图，结合立面图或结合立面图的高度尺寸来完成剖面图的绘制，但剖面图主要是用来表示房屋内部的结构，在绘制上比立面图复杂些，重点在于：剖面楼梯、栏杆、扶手、剖面楼板、剖断梁、剖面门与窗、剖切的墙线以及剖面屋面。现以 7.1 节图 7-20 首层平面图及 7.2 节图 7-24 正立面图为实例讲解 1-1 剖面图的绘制方法与基本步骤。

（1）保存剖面图文件，并清理平面图与立面图。

打开 7.1 节图 7-20 首层平面图的 DWG 原文件，另存为 1-1 剖面图.dwg，如果继续需要 7.2 节图 7-24 正立面图可以将其复制到 1-1 剖面图.dwg 中。将图形按图 7-25 绘制水平与竖向投影线图示排放，图形清理，也可以删除不需要的图形内容。关闭标注图层，并增加剖面墙线、构造层、图案填充层等图层。

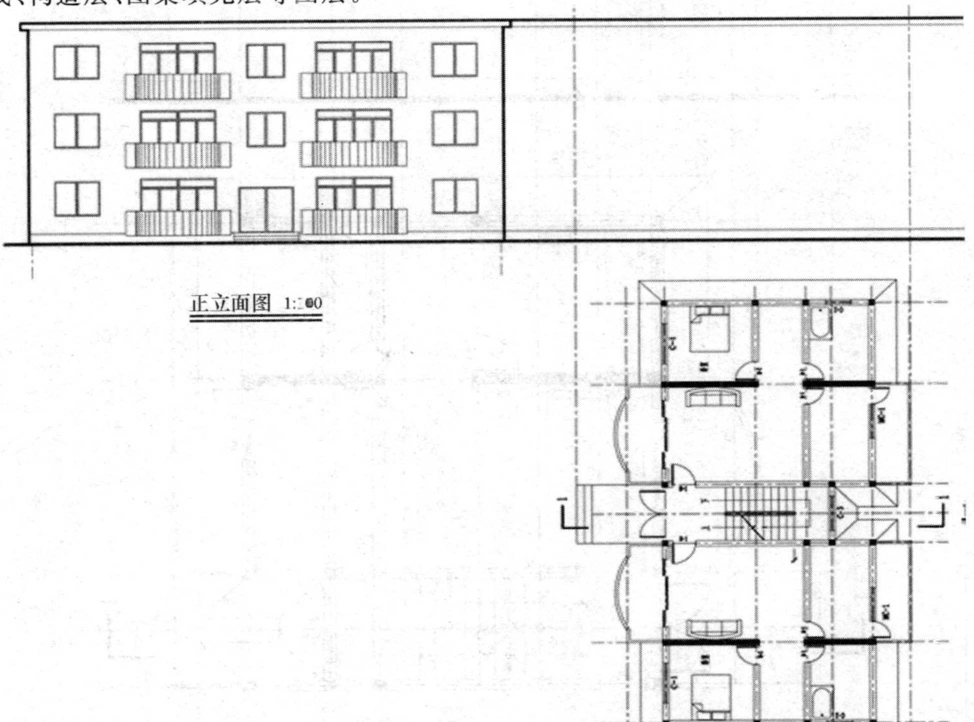

正立面图 1:100

图 7-25　绘制水平与竖向投影线

然后分别从首层平面图向上,从立面图向右引辅助线。本实例讲解建议不应用正立面,只需绘制过程中读出立面高度参数,并直接应用,对绘制剖面图可能更快速,并可增强识图能力。以下通过后者讲解绘制方法。

(2)绘制地坪线、屋顶线等水平投影线。

将首层平面图(复制的或者是另存为的首层平面图)旋转 90°,注意剖视方向向上。利用与立面图一样的绘制方法,在旋转后的首层平面图上方适当的位置绘制地坪线,并分别向上偏移出首层地面线、屋顶线、屋顶外轮廓线。

(3)绘制竖向投影线,定位主要结构位置。

分别沿台阶、阳台、剖切的墙线、剖视方向见到的立面门、剖切的楼梯、没有剖切的外墙线向上绘制竖向投影线。剖面图结构竖向投影线的绘制如图 7-26 所示。

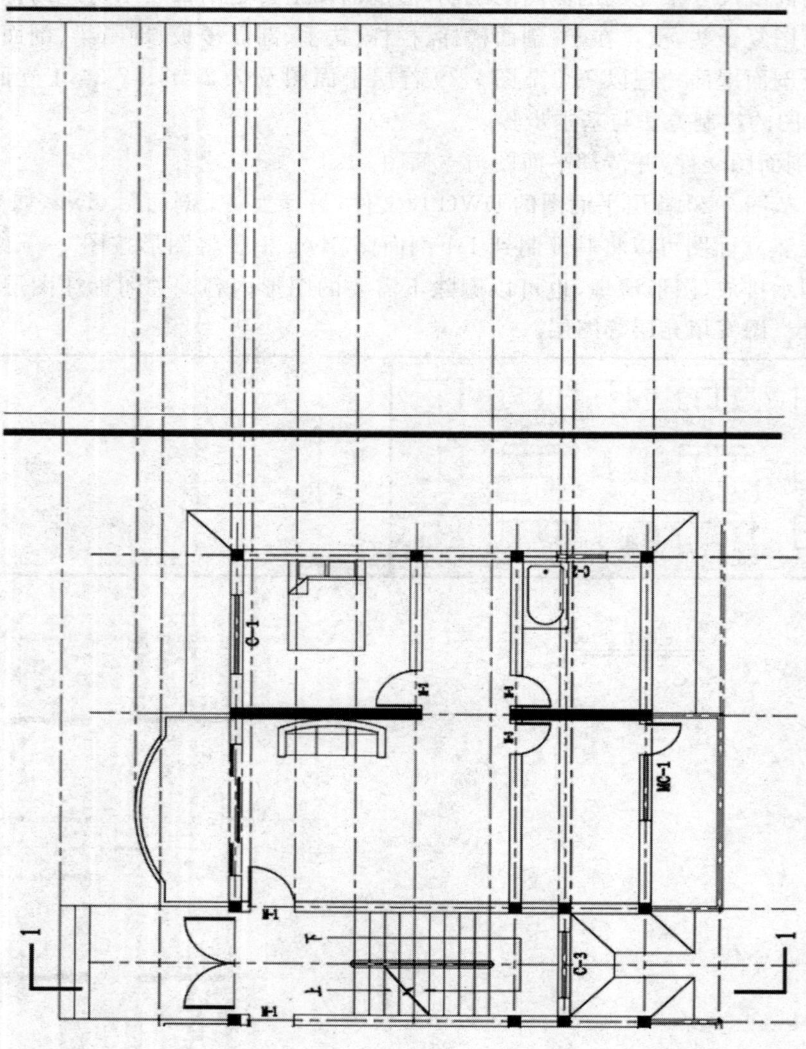

图 7-26 剖面图结构竖向投影线的绘制

（4）绘制剖面台阶。

根据平面图与立面图台阶参数值绘制，剖切台阶的绘制如图 7-27 所示。

（5）立面阳台的绘制。

图示中，左右各有一阳台，均没有被剖切，以立面形式出现。注意左侧弧形阳台的表示方法。对于标准层及其以上的阳台，需与楼板高差约 100 mm。

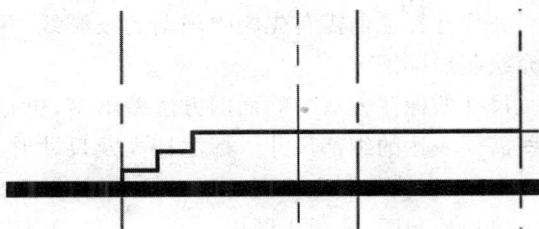

图 7-27　剖切台阶的绘制

（6）绘制剖切墙线与墙体轮廓线、立面门。

剖切墙线可以用粗实线表达，可以用 Pl 命令绘制。立面门的绘制与上一节讲解的绘制方法一样。

（7）绘制剖面楼梯、休息平台、梯段梁。

剖面楼梯是剖面图绘制的难点。可以先初步完成首层的剖面楼梯，后用 Ar 命令来完成，最后编辑修改。实例图为了绘制简单，可将栏杆绘制为单线条（当然，栏杆的间距就不符合设计标准与规范），绘制踏步时注意复制、阵列等编辑与修改命令的综合应用。

休息平台厚 120 mm，梯段梁都需要填充。如果比例较小时，若只有一层楼，剖切的平台与梁可以填充钢筋混凝土，但比例较大时需填充涂黑。

（8）剖面门与窗的绘制、门窗过梁。

入口大门高为 2 000 mm。对于剖面窗，注意剖面图标准层上方的左右两侧各有一剖面窗，窗台高为 800 mm，窗高 1 500 mm。

在剖面门与剖面窗的上方绘制高为 120 mm 的门窗过梁，并填充。

（9）剖面屋顶与檐口。

对于是平屋顶的部面屋顶，被剖切的部分需填充，没有被剖切的需绘制其轮廓线。而对于阳台上方应绘制与阳台造型一样的阳台板。如左侧弧形阳台板与屋顶檐口，如图 7-28 所示的阳台板与屋顶檐口。对于檐口的内部结构，下一章将通过详图讲解。

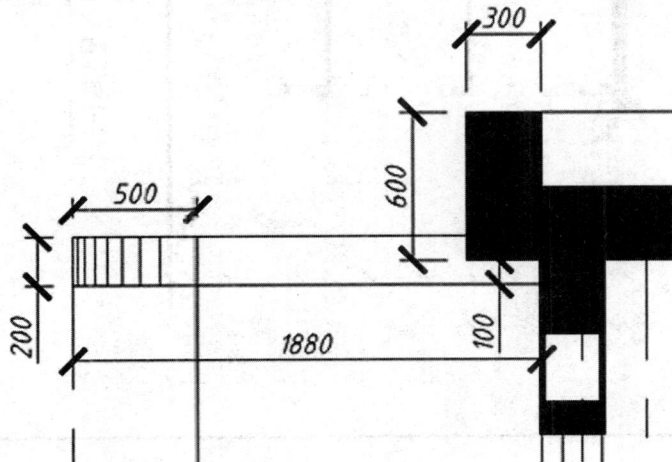

图 7-28　阳台板与屋顶檐口

（10）图形的清理与尺寸的标注。

在尺寸标注前需首先删除辅助的投影线，并对图形进行清理，删除不需要的中间图形，补充绘制局部细节。

尺寸的标注方法与立面图方法差不多，也是左右两侧各标三道尺寸，并标注标高，以及一些需要表达的细部尺寸。标注标高及尺寸时，注意与立面图和平面图相一致。对于三道尺寸，可以直接复制立面图的三道尺寸，并作适当的调整与补充。

（11）绘制图名、插入图框。

图名可以直接复制立面图的图名并修改，插入图框，如 A3 图框（如图 7-29 所示），插入 A3 幅面的图框，完成剖面图的绘制。现去掉图框，显示如图 7-30 所示的 1-1 剖面图。

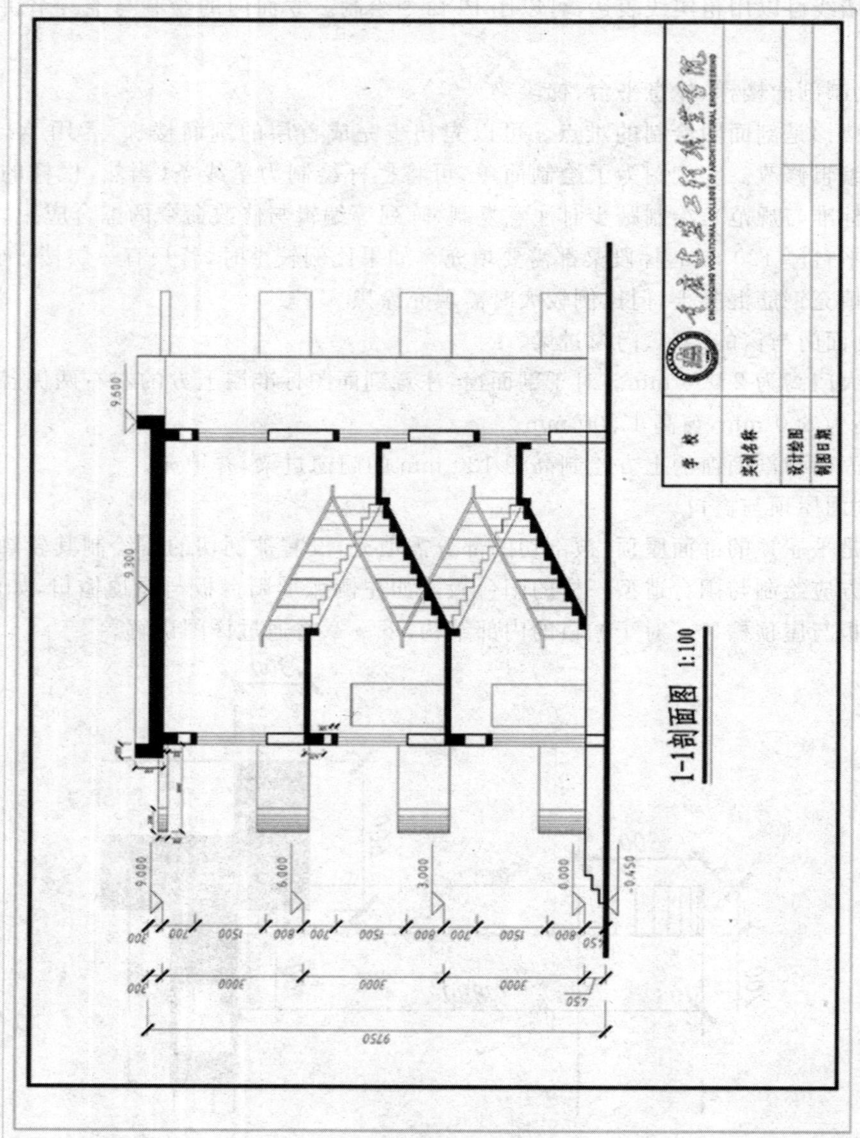

图 7-29　插入 A3 幅面的图框

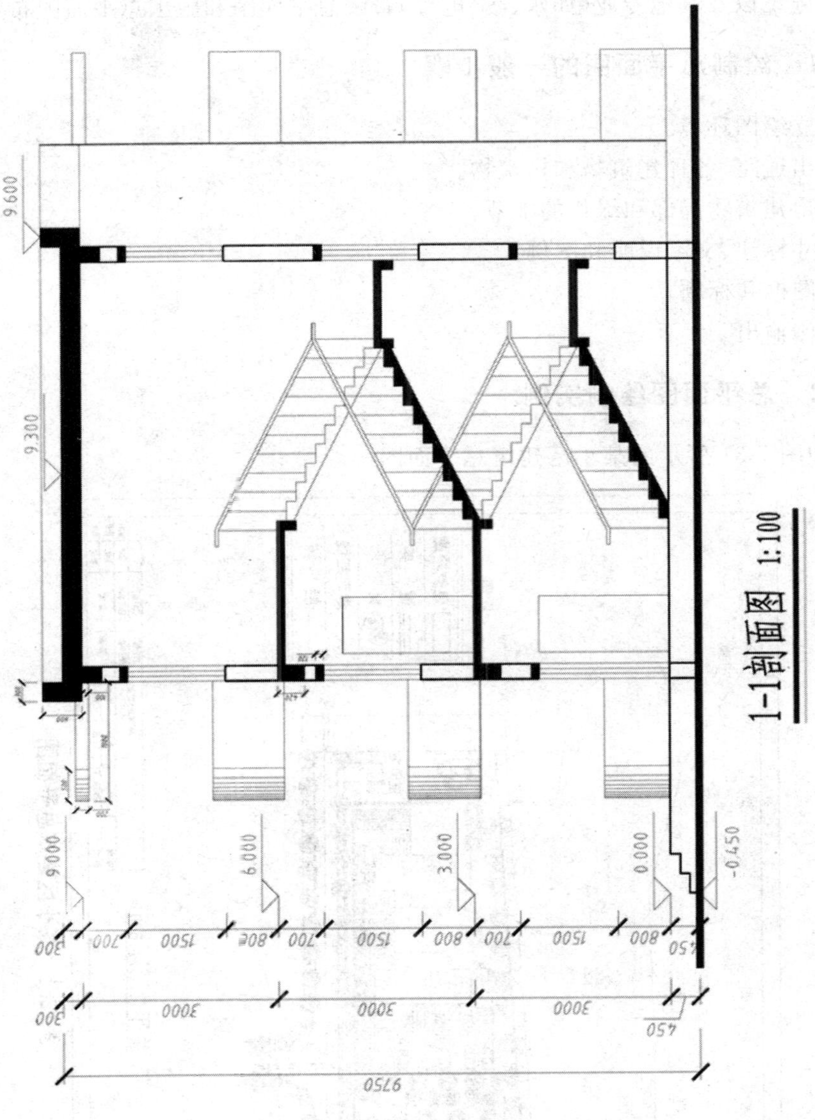

图 7-30　1-1 剖面图

（12）将文件以名 1-1 剖面图 dwg 保存。

剖面图绘制比较复杂，需要有较强的房屋建筑学知识，掌握建筑制图的相关规范，剖面图的绘制是平立剖图形绘制的难点，要加强练习，并熟练掌握相关的绘制技巧。

7.4　总平面图

总平面图是表明新建房屋所在基地相关范围内的总体布局，表示新建房屋和原有房屋或构筑物的位置和朝向，道路、绿化等的布置以及地形、地貌、标高等。总平面图是新建房屋施工定位、土方施工以及其他专业(如水、暖、电等)管线总平面图和施工总平面图布置的依据。

7.4.1 绘制总平面图的一般步骤

(1)建立绘图环境。

(2)绘出道路、各种建筑物和构筑物。

(3)绘出建筑物局部和绿化的细节。

(4)尺寸标注、文字说明和图例。

(5)加图框和标题。

(6)打印输出。

7.4.2 总平面图绘制实例

绘制如图 7-31 所示的某小区建筑总平面图。

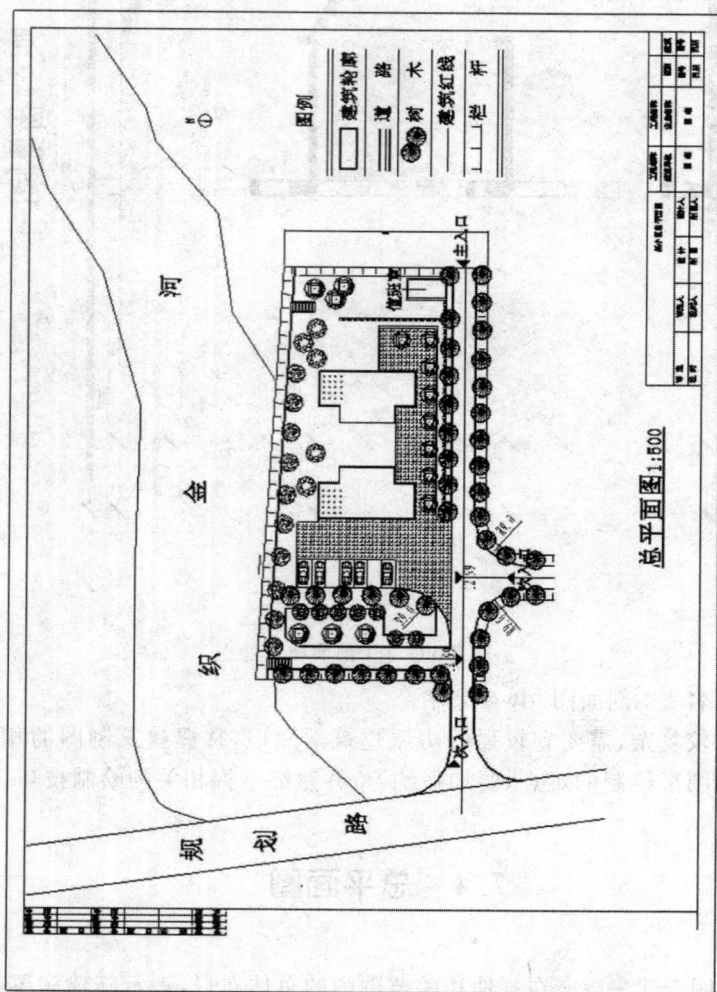

图 7-31 某小区建筑总平面图

　　1.建立绘图环境

　　(1)调用菜单命令【格式】|【图形界限】,将图形界限设置为 250000×250000,总体线形比例因子为 500(绘图比例的倒数)。

　　(2)设置图层:在这张图中,图层设置如图 7-32 所示。

图 7-32　"图层特性管理器"对话框

　　提示:在绘图时创建某些图层,当创建不同种类的对象时,应切换到相应图层。

　　(3)激活正交、对象捕捉及对象跟踪功能。设定对象捕捉方式为"端点""交点""垂足""延伸"。

　　(4)绘制道路、停车场及栏杆:用正交及 PLINE 命令绘制水平和竖直的作图基准线,然后再用 Line,Circle,Offset,Fillet,Trim 等命令绘制出道路、停车场及栏杆,如图 7-33 所示。

　　(5)绘制新建建筑物及台阶:用 Pline,Offset,Mirror,Array,Trim 等命令绘制新建建筑及台阶,细节尺寸及结果如图 7-34 所示。用 Donut 命令绘制表示建筑物层数的圆点,圆点的直径为 1 000。

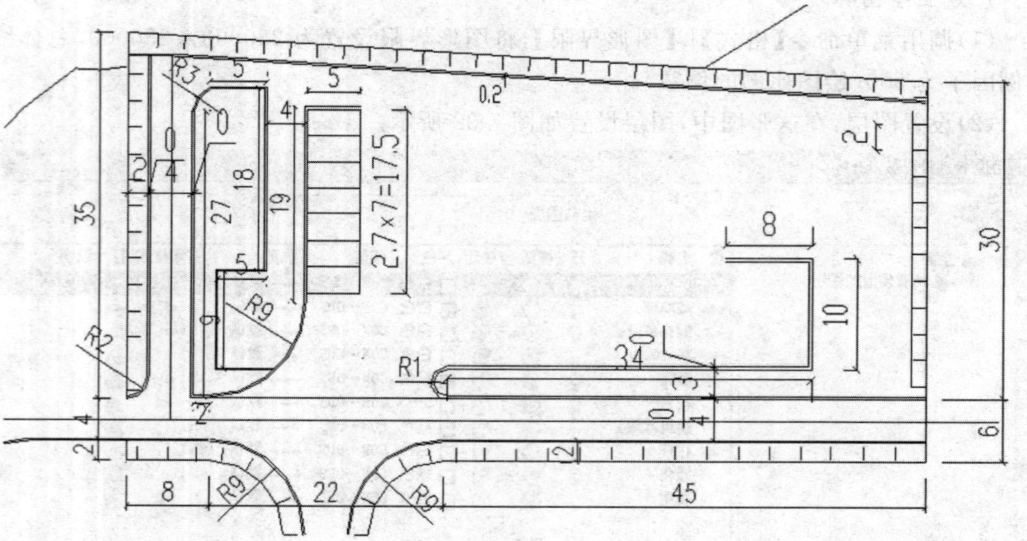

图 7-33　绘制道路、停车场及栏杆

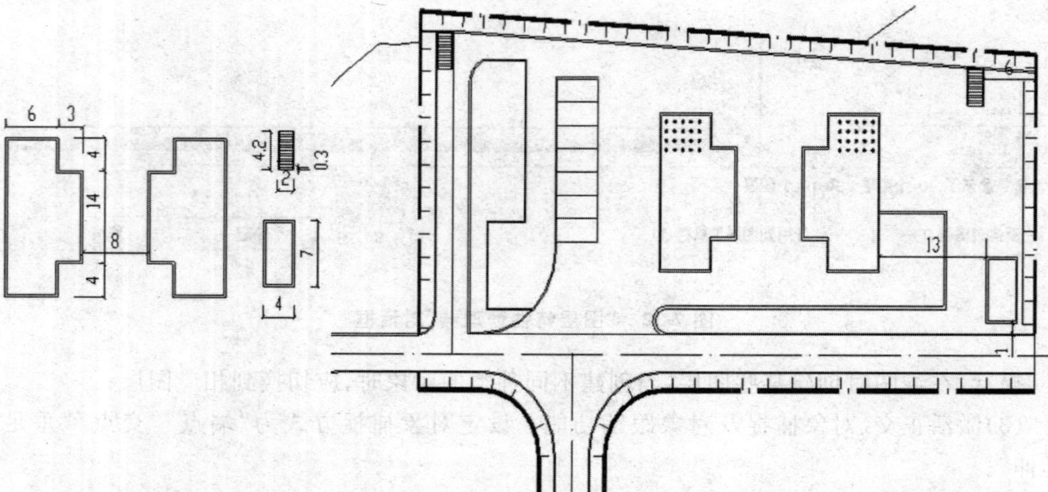

图 7-34　绘制新建建筑物及台阶

2.绘制花台、插入图块及填充图案

用 Pline,Offset,Copy 等命令绘制花台。插入相关的图块后用 Explode 命令分解图块改变其颜色,在用 Block 命令做成图块。用 Bbatch 命令填充图案,图案名称为"Angle",结果如图 7-35 所示。

图 7-35　绘制花台、插入图块及填充图案

3.绘制图框

如有 A3 幅面的图框可以直接利用 Windows 的"复制/粘贴"功能将 A3 幅面的图框复制到剖面图中,用 Scale 命令缩放图框,然后把剖面图布置在图框中,结果如图 7-36 所示。

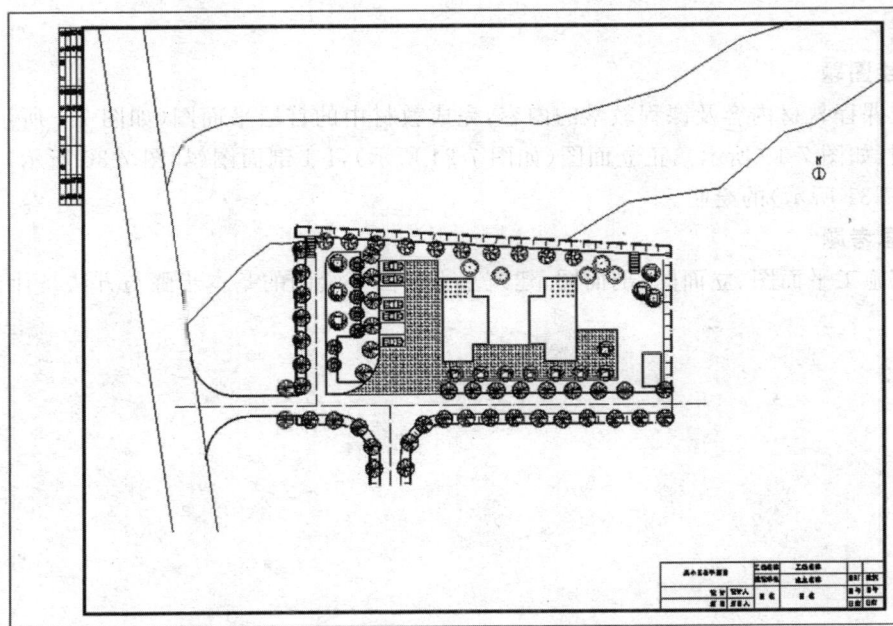

图 7-36　插入图框

4.尺寸标注、文字说明和图例

(1)尺寸标注:调用 CAD 标注菜单栏命令,尺寸文字的字高为 2.5,全局比例值为 500,尺寸数值比例因子为 0.001。

(2)文字说明:调用 CAD 菜单命令 **A**,首先设置"文字样式",文字样式通常选择仿宋体,同时勾选 Windows 字体和输入高度,然后输入文字内容。最好使用多行文字,便于编辑修改。

(3)图例:图例就是把图中的图形分别代表了什么,用文字解释清楚,以便于人们更加清楚地阅读建筑。

5.打印出图

参见第 11 章的相关内容,打印结果如图 7-31 所示。

本章小结

本章主要学习综合应用 AutoCAD 2010 的各种绘图命令与编辑修改操作,并结合房屋建筑学的一些专业知识以及相关的制图规范来绘制建筑施工图,主要讲解了建筑平面图、建筑正立面图、建筑剖面图、总平面图的绘制。难点在于建筑剖面图的绘制,要求熟练掌握建筑平面图的绘制方法,掌握如何通过建筑平面图来绘制立面图,通过建筑平面图并结合建筑立面图的高度尺寸来绘制建筑剖面图,这也是检查对 AutoCAD 2010 各种绘图命令与操作技能熟练掌握的情况依据。

习题与实训

一、绘图题

结合课程教材内容及课程教学的内容,完成教材中的首层平面图(如图 7-1 所示)、标准层平面图(如图 7-19 所示)、正立面图(如图 7-24 所示),1-1 剖面图(如图 7-30 所示),总平面图(如图 7-31 所示)的绘制。

二、思考题

建筑施工平面图、立面图、剖面图、建筑总平面图等绘制的基本步骤与方法是什么?

第8章

建筑施工详图与结构施工图

📖 **知识提要** ★

学习 AutoCAD 2010 建筑制图课程的目标之一是能熟练地利用 AutoCAD 2010 绘制建筑施工详图与结构施工图，这也是对 AutoCAD 2010 各种绘图命令与操作技能熟练掌握的综合检验。本章主要讲解建筑施工详图与结构施工图绘制的相关知识与基本方法。

✍ **学习目标** ★

能综合应用 AutoCAD 2010 各种绘图命令与操作技巧，并结合建筑制图的各种规范，熟练绘制建筑施工详图，基本了解结构施工图的绘制方法。

8.1 建筑施工详图

8.1.1 建筑施工详图

建筑平面图主要表现建筑平面图布置情况，而建筑立面图主要表现建筑物的外部形状与竖直方向上的门窗布局，建筑剖面图表现的是剖切面的内部结构与建筑构造，但由于平面图、立面图、剖面图的比例较小，建筑物上许多细部构造无法表示清楚，根据施工需要，必须另外绘制比例较大的图样才能表达清楚。就是用建筑详图来表示。建筑施工详图一般表达出构配件的详细构造，所用的各种材料及其规格，各部分的连接方法和相对位置关系，各部位、各细部的详细尺寸，包括需要标注的标高，有关施工要求和做法的说明，及平、立、剖面图的局部放大图。

建筑施工详图主要包括以下三方面的内容：

（1）表示局部构造的详图，如外墙身详图、楼梯详图、阳台详图等；

（2）表示房屋设备的详图，如卫生间、厨房、实验室内设备的位置及构造等；

（3）表示房屋特殊装修部位的详图，如吊顶、花饰等。

8.1.2 绘制建筑施工详图的主要步骤与流程

绘制建筑施工详图需完成的主要内容有：图名（或详图符号）、比例、构配件各部分的构造连接方法及相对位置关系的表达、构造部位的详细构造及详细尺寸、构成的材料与规格及尺寸、有关施工的技术要求、施工方法及说明文字。建筑施工详图的绘制是综合应用 AutoCAD 2010 的绘图设置、各种绘图命令、编辑修改命令来完成的。

1．绘制基本步骤与流程

（1）绘制详图的基本设置：根据不同详图的不同内容建立不同的图层，如轴线、墙体、材料、文字、标注。

（2）根据已有详图的细部尺寸按 1：1 的比例绘制，综合应用各种绘图命令与编辑修改命令完成详图的绘制。

（3）标注尺寸、标注各种文字以及各种符号的标注。

（4）确定出图的幅面大小，并插入图框，注意调整图框的比例，将详图放置在图框中的合适位置。

（5）对于多幅详图布置在同一图框内时，可以利用 Scale 命令在布局合理美观的原则基础上对图形进行相应的放大与缩小。

2．绘制建筑详图时注意有关的图示方法和规定

（1）比例：1：1、1：2、1：5、1：10、1：15、1：20、1：25、1：30、1：50。

（2）图线：被剖切到的抹灰层和楼地面的面层线用中实线画。对比较简单的详图，可只采用线宽为 b 和 0.25b 的两种图线。其他与建筑平、立、剖相同。

（3）索引符号与详图符号。

索引符号的绘制方法为：图样中的某一局部或某个构件，如需另画详图，应以索引符号索引，索引符号如用于索引剖面详图，应在被剖切的部位绘制剖切位置线，并以引出线引出索引符号，引出线所在的一侧应为投射方向。详图符号的绘制方法则以直径为 14 mm 的粗实线圆绘制。

（4）多层构造引出说明：房屋的地面、楼面、屋面、散水、檐口等构造是由多种材料分层构成的，在详图中除画出材料图例外还要用文字加以说明。

房屋建筑图通常需要绘制外墙身详图、楼梯详图、卫生间详图、立面详图、门窗详图以及阳台、雨棚和其他固定设施的详图。建筑详图可分为节点构造详图和构配件详图两类。表达房屋建筑某一局部构造做法和材料组成的详图称为节点构造详图（如檐口、窗台、勒脚、明沟等）。对于构配件本身构造的详图，称为构件详图或配件详图（如门、窗、楼梯、花格、雨水管等）。现以挑檐详图为例讲解详图的基本绘制方法。

8.1.3　挑檐详图的绘制

如图 8-1 所示，挑檐详图的具体绘制方法与建筑平、立、剖图的绘制方法基本类似，均是对设置、各种绘图与编辑命令、文字标注、尺寸标注等知识的综合应用，在此不再详细讲述，只罗列基本的操作步骤。

（1）绘图前的基本设置，根据需要设置不同的图层（如图 8-2 所示）。并对文字与标注样式作相应的设置。

（2）依据尺寸绘制墙线，并依次完成各构造层的绘制，完成预制混凝土过梁、剖面窗、雨水管的绘制。对于墙线与过梁的中粗实线可以用 Pl 多段线命令绘制，或者在打印出图时进

行线宽的设置。

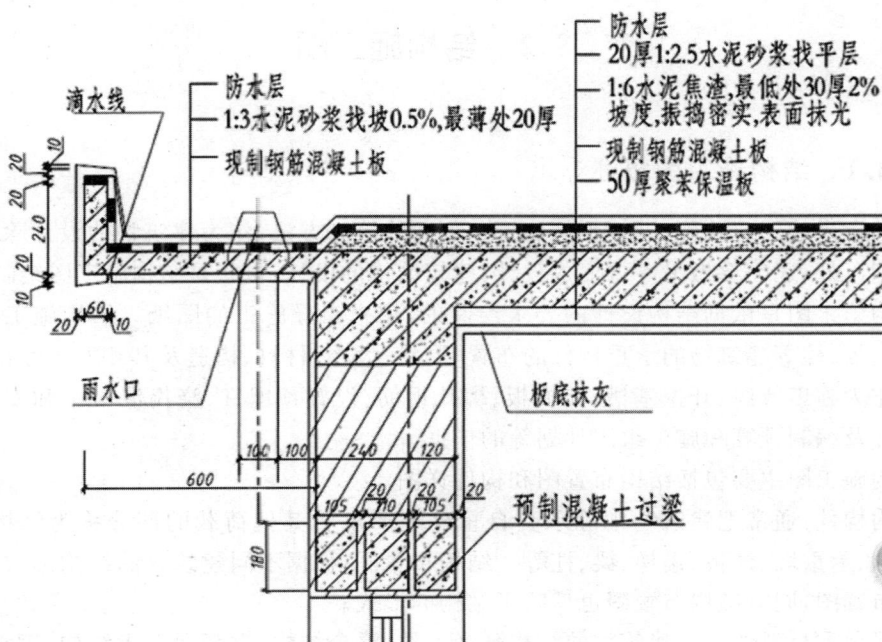

图 8-1　挑檐详图

图 8-2　图层设置参考

（3）标注各细部尺寸，并注写文字说明。

（4）完成各构造层的填充。选择合适的材料图案与填充比例，注意钢筋混凝土需分两步完成：第一步填充混凝土，第二步填充钢筋。

（5）注写图名，插入图框，清理图形，完成图形的绘制，并保存为"8-1 挑檐详图.dwg"。

8.2　结构施工图

8.2.1　结构施工图概述

第 7 章讲述了建筑施工图：平面、立面、剖面的绘制方法，作为建筑物的设计除了建筑施工图绘制以外，还需要做另一方面的设计：建筑结构的设计，也就是结构施工图绘制。

结构施工图是依据结构设计的要求绘制的，用来指导施工的图纸。结构施工图是表达基础、梁、板、柱等建筑物的承重构件的布置、形状、大小、材料、构造及其相互关系的图样，主要用来作为施工放线、开挖基槽、支模板、绑扎钢筋、设置预埋件、浇捣混凝土和安装梁、板、柱等构件及编制预算和施工组织计划等的依据。

结构施工图主要包括结构布置图和构件详图。

结构构件：通常把建筑物中除承受自重外还要承受其他荷载的部分称为结构或构件。例如基础、承重墙、楼板、楼梯、梁、柱等。结构布置图：根据不同建筑物的结构形式绘制不同的结构布置图，同时结构布置图也反映了结构的形式。

依据承重材料通常将建筑物的结构分为五种：混合结构、钢筋混凝土结构、钢结构、砖木结构和木结构。混合结构是指承重部分用各种不同材料构成，一般基础用毛石砌筑，墙体用砖、砌块等砌体材料砌筑，梁、板、屋面等用钢筋混凝土材料浇注；钢筋混凝土结构是指所有承重部分都采用钢筋混凝土构成；钢结构是指承重部分都由钢材构成；砖木结构是指墙用砖砌筑，梁、楼板和屋架都用木料制成；木结构是指承重构件全部为木料。

一套完整的建筑结构施工图通常包括结构设计说明、结构平面图与构件详图。第一部分为说明文字，不需讲述；结构平面图是假想沿着楼板面将房屋水平剖开后所作的楼层的水平投影，主要包括基础平面图、楼层结构平面图、屋面层结构平面图等内容。

8.2.2　基础平面图

建筑物基础是建筑物地面以下的承重构件，承重上部建筑的荷载并传给地基，基础平面图是假想用一个水平面沿建筑物室内地面以下剖切后，移去建筑物上部和基坑回填土后所作的水平剖面图。它是施工放线、开挖基坑、砌筑或浇注基础的依据。

1.绘制基础平面图的基本步骤

（1）绘制前的基本设置。☞

图层的创建（包括线型、线宽、颜色等）、文字样式、标注样式，设置方法与建筑平面图基本上是一样的，当然在用 AutoCAD 2010 绘制结构施工图时，可以从已有的建筑施工图中复制有用的相关设置与图形，从而提高绘制速度。具体操作方法可以打开首层平面图，另存为基础平面图，然后对相关的设置作相应的修改。

（2）绘制基础平面图的主要对象，如轴线、柱子、墙体等。

操作方法与基本设置一样，直接利用原首层平面图复制这些内容，操作方法就在上述第（1）步中的基本平面图上修改、调整、补充。基础平面图的轴线和编号应与建筑平面图中定位轴线和编号完全一致。

(3)绘制基础轮廓线。

综合应用各种绘制命令与编辑修改命令来完成基础轮廓线的绘制。基础部分只需画出基础墙和基础底面轮廓。被剖切到的基础墙轮廓要画成粗实线,基础底部的轮廓画成细实线。图中的材料图例与建筑平面图画法一致。

(4)标注尺寸与书写文字。

应注出与建筑平面图相一致的轴间尺寸。此外,还应注出基础的宽度尺寸和定位尺寸。宽度尺寸包括基础墙宽和大放脚宽,定位尺寸包括基础墙和大放脚与轴线的联系尺寸。

(5)插入图框。

注意图框的比例调整,书写图框文字内容,操作方法是:在上述第(1)步中,直接将原首层平面图的图框文字内容修改即可。

2.基础平面图的绘制实例

现在以第 7 章建筑施工图为例,讲解其基础平面图的绘制。

(1)打开图"7-1 首层平面图.dwg"另存为"8-3 基础平面图.dwg"。

(2)关闭一些不需要的图层,如楼梯、家具、洁具、门、窗、阳台、散水等图层,当然这些图层的名字与实际所绘的图形要学习者自己设置并与实际情况一致。保留基础平面图所用的图层与图形内容。然后全选,并复制图形放到一侧,直接应用首层平面图的轴网、柱子、墙线作为基础平面图的轴网、柱网、墙基础,同时修改图名为基础平面图。并在此基础平面图的基础上完成修改与绘制。

(3)新增图层设置:根据基础平面图的需要,新增基础图层,颜色为白色,线型为实线,线宽可以为默认。

(4)清理图形,将不需要的部分文字及标注删除。将原门窗处的门窗洞全改为墙线连接,操作方法是利用删除命令删除门窗洞的连线,并用延伸命令 Ex 补全墙线(如图 8-3 所示)。

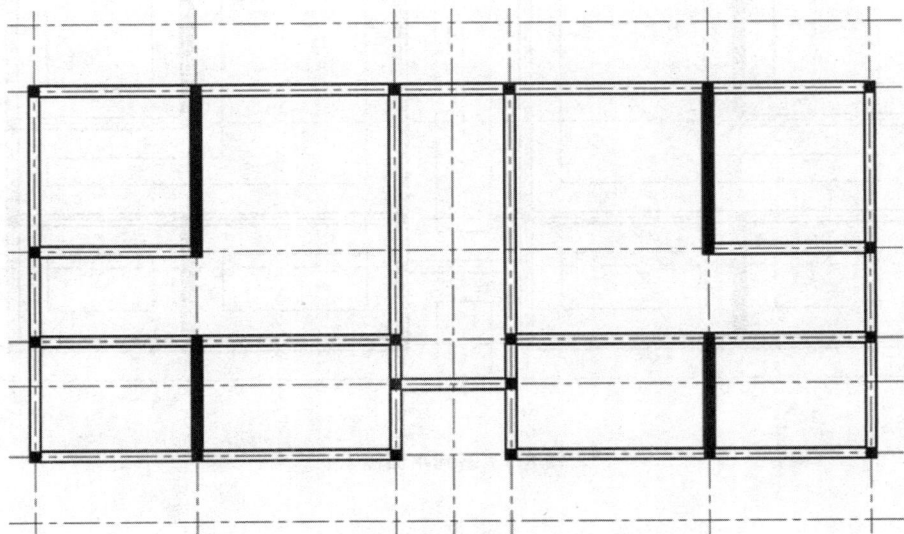

图 8-3 清理基础平面图

(5)选择基础图层为当前图层，绘制基础墙两侧的基础外轮廓线，为了绘制的简化，现假设基础处轮廓线到墙基础的距离全为 600 mm，绘制方法可以综合应用多段线 PL 命令、矩形 Rec 命令、偏移 O 命令、镜像 Mi 命令完成，并删除多余的图形，完成后如图 8-4 所示，绘制基础外形轮廓。

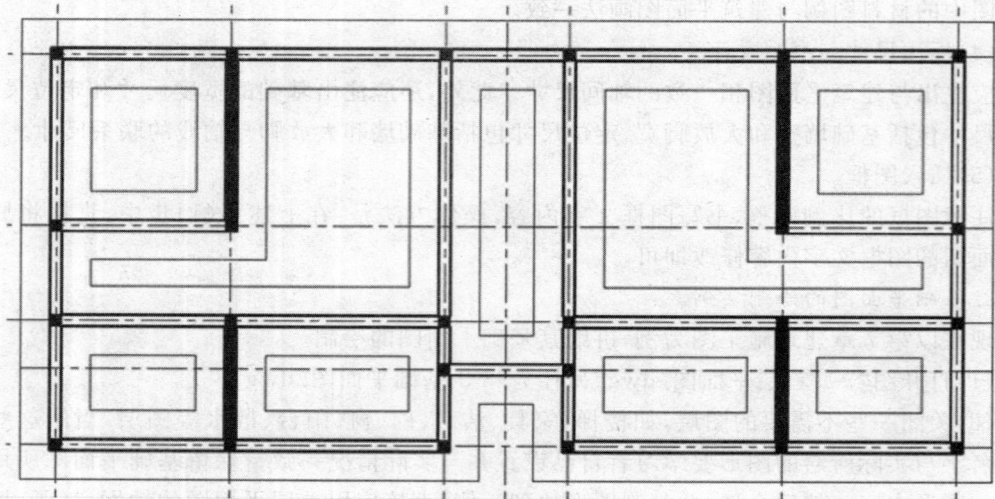

图 8-4 绘制基础外形轮廓

(6)标注尺寸、书写文字、插入图框（为了图形的显示清晰，教材图示不显示图框），完成基础平面图的绘制，并在打印出图时设置不同的线宽（如图 8-5 所示）。

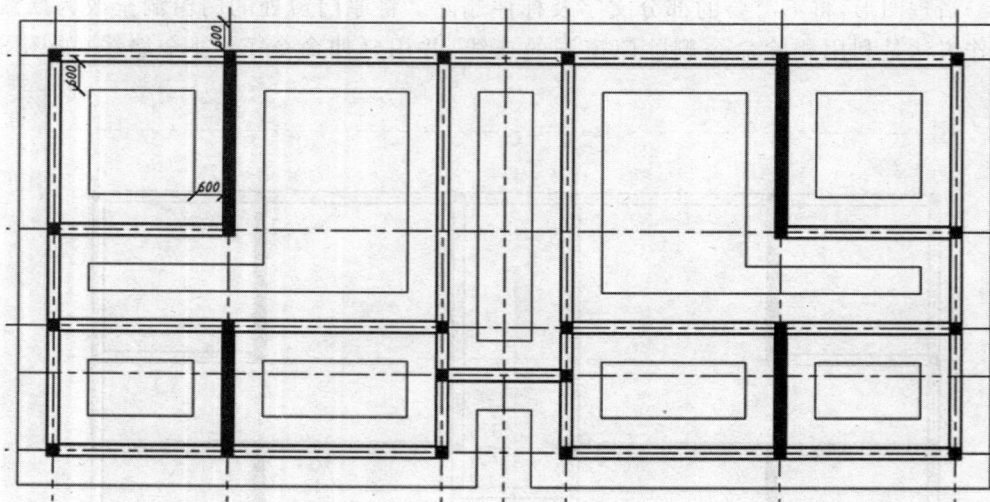

图 8-5 基础平面图

8.2.3　楼层结构平面布置图

本节将讲解楼层结构平面布置图的绘制,而屋面结构布置图的绘制方法与楼层平面图的绘制方法差不多,但更加复杂,本书不再讲解,二者是最重要的结构施工图。

楼层(屋面)结构布置图是假想沿楼面(或屋面)将建筑物水平剖切后所得的楼面(或屋面)的水平投影。它反映出每层楼面(或屋面)上板、梁及楼面(或屋面)下层的门窗过梁布置以及现浇楼面(或屋面)板的构造及配筋情况。

结构平面图的形成是假想楼层板铺设后,上面未作处理所绘的水平投影图。它是根据各层建筑平面的布置或上部结构而确定的平面布置图,若各层平面布置不同,则需要绘出不同层的结构平面图;若各层平面布置均相同,可只绘一个结构平面图,称标准层结构平面图。现在还是以第 7 章所讲的建筑施工图标准层平面图为例讲解楼层结构平面布置图的基本绘制方法与步骤。

1. 绘制楼层结构平面布置图的基本步骤

楼层结构平面布置图绘制的基本步骤与 8.2.2 基础平面图的绘制基本相同,不同的地方主要在于基础平面图需绘制基础轮廓线,而楼层结构平面布置图则需要表现楼层梁、板、柱子和墙等构件平面布置的图样。

(1)绘制前的基本设置。

与 8.2.2 所讲述的内容大体相同,不同点在于操作方法不是打开首层平面图,而是打开标准层平面图,另存为楼层结构平面布置图,然后对相关的设置做相应的修改。

(2)绘制楼层结构平面布置图的主要对象,如轴线、柱子、墙体等。

操作方法与在 8.2.2 中所讲述的基本一致,注意柱、构造柱用断面(涂黑)表示。

(3)绘制板、梁等构件的轮廓线。

综合应用各种绘图命令与编辑修改命令来完成板、梁等构件轮廓线的绘制。画图时采用轮廓线表示铺设的板与板下不可见的墙、梁、柱等,如能用单线表示清楚时,也可用单线表示。常用比例为 1∶50 或 1∶100。可见的墙、梁、柱的轮廓线用中粗实线表示,不可见的墙、梁、柱用中粗虚线表示,门窗洞口则省略不表示。如若干部分相同时,可只绘一部分,并用大写英文字母(A、B、C⋯)外加直径 8~10 mm 的细实线圆圈表示相同部分的分类符号。

(4)绘制钢筋线,并在板内布置钢筋。

板中的钢筋用粗实线表示。

(5)标注尺寸:结构平面图上标注的尺寸较简单,仅标注与建筑平面图相同的轴线编号和轴线间尺寸、总尺寸、一些次要构件的定位尺寸及结构标高。

(6)书写文字、插入图框。

2. 楼层结构平面布置图绘制实例

仍以第 7 章建筑施工图为例,讲解其楼层结构平面布置图的绘制方法。

(1)打开图"7-2 标准层平面图.dwg"另存为"8-3 楼层结构平面布置图.dwg"。

(2)关闭一些不需要的图层,如楼梯、家具、洁具、门、窗等图层,当然这些图层的名字与实际所绘的图形要以学习者自己设置的实际情况一致。保留楼层结构平面图所用的图层与图形内容。然后全选,并复制图形放到一侧,直接应用标准层平面图的轴网、柱子、墙线作为楼层结构平面图的轴网、柱网、墙线,同时修改图名为楼层结构平面布置图,在此图的基础上完成结构图的修改与绘制。

(3)新增图层设置:根据楼层结构平面布置图的需要,具体设置如图 8-6 所示。对于图形的线宽可以在打印出图时设置,也可以直接用多段线 pl 绘制有宽度的钢筋图形。

状	名称	开	冻结	锁..	颜色	线型	线宽	打印...	打	冻.	说明
	0				□ 白	Contin...	—— 默认	Color_7			
	Defpoints				□ 白	Contin...	—— 默认	Color_7			
✓	DIM_SYMB				□ 绿	Contin...	—— 默认	Color_3			
	标注				□ 绿	Contin...	—— 默认	Color_3			
	窗				□ 青	Contin...	—— 默认	Color_4			
	过梁				■ 253	CENTER	—— 默认	Colo...			
	家具				□ 黄	Contin...	—— 默认	Color_2			
	洁具				□ 白	Contin...	—— 默认	Color_7			
	梁				□ 254	DASHED	—— 默认	Colo...			
	楼板				■ 50	Contin...	—— 默认	Colo...			
	楼梯				■ 青	Contin...	—— 默认	Color_4			
	门				■ 9	Contin...	—— 0...	Color_9			
	墙线				■ 洋红	Contin...	—— 默认	Color_6			
	文字				■ 8	Contin...	—— 默认	Color_8			
	阳台				■ 红	CENTER	—— 默认	Color_1			
	轴线				■ 251	Contin...	—— 默认	Colo...			
	柱子										

图 8-6　设置图层

(4)清理图形,将不需要的部分文字及标注删除。如图 8-7 所示的清理楼层结构平面,注意与基础平面图不同的地方:楼层结构平面图有阳台,而基础平面图无;基础平面图无楼梯,而楼层结构平面图尽管无楼梯,但有楼梯平台板,楼梯梁也需要绘制,可以先绘制平台板轮廓线。

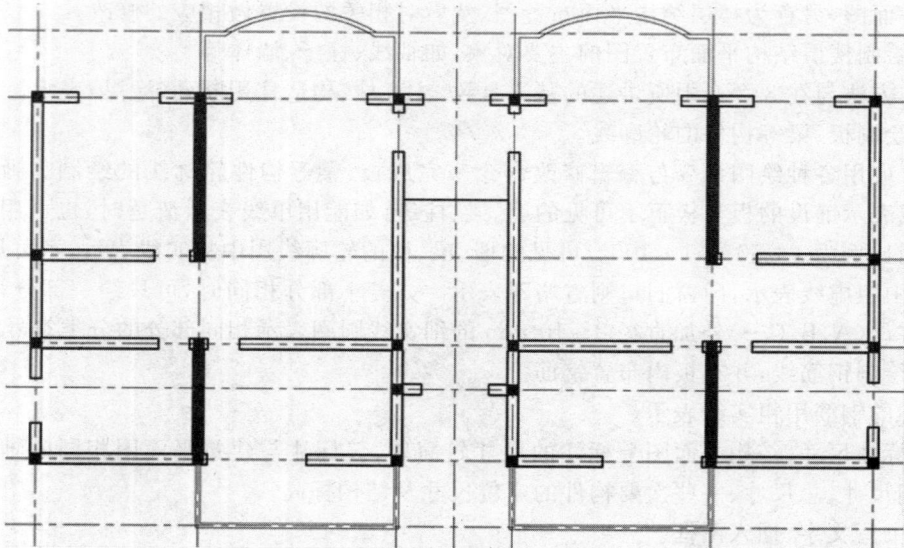

图 8-7　清理楼层结构平面

(5)绘制梁:分析图形是左右对称的图形,并且本节的目的是向学习者演示绘制结构平面图的基本步骤,因此仅画出左侧部分的图形。右侧部分可先删除,左侧绘制完后镜像到右侧即可。

本图绘制最具有代表性的几种梁结构:圈梁、过梁、连系梁、楼面梁,绘制方法如下:

第一步:首先绘制轴号②、进深ⓒ~ⓓ之间的连系梁。选择梁为当前图层,利用直线 L 命令绘制,偏移 O 命令等完成。然后可以绘制轴号ⓓ、开间②~③之间的楼面梁。同时完成内墙处的梁绘制。

第二步:绘制圈梁。圈梁是沿建筑物外墙四周及部分内横墙设置的连续封闭的梁。本图假设左侧、右侧各有一圈梁。绘制方法可以应用特性匹配命令完成,也可以选取外墙内侧线后,通过直接更改图层的方法完成。同时对阳台处的梁作同样的处理。

第三步:绘制过梁。放在门、窗或预留洞口等洞口上的一根横梁,用 Gl 表示。为了表达清楚,并区别于轴线,直接在门窗所在位置,位于墙体中间位置,用 Pl 命令绘制,宽度选择 70 mm(出图比例为 1:100,相当于线宽为 0.7 mm)。并将门窗洞口处的墙线用延伸命令 Ex 连接起来。

(6)绘制楼板:选择楼板图层为当前图层,应用多段线命令 pl 绘制板内钢筋,选择宽度为 40 mm(出图比例为 1:100,相当于线宽为 0.4 mm)。教材仅演示卧室、客厅、弧形阳台等处的部分钢筋。

(7)标注尺寸与书写文字。其方法与平面图一样,在此不再标注,本节主要体现在钢筋的标注上,并标注几处钢筋,其余自行完成,标注时注意标注的含义。如 $\phi10 @ 200$,ϕ 表示钢筋等级直径符号;10 表示钢筋直径;@是相等中心距符号;200 表示相邻钢筋的中心距(小于等于 200 mm)。

(8)镜像完成右侧图形绘制。

(9)楼梯间处理。

补绘楼梯间处的梁、板等,并绘制交叉对角线,标注楼梯间。

(10)插入图框(为了图形的显示清晰,教材图示隐藏图框以及轴网尺寸),完成楼层结构平面图的绘制,并在打印出图时设置不同的线宽(如图 8-8 所示)。

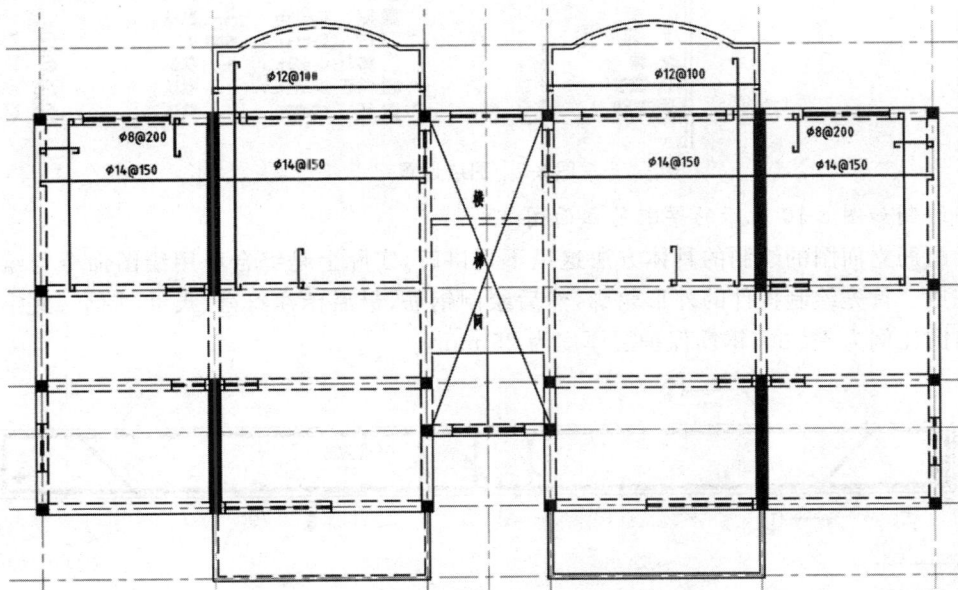

图 8-8 楼层结构平面布置图

8.2.4 钢筋混凝土构件详图的绘制

结构平面图只能表示建筑物各承重构件的平面布置,而建筑物中的许多承重构件的形状、大小、材料、构造和连接情况并未清楚地表示出来。因此,需要单独画出各承重构件的结构详图。

钢筋混凝土构件有定型构件和非定型构件两种。定型的预制或现浇构件可直接引用标准图或通用图,只要在图纸上写明选用构件所在标准图集或通用图集的名称、代号。自行设计的非定型预制或现浇构件,则必须绘制构件详图。钢筋混凝土构件详图是钢筋翻样、制作、绑扎、现场制模、设置预埋、浇捣混凝土的依据。必要时,用户还可将钢筋抽出来绘制钢筋详图并列出钢筋表。

通过建筑施工图平立剖的讲解,了解到绘制建筑图的基本步骤是:先进行绘图的相关设置,如图层、线型、线宽、文字样式、标注样式、图形界限等;然后综合应用各种绘图命令与编辑修改命令完成图形的绘制;最后标注文字与尺寸,插入图框,打印出图。

绘制钢筋混凝土构件图时,基本步骤也是一样的,可以先设置,后画出构件的外形轮廓,最后绘制构件内的钢筋。现在通过一个实例讲解绘制钢筋混凝土构件详图的基本方法与步骤。

1. 设置绘图环境

文字样式、标注样式的设置与施工图的设置基本相同,这里不再讲解。设置绘图区域大小左下角(0,0),右上角为(10 000,10 000);建立相关图层,如钢筋、梁等图层。图层设置如图 8-9 所示。

图 8-9 图层设置

2. 绘制如图 8-10 所示的梁配筋立面图

梁配筋立面图的绘制的具体方法这里不再讲解,实际上是综合应用绘图命令与编辑命令来完成。首先绘制构件的外形轮廓,然后绘制钢筋,最后标注符号、尺寸、图名、文字等内容。出图比例为 1:30,钢筋保护层厚度为 25 mm。

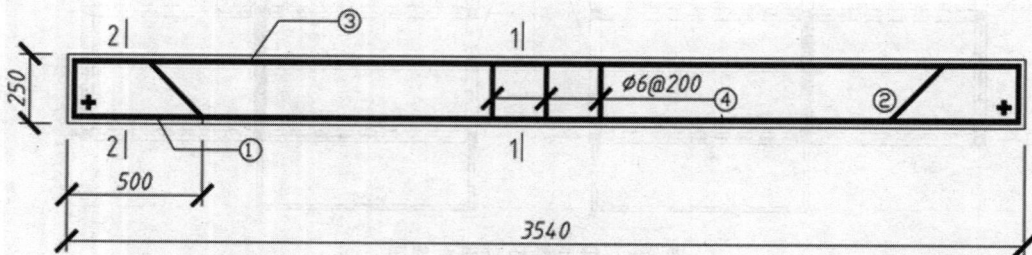

梁配筋立面图 1:30

图 8-10 梁配筋立面图

3. 绘制如图 8-11 所示的钢筋详图

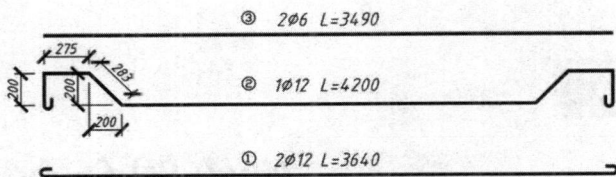

图 8-11　钢筋详图

4. 绘制梁断面图

绘制如图 8-12 所示的梁断面图，可以用 Donut 命令绘制表示钢筋断面的圆点。注意各种符号标注与钢筋注写表示。

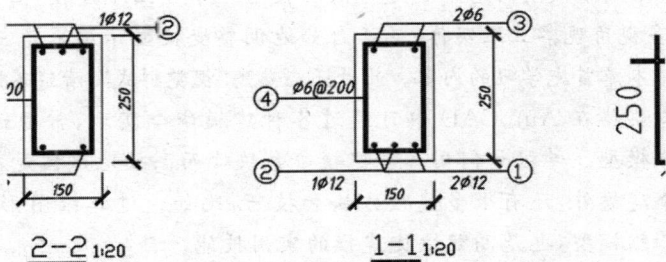

图 8-12　梁断面图

5. 打印

插入图框，并将 3 个图形布置在合适的位置，调整图框的比例，最后打印出图。

本章小结

本章主要介绍了建筑详图及结构施工图的基本绘制方法，绘图过程中要结合建筑制图的各种规范与标准，能够熟练地应用 AutoCAD 2010 的各种知识、绘图命令、编辑修改命令来绘制建筑施工详图与结构施工图的绘制。

习题与实训

绘图题

完成本章图 8-1 的挑檐详图、图 8-8 的楼层结构平面布置图、图 8-10 的梁配筋立面图、图 8-11 的钢筋详图及图 8-12 的梁断面图的绘制。

第9章

三维绘图命令

知识提要

本章将主要介绍三维模型的基本创建方法和技巧。学习三维建模，必须先掌握控制三维视图显示，能够从多视角观察三维实体，灵活自如地调整变换显示屏幕是三维建模的基础，因此，三维视图操作是本章首先学习的内容。此外还应熟悉"视觉样式"，清楚不同着色模式的效果。

创建三维基本实体在 AutoCAD 中可通过各种建模命令实现，常通过多个简单实体来构成较复杂的实体模型。学习如何用三维建模命令快捷而高效地建模是本章的主要内容。

除了三维命令建模外，还有很多建模方法和技巧，比如通过二维图形创建三维模型，利用已有图形得到三维模型，也是高效快捷建模的实用技能。

学习目标

1. 了解三维视图操作及对三维图形的观察；
2. 掌握用户坐标系和三维坐标点的输入；
3. 掌握三维实体的基本创建方法；
4. 了解轴测图的基本绘制方法。

9.1 三维视图操作

前面各章节中创建和编辑的都是二维图形，即图形对象全部在 XY 轴平面上（Z 坐标值为零）进行绘制和观察，本章着重学习创建三维模型。为此首先须了解三维空间的几种典型视图，掌握从不同角度观察模型的方法，熟悉三维模型的显示效果。

9.1.1 选择三维观察视图

当创建或编辑三维模型时，需要经常调整模型的观察视点，AutoCAD 提供了六个正投影视图和四个等轴侧视图操作命令，除了这些预定义视图外，用户也可以自由选择观察角度。

1. 使用"视图"工具栏

用鼠标右键点击工具栏，在弹出的菜单中选择"视图"，弹出视图工具栏（如图 9-1 所示）。

图 9-1　"视图"工具栏

其中的每一个按钮都代表特殊的、典型的观察视点,单击一个按钮,即可将当前视图改为按钮指定的视图。双击打开素材文件 9-1. dwg,使用"视图"工具栏中的工具按钮,可看到几个典型的视图(如图 9-2 所示)。图中未列出的还有后视、左视、仰视、东南等轴侧、东北等轴侧、西北等轴侧等其他视图。

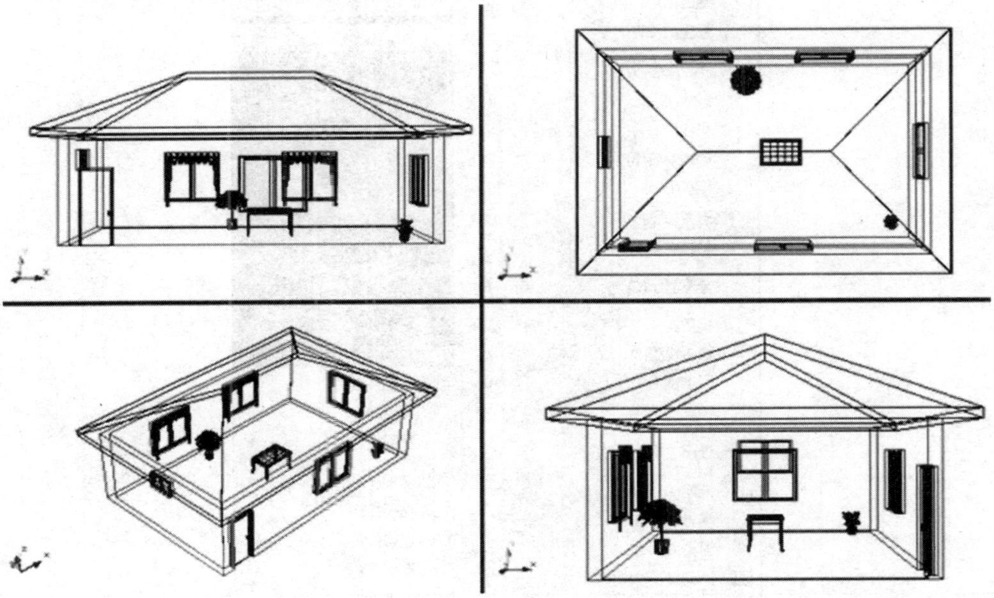

图 9-2　小房的几个不同视图

☞**特别提示：**

图片取自透视、三维线框状态(二维线框无透视效果)。

2.使用菜单命令选择三维观察图

除了使用"视图"工具按钮选择三维观察视角外,还可以在菜单中执行命令和在命令栏输入命令的方法来选择视图。方法是:选择菜单命令【视图】|【三维视图】,在其子菜单中也包括各视点命令,与视图工具栏中的按钮功能相同,子菜单(命令)前有图标并且与工具栏上的图标一致(如图 9-3 所示)。

正视图包括:

▢俯视:从正上方观察对象。

▢仰视:从正下方观察对象。

▢左视:从左方观察对象。

▢右视:从右方观察对象。

▢主视:从正前方观察对象。

▢后视:从正后方观察对象。

等轴测视图包括：

◈西南等轴测：从西南方观察对象。

◈东南等轴测：从东南方观察对象。

◈东北等轴测：从东北方观察对象。

◈西北等轴测：从西北方观察对象。

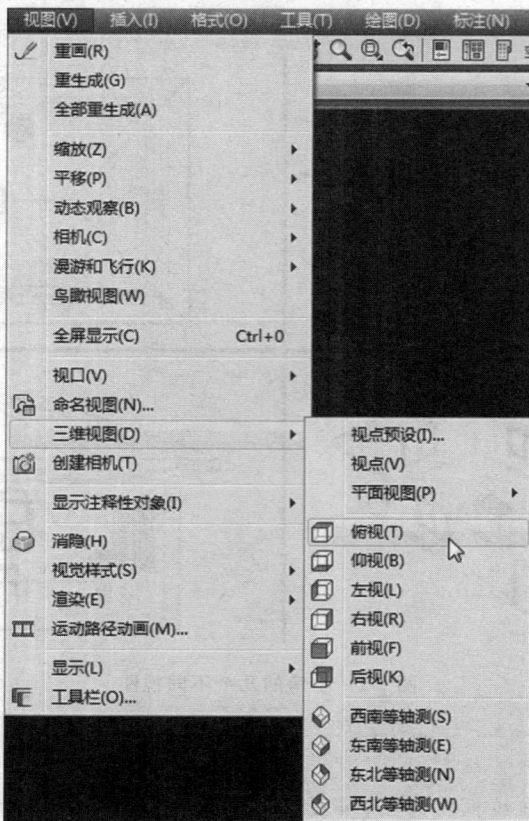

图 9-3　三维视图菜单

9.1.2　选择视点观察对象

使用【视图】菜单或工具栏按钮可以方便地选择几个主要的特殊视图，即正投影和等轴测视图。除了正投影方向和等轴测方向观察对象，用户也可以自定义视点位置观察对象。下面以椅子模型为例，用不同方法控制视图。

（1）双击打开素材文件 9-2.dwg，在默认情况下为西南等轴测视图下观察的椅子（如图 9-4 所示）。

（2）选择菜单命令【视图】|【三维视图】|【视点】或者在命令行中输入"Vpoint"，启动视点命令。

（3）文本行显示"当前视图方向：Iewdir＝－1，－1，1，指定视点或[旋转(R)]＜显示坐标球和三轴架＞："，命令行空白。

特别提示：

　　方向参数 Iewdir＝－X，－X，X 时，为西南等轴测视图情况，且 X 的值越小，表明视点距离模型对象越近，在 3D 透视情况下，透视效果越明显。

　　（4）在视图中会出现圆盘图形—坐标球，在圆盘旁边还有一个可转动的坐标轴（如图 9-5 所示）。

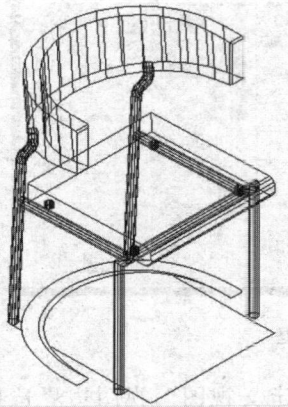

图 9-4　西南等轴测视图下的椅子

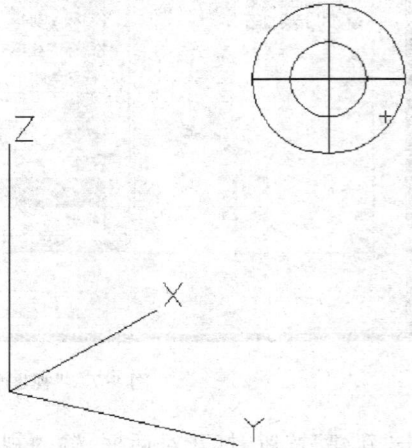

图 9-5　"视点"的坐标球和三轴架

　　坐标球相当于一个球体的俯视图，其中的小十字光标代表视点的位置。中心点是北极 $(0,0,n)$，内环是赤道 $(n,n,0)$，整个外环是南极 $(0,0,-n)$。将罗盘上的小十字光标移动到球体的某位置上，三轴架会根据十字光标指示的观察方向进行相应的转动。小十字光标位于内环时，相当于视点在球体的上半球进行观察；十字光标位于内环与外环之间，表示视点在球体的赤道位置；十字光标位于外环时，表明视点在球体的下半球进行观察。

　　（5）在图 9-5 所示的光标位置单击鼠标，即可确定一具体视点的位置。此时该视点的位置朝原点 $(0,0,0)$ 观察，模型效果如图 9-6 所示。

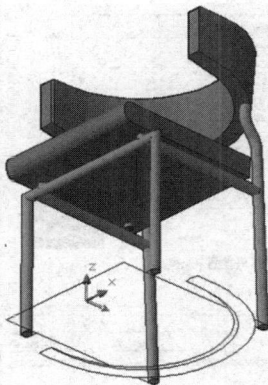

图 9-6　与图 9-5 中的坐标球和三轴架相应的视图

（6）在视图工具栏中单击命名视图按钮 ，或选择菜单命令【视图】|【命名视图】，打开对话框（如图 9-7 所示）。

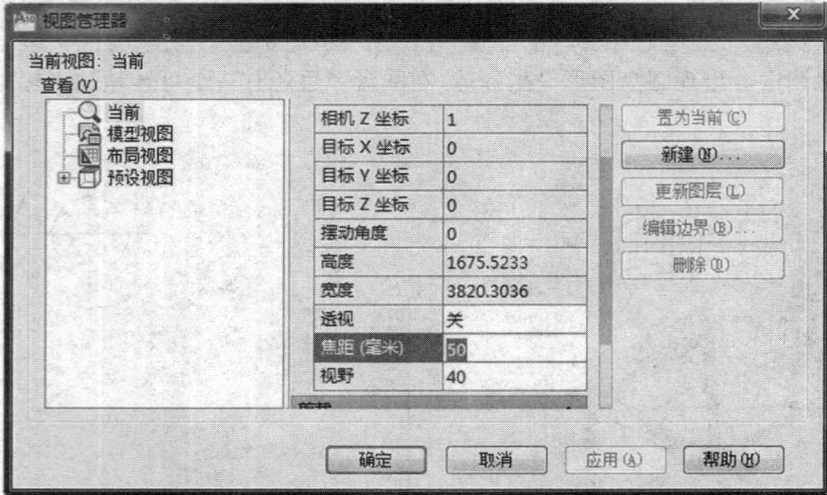

图 9-7　"视图管理器"对话框

（7）单击"新建"按钮，打开对话框，输入视图名称"自定义视图"，视图边界选择"当前显示"，即使用当前的显示作为新视图，单击"确定"按钮（如图 9-8 所示）。

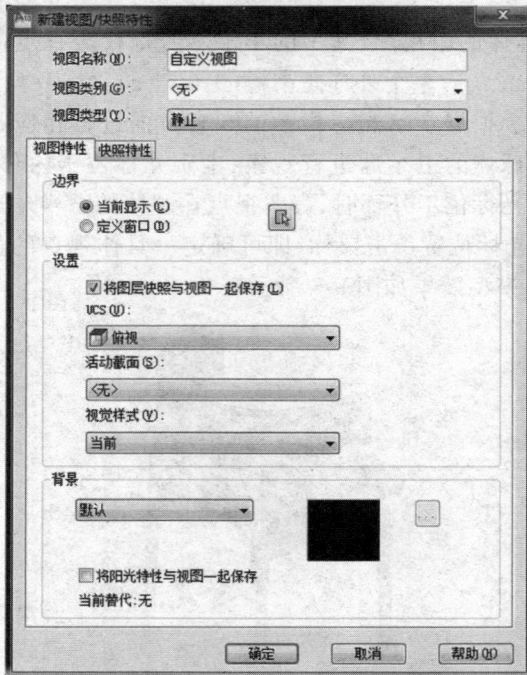

图 9-8　"新建视图"窗口

（8）视图对话框列表中增加了一个自定义视图名称（如图 9-9 所示），单击"确定"，即可关闭对话框,并将视点命名创建的新视图保存起来。

图 9-9　"视图管理器"对话框新增了"自定义视图"

　　创建的新视图,可以随时在视图工具栏中单击三角形按钮,从列表中选择一个命名的视图名称,就会启用该名称的视图来观察模型(如图 9-10 所示)。

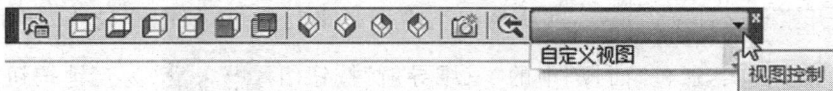

图 9-10　命名创建的视图在"视图"工具栏弹出窗口中

9.1.3　动态观察

仍然以椅子模型为例。

　　(1)选择菜单命令【视图】|【动态观察】|【自由动态观察】,视图中出现一个绿色转盘(4个象限点上为小圆环),如图 9-11 所示。

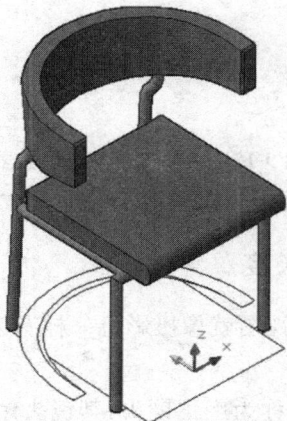

图 9-11　动态自由观察模型

（2）按下鼠标左键并移动，观察的模型距离保持不变，而视点的位置围绕目标移动。目标点是转盘的中心，而不是被查看对象的中心。用户可以在圈内、圈外或圆周象限上的 4 个点上小圆环内按住鼠标拖动来改变观察的视角。

> **特别提示：**
>
> 也可以在三维导航工具栏中单击自由动态观察按钮 （如图 9-12 所示）。自由动态观察的命令为 3DFORBIT。

图 9-12　动态自由观察的面板或工具按钮操作

自由动态观察能实现不参照平面，在任意方向上进行动态观察。

9.1.4　平行投影与透视投影

双击打开素材文件 9-3.dwg，默认情况下模型是平行投影，如图 9-13（a）所示。平行投影视图效果不够真实，通过"面板"中的"三维导航"按钮组 （为互锁按钮）或 DV 命令，可以切换为透视投影。透视图的效果如图 9-13（b）所示。

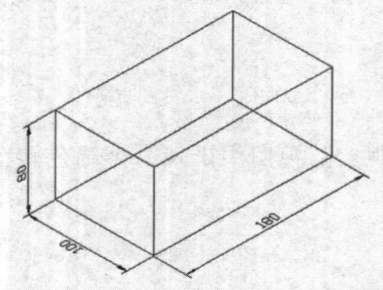

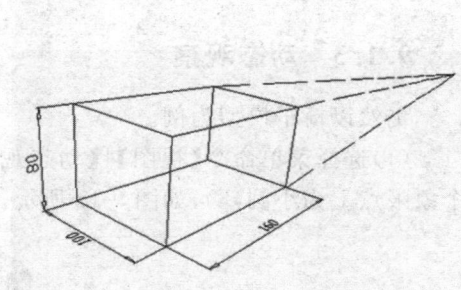

（a）平行投影　　　　　　　　　　　　　　　　（b）透视投影

图 9-13　平行投影与透视投影

透视图非常类似于人类视觉效果。对象看上去向远方后退，产生纵深和空间感。

9.1.5　修改透视图镜头长度

前面学了启用透视图效果，透视图就像摄影机一样有镜头长度，不同的镜头长度产生的效果也不同。

广角镜头：50 mm 以下的镜头称为广角镜头，其镜头短、视野宽阔，适合拍摄表现多个对象的场景。

标准镜头：50 mm 镜头为标准镜头,这时的渲染效果最接近平时人眼观察景物的情况。

长焦镜头：大于 50 mm 的镜头称为长焦镜头,镜头长,视野窄小,适合单一对象。

图 9-11 所示的椅子镜头长度为 50 mm,视野值为 40,若更改镜头长度为 25 mm,则视野值为 72;更改镜头长度为 100 mm 之后,视野值为 20(如图 9-14 所示)。

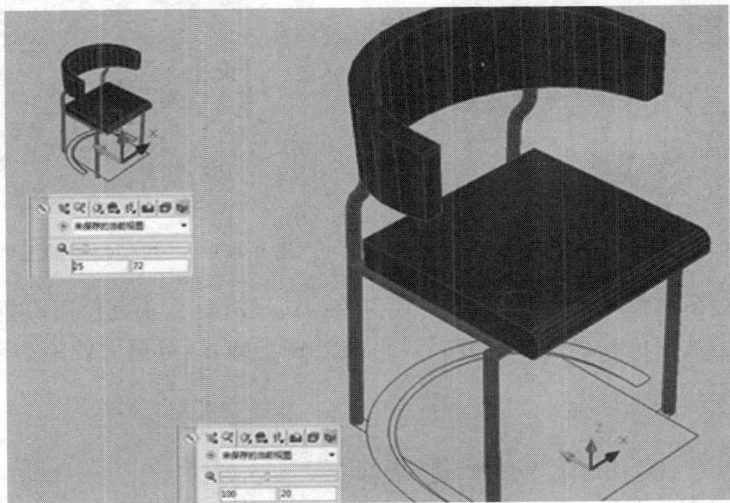

图 9-14　不同的镜头长度和视野观察同一模型

修改透视图镜头长度在面板的三维导航展开栏中,若选择菜单命令【视图】|【命名视图】,或单击"视图"工具栏按钮,在打开的如图 9-7 所示的视图管理器对话框中可看到当前视图镜头长度值和视野数值,重新输入数字可进行修改。

当用户启用透视图之后,焦距应根据需要适当的调整。

9.1.6　视觉样式

三维模型在视图中有多种显示方式。用鼠标右键单击工具栏,在弹出的菜单中选择【视觉样式】,弹出工具栏(如图 9-15 所示)。以素材文件 9-2.dwg 为例来观看不同视觉样式下椅子模型的视觉效果。

图 9-15　"视觉样式",弹出工具栏

二维线框：单击该按钮,显示用直线和曲线表示边界的对象。坐标轴显示为二维图标(如图 9-4 所示)。二维线框无透视效果,不能使用透视命令。

三维线框：显示用直线和曲线表示边界的对象,与二维线框相似,但坐标轴显示为着色实体,默认背景为灰色,如图 9-16(a)所示。

三维消隐：使用三维线框表示显示对象,并隐藏表示对象后面各个面的直线,如图 9-16(b)所示。

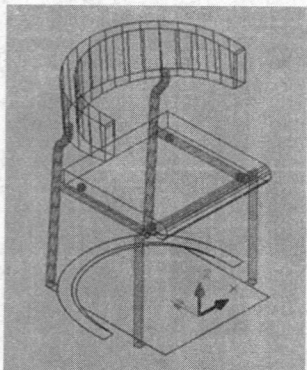

图 9-16(a)　模型椅子的三维线框　　　　图 9-16(b)　模型椅子的三维消隐

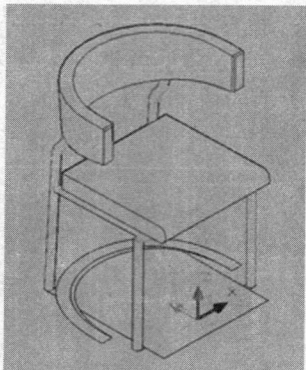

概念⬤:着色多边形平面间的对象,并使对象的边平滑化。着色使用冷色和暖色之间的过渡效果,而不是从深色到浅色的过渡。效果缺乏真实感,但可更方便地查看模型的细节,如图 9-16(c)所示。

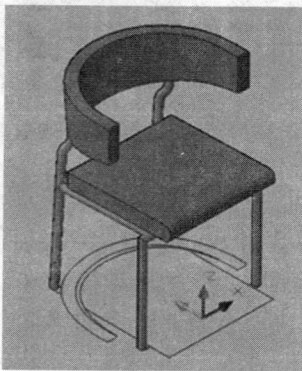

图 9-16(c)　模型椅子的概念

真实⬤:着色多边形平面间的对象,并使对象的边平滑化,具有逼真的外观,并将显示已附着到对象的材质效果。图 9-6、图 9-11 均为模型椅子的真实显示。

管理🔲:单击该按钮,打开视觉管理器选项板。

9.2　基本实体建模

AutoCAD 2010 提供了几种常见几何体的创建命令,选择菜单命令【绘图】|【建模】,在弹出的子菜单中,包含长方体、球体、圆柱体、圆锥体、楔体和圆环体等命令。

用鼠标右键单击工具栏,在弹出的菜单中选择【建模】,弹出"建模"工具栏(如图 9-17 所示)。其按钮与【绘图】|【建模】子菜单中的命令相对应。

图 9-17　"建模"工具栏

9.2.1　创建长方体

长方体是较常见、简单的形体，AutoCAD 2010 长方体建模过程如下：

(1)在建模工具栏中，单击长方体按钮▢。

(2)文本行显示 box；命令行提示"指定长方体的角点或［中心点(CE)］"，在视图中单击，确定长方体底面第一个角点的位置。

(3)命令行提示"指定其他角点或［立方体(C)/长度(L)］"，输入"@180,100"，按回车键＜Enter＞，确定长方体底面对角点的位置。

(4)命令行提示"指定高度或［两点(2P)］＜…＞"，输入"80"，按＜Enter＞键。

(5)在视图工具栏中单击"西南等轴测"按◈，从西南方向观察长方体。

(6)在三维导航工具栏中单击"三维平移"按钮✋，在视图中单击鼠标右键，在弹出的快捷菜单中选择"透视"，将当前的视图改为透视图。

(7)在视图中单击鼠标右键，在弹出的快捷菜单中选择"退出"。

(8)长方体的效果如图 9-13(a)所示。

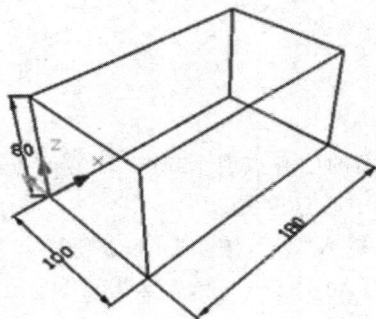

图 9-18(a)　西南等轴测透视观察长方体　　　　图 9-18(b)　建模时选立方体(C)

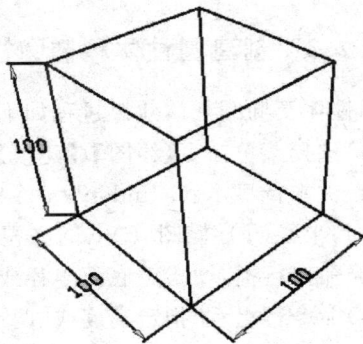

命令行提示选项功能如下：

长度(L)：选择该项，命令行提示输入长、宽、高的数据，绘制一长方体。

立方体(C)：选择该项，命令行提示输入数据(如 100)，即可创建立方体，如图 9-18(b)所示。

中心点：选择该项，命令行要求输入一长方体的中心点坐标或鼠标拾取点，以确定一长方体的位置。

9.2.2　创建球体

球体建模过程如下：

(1)在建模工具栏中，单击"球体"按钮◯。

(2)文本行显示"Severe"；命令行提示"指定中心点或［三点(3P)/两点(2P)/相切、相切、半径 (T)］"，在视图中单击，确定球心位置。

(3)命令行提示"指定半径或[直径(D)]",输入半径的值"50",按<Enter>键。或在视图中移动鼠标,拖出一条直线,直线的长度作为球体的半径。创建的球体如图 9-19(a)所示。

(4)输入系统变量"Isolines",按<Enter>键。

(5)命令行提示"输入 Isolines 的新值<4>",输入"20",按<Enter>键。

(6)执行菜单命令"视图|重生成",按新的线框密度 ISOLINES 值为 20 重新生成球体,如图 9-19(b)所示。球体的线框密度越大,显示结果越逼真,越光滑,但占用的系统资源会越多,增加了计算机运算量。

图 9-19(a)　球体建模

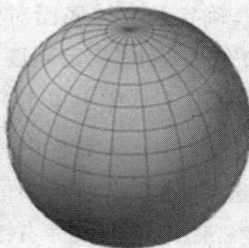

图 9-19(b)　较高 Isolines 值的球体建模

9.2.3　创建圆柱体和椭圆柱体

圆柱体及椭圆柱体建模过程如下:

(1)选择菜单命令【绘图】|【建模】|【圆柱体】;

(2)文本行显示"Cylinder";命令行提示"指定底面的中心点或 [三点(3P)/两点(2P)/相切、相切、半径(T)/椭圆(E)]:",在视图中单击,确定中心点位置;

(3)命令行提示"指定底面半径或 [直径(D)]:",输入"30",按<Enter>键;

(4)命令行提示"指定高度或[两点(2P)/轴端点(A)]<…>",输入"80",按<Enter>键。创建的圆柱体效果如图 9-20(a)所示;

(5)选择菜单命令【绘图】|【建模】|【圆柱体】,或单击【圆柱体】按钮 ▢;

(6)命令行提示"指定底面的中心点或[三点(3P)/两点(2P)/相切、相切、半径(T)/椭圆(E)]:",输入"e",按<Enter>键;

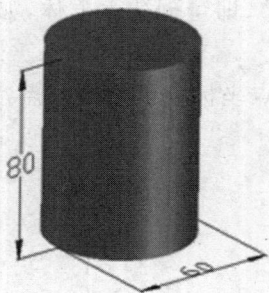

图 9-20(a)　圆柱体建模

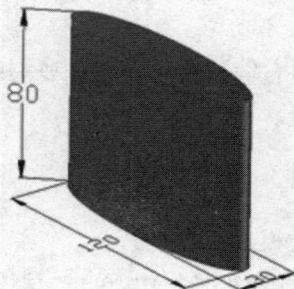

图 9-20(b)　椭圆柱体建模

(7)命令行提示"指定第一个轴的端点或[中心（C）]"，在视图中单击，确定端点位置；

(8)命令行提示"指定第一个轴的其他端点"，输入"@30,0"，按＜Enter＞键，即确定椭圆一个轴的长度为30；

(9)命令行提示"指定第二个轴的端点"，输入"60"，按＜Enter＞键，即确定椭圆另一个轴的半长为60；

(10)命令行提示"指定高度或[两点（2P）/轴端点（A）]＜80＞"，按＜Enter＞键，确认角括号内的高度值80。创建椭圆柱体，效果如图9-20(b)所示。

9.2.4　圆锥体和椭圆锥体建模

圆锥体和椭圆锥体建模过程如下：

(1)选择菜单命令【绘图】|【建模】|【圆锥体】，或在建模工具栏中单击【圆锥体】按钮 ；

(2)文本行显示"Cone"；命令行提示"指定底面的中心点或[三点（3P）/两点（2P）/相切、相切、半径（T）/椭圆（E）]"，在视图中单击，确定中心点位置；

(3)命令行提示"指定底面半径或[直径（D）]＜…＞"，输入"30"，按＜Enter＞键；

(4)命令行提示"指定高度或[两点（2P）/轴端点（A）/顶面半径（T）]＜…＞"，输入"90"按＜Enter＞键。创建的圆锥体如图9-21(a)所示；

(5)单击【圆锥体】按钮 ，文本行显示"Cone"；命令行提示"指定底面的中心点或[三点（3P）/两点（2P）/相切、相切、半径（T）/椭圆（E）]"，输入"E"，按＜Enter＞键；

(6)命令行提示"指定第一个轴的端点或[中心（C）]"，在视图中单击，确定端点位置；

(7)命令行提示"指定第一个轴的其他端点"，输入"@60,0"，按＜Enter＞键，即椭圆一个轴的全长为60；

(8)命令行提示"指定第二个轴的端点"，输入"20"，按＜Enter＞键，即椭圆另一个轴的半长为20；

(9)命令行提示"指定高度或[两点（2P）/轴端点（A）/顶面半径（T）]＜…＞"，输入"90"，按＜Enter＞键。椭圆形锥体效果如图9-21(b)所示。

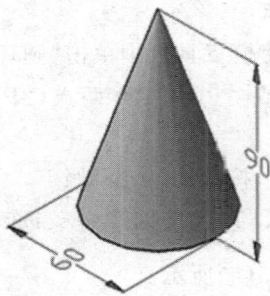

图 9-21(a)　圆锥体建模　　　　　图 9-21(b)　椭圆椎体建模

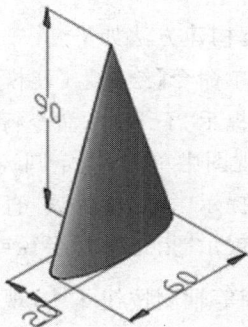

9.2.5　楔体建模

楔形建模过程如下：

（1）选择菜单命令【绘图】|【建模】|【楔体】，或在建模工具栏中单击"楔体"按钮 ；

（2）文本行显示"Wedge"；命令行提示"指定第一个角点或[中心（C）]："，在视图中单击，确定楔体底面一个角点的位置；

（3）命令行提示"指定其他角点或[立方体（C）/长度（L）]："，输入"@100,50"，按<Enter>键，指定了楔体底面对角点坐标位置；

（4）命令行提示"指定高度或[两点（2P）]："，输入"80"，按<Enter>键；

（5）在视图工具栏，单击"东南等轴测"按钮 ，从东南方向观察楔体效果，如图9-22（a）所示；

（6）单击"楔体"按钮 ，在视图中单击，确定楔体底面一个角点的位置；

（7）命令行提示"指定其他角点或[立方体（C）/长度（L）]："，输入"c"，按<Enter>键；

（8）命令行提示"指定长度"，输入"100"，按<Enter>键。创建的楔体模型如图9-22（b）所示。

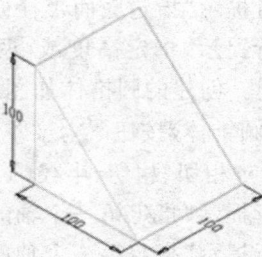

图9-22（a）　楔体建模　　　　图9-22（b）　立方体楔体建模

命令行提示选项功能——中心（C）：选择该项时，通过指定的楔体中心点，然后再指定角点和高度，来创建楔体。

9.2.6　创建圆环体

圆环体模型构建方法如下：

（1）选择菜单命令【绘图】|【建模】|【圆环体】，或在建模工具栏中单击"圆环体"按钮 ；

（2）文本行提示"Torus"；命令行提示"指定中心点或[三点（3P）/两点（2P）/相切、相切、半径（T）]"，在视图中单击，确定圆环体中心点的位置；

（3）命令行提示"指定半径或[直径（D）]"，输入"50"，按<Enter>键；

（4）命令行提示"指定圆管半径或[直径（D）]"，输入"10"，按回车键<Enter>。在视图工具栏单击西南等轴测按钮 ，观察圆环体，如图9-23（a）所示。

圆环体的圆环半径与圆管半径指定的部位，如图9-23（b）所示。

命令行提示选项功能如下：

三点（3P）：用指定的3个点确定圆环体的圆周。3个指定点同时确定圆周所在平面。

两点（2P）：用指定的两个点确定圆环体的圆周。第一点的Z值确定圆周所在平面。

Ttr（相切、相切、半径）：使用指定半径确定可与两个对象相切的圆环体。指定的切点将投影到当前 UCS。

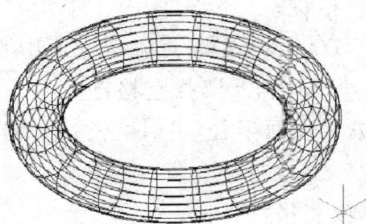

图 9-23(a)　圆环体建模

图 9-23(b)　圆环体的圆环半径与圆管半径

半径:通过确定圆环体的半径(从圆环体中心到圆管中心的距离)创建圆环体。输入负的半径值会创建形似美式橄榄球的模型。

直径:通过定义圆环体直径创建圆环体。

9.2.7　创建棱锥面

棱锥面可通过如下步骤创建:

(1)选择菜单命令【绘图】|【建模】|【棱锥面】,或在"建模"工具栏中单击"棱锥面"按钮 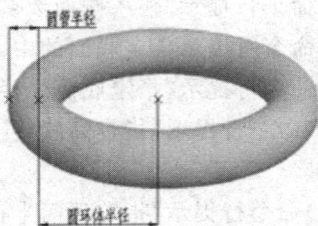;

(2)文本行提示"Pyramid 4 个侧面外切";命令行提示"指定底面的中心点或[边(E)/侧面(S)]",在视图中单击,确定底面的中心点;

> **☞ 特别提示:**
>
> 也可以输入 e,命令行会提示指定棱锥底边的第一个和第二个端点,用户可以在视图中拾取两点,作为底面一条边的长度;也可以输入一条底边两个端点的坐标值。

(3)命令行提示"指定底面半径或[内接(I)]:",输入"30",按空格键;

(4)命令行提示"指定高度或[两点(2P)/轴端点(A)/顶面半径(T)]:",输入"100",按空格键;

(5)创建的棱锥面效果如图 9-24 所示。底面矩形外切于一个半径为 30 mm 的虚拟圆;

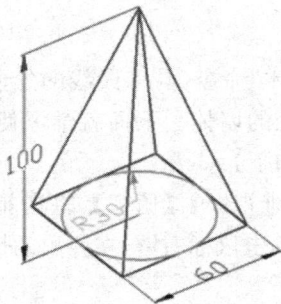

图 9-24　棱锥体建模

(6)选择菜单命令【绘图】|【建模】|【棱锥面】,文本行提示"Pyramid 4 个侧面外切",指定

底面的中心点或[边(E)/侧面(S)]",输入"s",按空格键;

(7)命令行提示"输入侧面数<4>",输入"12",按空格键;

(8)命令行提示指定底面的中心点或[边(E)/侧而(S):",单击一点确定底面中心点;

(9)命令行提示"指定底而半径或[内接(I)]<…>",输入"30",按空格键;

(10)命令行提示"指定高度或[两点(2P)/轴端点(A)/顶面半径(T)]<…>",输入"t",按空格键;

(11)命令行提示"指定顶面半径<0>",输入"10",按空格键;

(12)命令行提示"指定高度或[两点(2P)/轴端点(A)]<…>",输入"60",按空格键;

(13)创建的多边棱锥台,其顶面逐渐缩小到一个与底面边数相同的平面,效果如图 9-25 所示。

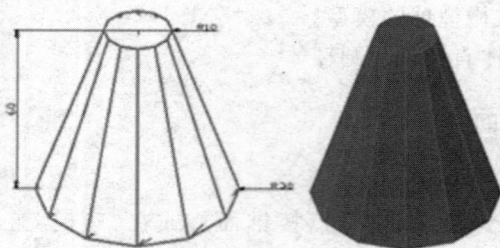

图 9-25　侧面数 12 棱锥体建模

命令行提示选项功能:

边(E):指定棱锥面底面一条边的长度,可以鼠标拾取两点;

侧面(S):指定棱锥面的侧面数。可以输入 3 到 32 之间的数;

内接(I):指定棱锥面底面内接于圆的半径;

外切(C):指定棱锥面底面外切于圆的半径;

两点(2P):将棱锥面的高度指定为两个指定点之间的距离;

轴端点(A):指定棱锥面轴的端点位置。该端点是棱锥面的顶点。轴端点可以位于三维空间中的任何位置。轴端点定义了棱锥面的长度和方向;

顶面半径(T):指定棱锥面的顶面半径,并创建棱锥体水平截面。

9.2.8　创建多段体

AutoCAD 2010 提供了"多段体"命令,与多段线的绘制方法相同,而且还可以根据视图中现有的直线或曲线创建相同路径的墙体。下面就学习使用多段体制作直角或曲线墙体。

制作直角或曲线墙体的步骤如下:

(1)选择菜单命令【视图】|【三维视图】|【俯视】,将当前视图定为"俯视图"。

(2)单击"实时平移"按钮 ![icon],单击鼠标右键,在弹出的快捷菜中选择"平行"投影视图。

☞ **特别提示:**

若三维建模工作空间视图是透视图,即 Perspective 的值为 1,视图改变为俯视图后,依然是透视投影视图。

---

(3)单击状态栏中"捕捉"和"栅格"按钮,启动这两项功能,后面需要捕捉栅格上的点来

绘制墙体。

(4)选择菜单命令【绘图】|【建模】|【多段体】,或在建模工具栏中单击"多段体"按钮 。

(5)文本行显示"Polysolid";命令行提示"指定起点或[对象(O)/高度(H)/宽度(W4)/对正(J)]<对象>",捕捉并单击栅格的交叉点 A,B,C 和 D 点,绘出一段折线(实际为体),如图 9-26(a)所示。

(6)命令行提示"指定下一个点或[圆弧(A)/闭合(C)/放弃(U)]",输入"a",按空格键,开始绘制圆弧型线段体;

(7)捕捉并单击 E 点,按<Enter>键,结束多段体操作,多段体俯视图效果如图 9-26(b)所示。

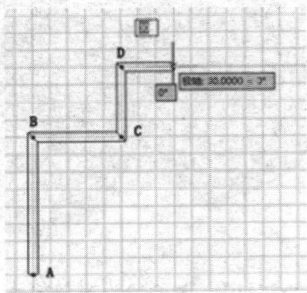

图 9-26(a)　多段体命令建立墙体模型　　　**图 9-26(b)　多段体命令建立弧线墙体**

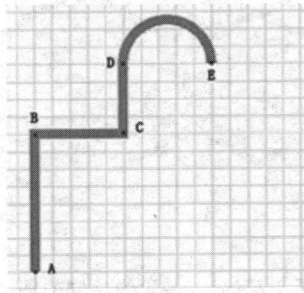

特别提示:

如果选择闭合(C),E 点与 A 点之间会创建线段闭合实体。

如果创建了错误的线段体,可以选择放弃(U),会删除最后添加到模型的线段体,本例将删除 DE 之间的线段体,然后可继续绘制正确的线段体或按<Enter>键结束命令。

(8)选择菜单命令【视图】|【三维视图】|【东南等轴测】,多段体效果如图 9-26(c)所示;

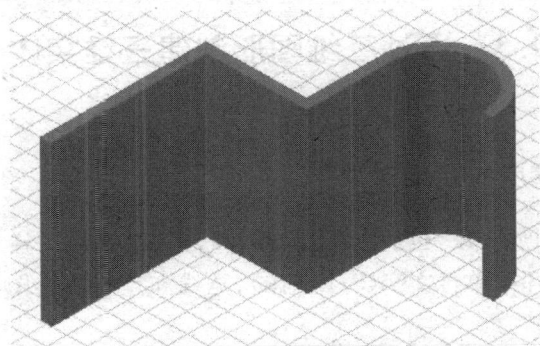

图 9-26(c)　墙体东南等轴测图

特别提示:

建筑的墙体厚度和高度不同,用户应当在单击"多段体"按钮 之后,命令行提示"指定起点或[时象(O)/高度(H)/宽度(W)/对正(J)]<对象>"时,输入"H"或"W",这时会提示用户输入新的高度或宽度。默认高度值80,宽度为5。

(9)选择菜单命令【绘图】|【多段线】,在视图中捕捉并单击栅格交叉点,绘制多段线,如图 9-27(a)所示。

(10)单击"多段体"按钮 ⚏,命令行提示"指定起点或[对象(O)/高度(H)/宽度(W)/对正(J)]<对象>",输入"O",按空格键。

(11)命令行提示"选择对象",单击多段线,即可创建多段体,如图 9-27(b)所示。

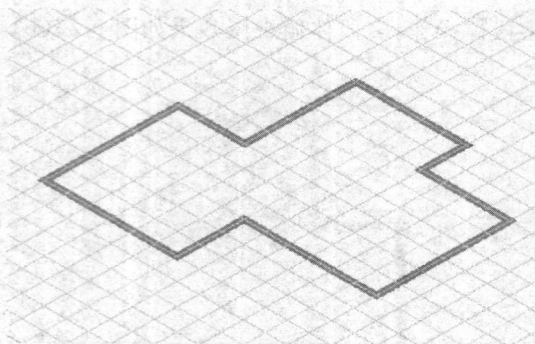

图 9-27(a)　多段线绘制的图　　　　　图 9-27(b)　多段线为对象建立多段体

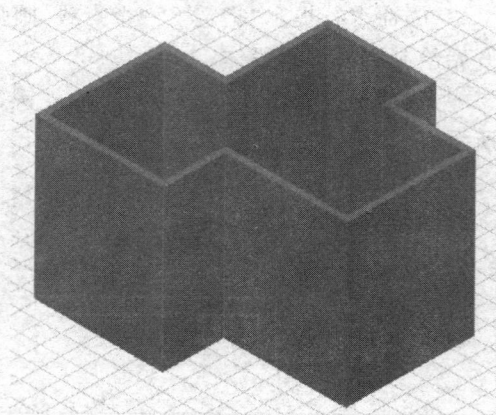

👉 **特别提示:**

使用现有对象创建多段体时,由 Delobj 系统变量控制是否在创建实体后自动删除路径,以及是否在删除对象时进行提示。

在命令行输入 Delobj,按空格键,输入 0,按空格键,此时使用现有线段创建多段体时会保留线段。Delobj 值为 1 时,会删除轮廓曲线,这是默认设置。

9.3　通过二维图形创建三维实体

9.3.1　绘制有厚度的二维对象

AutoCAD 的二维图形对象,包括直线、圆弧、圆、多段线(包括样条曲线拟合多段线、矩形、正多边形、边界和圆环)、单行文字(SH 字体)、宽线和点等二维图形,都可以创建为有厚度的三维外观的模型。

在创建建筑物的墙壁时,用长方体或多段体创建的墙壁会有上下端面,若并不需要具有上下端面,这时就可以使用有厚度的直线来绘制墙壁面。方法如下:

(1)选择菜单命令【文件】|【打开】,打开素材文件"9-12a.dwg",如图 9-28(a)所示。

(2)选择菜单命令【格式】|【厚度】,或在命令栏中输入系统变量"Thickness"按<Enter>键。

(3)命令行提示"输入 Thickness 的新值<O>",输入厚度值"3 000",按<Enter>键。

(4)选择菜单命令【绘图】|【直线】,捕捉并单击墙壁轮廓上的端点绘制直线,此时绘制的

直线对象将具有 3 000 的厚度,如图 9-28(b)所示。

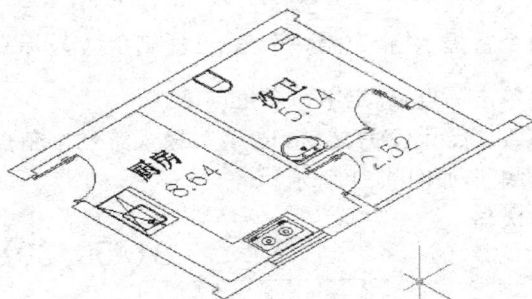

图 9-28(a) 二维平面图

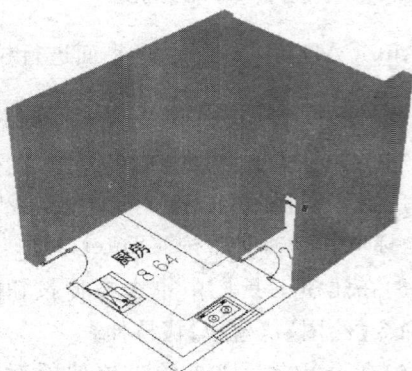

图 9-28(b) 具有 3000 厚度直线绘制的图形

在视图中创建的二维实体,如圆弧、圆、直线、多段线(包括样条曲线拟合多段线、矩形、正多边形、边界和圆环)、单行文字(She 字体)、宽线和点等二维图形,都可以创建为有厚度的三维外观的模型。

(5)若对在创建时没有厚度的对象想赋予厚度,或者需要更改对象的厚度时,可以启动特性选项板进行修改。

单击选择要修改厚度的对象,再单击鼠标右键,在弹出的菜单中选择"特性"。

(6)在打开的特性选项板中,选择"厚度",并输入新值"1 000"(如图 9-29 所示)。

(7)选择的对象随即显示指定的三维厚度,修改部分对象厚度为 1 000 后图形如图 9-30 所示。

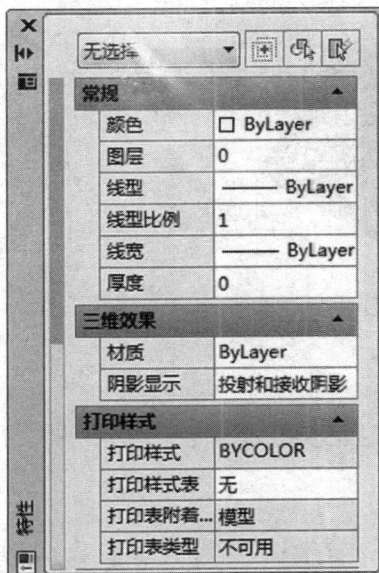

图 9-29 特性选项板修改对象厚度

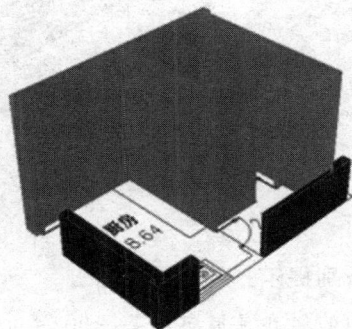

图 9-30 特性选项板修改对象厚度后图形

9.3.2 拉伸二维图形

AutoCAD可对二维图形平面进行拉伸,以形成三维模型,操作过程如下:

(1)在绘图工具栏中单击矩形按钮 ▭ ,命令行提示"指定第一个角点或[倒角(C)/标高(E)/圆角(F)/厚度(T)/宽度(W)]",在视图中单击一点,确定第一个角点A。

(2)命令行提示"指定另一个角点或[面积(A)/尺寸(D)/旋转(R)]:",输入第二个角点B的坐标值"@50,30",按<Enter>键。创建的矩形如图9-31所示。

(3)在建模工具栏中单击拉伸按钮 ↑,或选择菜单命令【绘图】|【建模】|【拉伸】。

(4)命令行提示"选择要拉伸的对象,单击矩形,按<Enter>键。

(5)命令行提示指定拉伸的高度或[方向(D)/路径(P)/倾斜角(T)]<O>:",输入"t",按<Enter>键。

(6)命令行提示"指定拉伸的倾斜角度<0>",输入"20",按<Enter>键。

B(@50,30)

A

图9-31 绘图命令创建的矩形

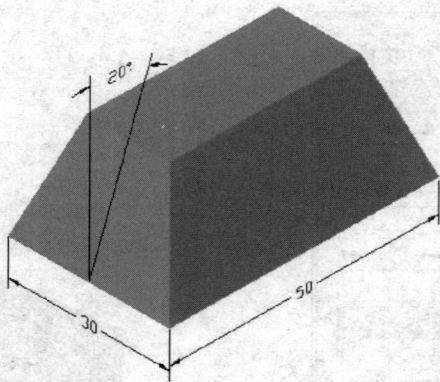

(7)命令行提示"指定拉伸的高度或[方向(D)/路径(P)/倾斜角(T)]<O>:",输入"20",按<Enter>键。

(8)在视图工具栏中单击西南等轴测视图按钮 ◈,从西南方向观察矩形拉伸出的三维模型(如图9-32所示)。

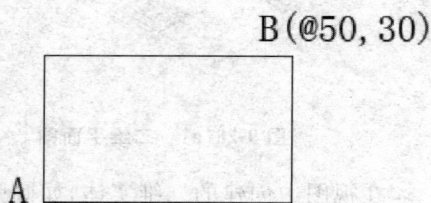

图9-32 根据矩形拉伸出的三维模型

☞ **特别提示:**

拉伸的倾斜角度可以是—90°~90°之间的数值。负角度表示从基准对象逐渐变粗地向外拉伸。面域实体也可应用拉伸命令创建出三维实体(如图9-33所示)。

面域实体

面域实体拉伸出的三维模型

图 9-33　由面域拉伸出的三维模型

9.3.3　通过扫掠建模

本实例绘制一条多段线路径和一个圆,这个圆将作为模型的剖面轮廓曲线,多段线作为路径,通过沿路径线段扫掠平面曲线(轮廓)来创建模型或曲面。轮廓曲线和路径线均可以是封闭或开放的。

(1)在绘图工具栏中单击多段线按钮 ,在视图中单击一点,在命令行中输入第二点的坐标值"@100,0",按回车键<Enter>。输入第三点坐标值"@0,200",按回车键<Enter>。输入第四点坐标值"@300,0",按两次回车键<Enter>。

(2)在修改工具栏中,单击圆角按钮 ,在命令行中输入 r,选择半径选项,按回车<Enter>。输入"50",按回车键<Enter>。分别单击多段线中的两条相连接的线段,创建圆角。

上面两步得到的图形如图 9-34(a)所示。

(3)单击按钮 选择西南等轴测视图。在绘图工具栏中,单击圆按钮 ,在图中单击,确定圆心,在命令行输入圆的半径值为"15",如图 9-34(b)所示。

第一步

第二步

扫掠路径

扫掠对象

图 9-34(a)　绘制扫掠路径　　　图 9-34(b)　扫掠对象及路径　　图 9-34(c)　扫掠得到的模型

(4)在实体工具栏中,单击扫掠按钮 ,命令行提示"选择要扫掠的对象",单击圆对象,按回车键<Enter>。

(5)命令行提示"选择扫掠路径或［对齐(A)/基点(B)/比例(S)/扭曲(T)］:",单击扫掠路径曲线,按回车键<Enter>,得到的模型如图 9-34(c)所示。

本实例中步骤(4)单击拉伸按钮 ,将扫掠路径作拉伸也可得到同样效果。

9.3.4　通过旋转对象建模

(1)在绘图工具栏中单击直线按钮 ,绘制一条竖直直线,作旋转轴。

（2）使用圆弧 [图标]、样条线 [图标] 等绘图工具和偏移 [图标]、倒角 [图标] 修剪 [图标] 等修改工具，建立花盆剖面轮廓线。

同过以上两步骤得到如图 9-35（a）所示的旋转轴线和花盆剖面闭合轮廓线。

（3）使用面域命令 [图标] 使花盆轮廓构成实体，如图 9-35（b）所示。

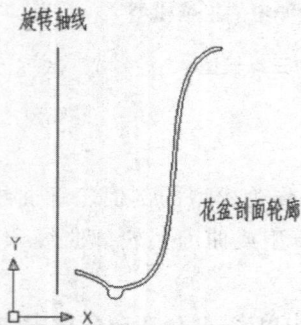

图 9-35（a）　旋转轴线和花盆剖面闭合轮廓线　　　图 9-35（b）　花盆剖面面域实体

（4）单击旋转按钮 [图标]，命令行提示"选择要旋转的对象"，单击花盆剖面面域实体，按回车键＜Enter＞。

（5）命令行提示"指定轴起点或根据以下选项之一定义轴［对象(O)/X/Y/Z］＜对象＞:"，输入"o"，按回车键＜Enter＞。

（6）命令行提示"选择对象"，单击旋转轴线。

（7）命令行提示"指定旋转角度或［起点角度(ST)］＜360＞:"，按回车键＜Enter＞。

（8）综合使用自由动态观察按钮 [图标]、鼠标滚轮缩放视图和鼠标中键平移视图，可得到如图 9-35（c）所示的花盆模型效果视图。

[图标] 特别提示：

不进行步骤（3）的构造面域操作，也能执行旋转建模命令，得到旋转形成的圆面或曲面；步骤（7）指定的旋转角小于 360°可得到扇形旋转对象，兼有这两点时建立的模型如图 9-35（d）所示。

图 9-35（c）　花盆模型"真实视
觉样式"效果图

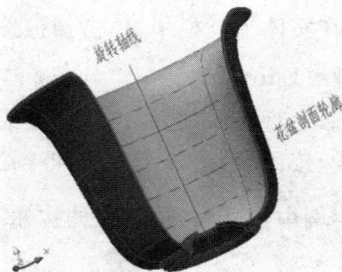

图 9-35（d）　特别提示条件下
花盆模型"真实视觉样式"

9.3.5　按住并拖动有限区域

系统提供了"按住并拖动"工具,可以在视图中按住并拖动有限区域来形成模型。有限区域必须是共面线段或边围成的区域。例如墙线通常就是由多条直线组成的。

(1)打开素材文件"9-16 某户型图.dwg",在轴测图中显示平面图,如图 9-36(a)所示。

(2)在建模工具栏中单击"按住并拖动"按钮 ,或在命令行中输入命令"Presspull",按<Enter>键。

(3)命令行提示"单击有限区域以进行按住或拖动操作。"将鼠标光标移动到墙线区域内部,此时墙线变为虚线,单击鼠标,向上移动光标可以拉伸出三维实体。输入拉伸实体的高度值 3 000(阳台等部分输入 1 200),按<Enter>键,创建的墙体模型如图 9-36(b)所示。

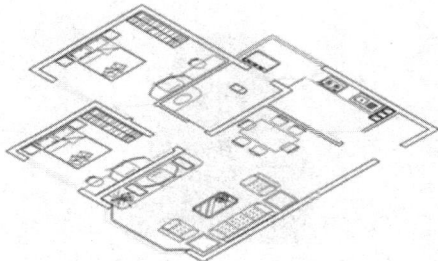

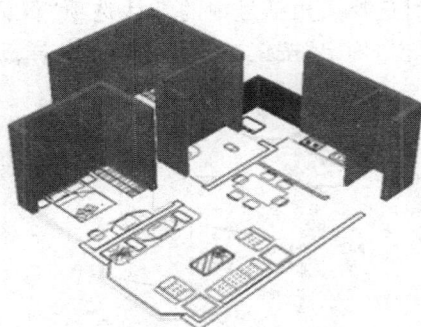

图 9-36(a)　户型图　　　　　　　　　图 9-36(b)　由户型图墙线拖出墙体

(4)用同样的方法,创建其他墙体。选择所有墙体,单击移动按钮 ,移动墙体后,可以观察到平面图形保留在原位,没有发生改变,如图 9-36(c)所示。

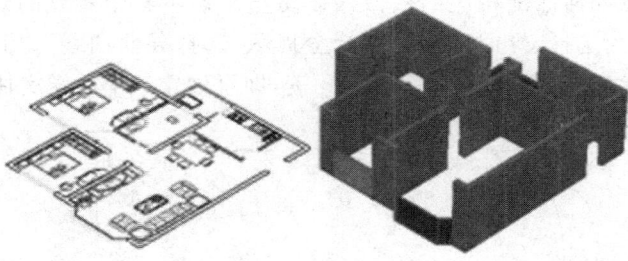

图 9-36(c)　移动拖出的墙体

9.3.6　放样创建三维实体

使用放样命令,可以通过对包含两条或两条以上横截面曲线的一组曲线进行放样来创建三维实体或曲面。横截面曲线定义了最终实体或曲面的轮廓形状。横截面通常为曲线或直线,可以是不闭合的,例如圆弧,也可以是闭合的,例如圆。使用放样命令时,至少必须指定两个横截面才能进行放样操作。

（1）选择菜单命令【绘图】|【矩形】，在视图中单击确定第一个角点位置，在命令行输入另一个角点的坐标值"@200,200"，按空格键，一个矩形绘制完成。

（2）选择菜单命令【绘图】|【圆】|【圆心、半径】，在矩形的中间位置单击，输入半径值为"50"，按空格键，圆绘制完成。

（3）选择菜单命令【修改】|【移动】，单击圆，按空格键，捕捉并单击圆心作为基点，输入移动目标点的相对坐标值"@0,0,200"，按空格键，圆沿 Z 轴移动了 200 单位的距离[如图 9-37（a）所示]。

（4）选择菜单命令【绘图】|【建模】|【放样】，或在建模工具栏中单击"放样"按钮 🔘。

（5）命令行提示"按放样次序选择横截面"，单击矩形，再单击圆，按空格键。

（6）命令行提示"输入选项[导向（G）/路径（P）/仅横截面（C）]<仅横截面>"，按空格键，此时选择了角括号中的默认选项"仅横截面"，并打开"放样设置"对话框，选择"平滑拟合"，单击"确定"按钮。此时创建了放样三维实体，如图 9-37（b）所示。

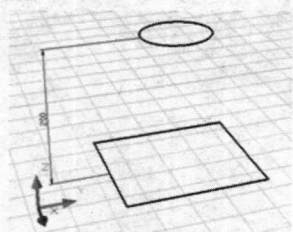

图 9-37（a）　不同 z 值的圆和矩形　　　　　　图 9-37（b）

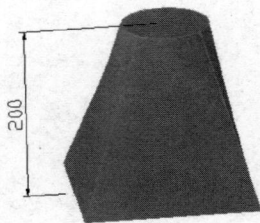

以下为命令行提示选项功能。

· 导向（G）：选择该项后，可以指定控制放样实体或曲面形状的导向曲线。导向曲线是直线或曲线，可通过将其他线框信息添加至对象来进一步定义实体或曲面的形状。可以使用导向曲线来控制点如何匹配相应的横截面以防止出现不希望看到的效果（例如结果实体或曲面中的皱褶）。当选择"导向"时，命令行会提示"选择导向曲线"，用户单击放样实体或曲面的任意数量的导向曲线，然后按<Enter>键，即可创建一个放样实体（如图 9-38 所示）。

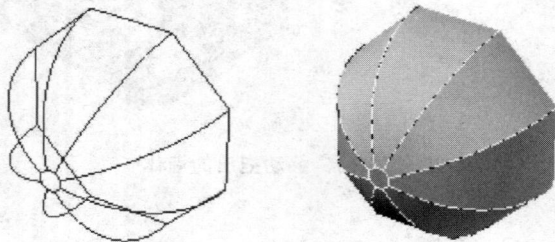

图 9-38　按"向导"放样

放样物体的每条导向曲线必须满足以下条件才能正常工作：与每个横截面相交；从第一个横截面开始；到最后一个横截面结束。

· 路径（P）：选择该项，命令行会提示"选择路径"，用户选择放样实体或曲面进行放样的一条路径曲线，此时即可创建一个放样实体（如图 9-39 所示）。

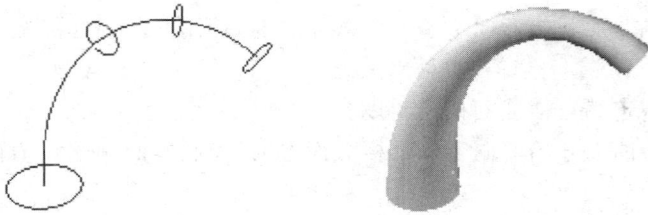

图 9-39　按"路径"放样

作为路径的曲线必须与横截面的所有平面相交。

仅横截面（C）：选择该项，会打开"放样设置"对话框（如图 9-40 所示）。选择其中的选项来控制放样曲面在其横截面处的轮廓，还可使用闭合曲面或实体。

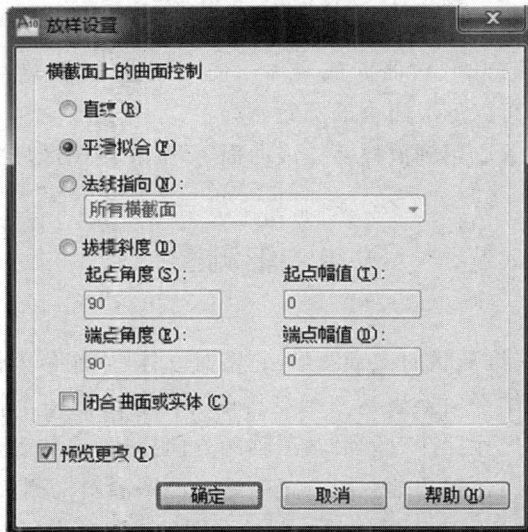

图 9-40　放样设置对话框

· 直纹：指定实体或曲面在横截面之间是直纹（直的），并且在横截面处具有鲜明边界。

· 平滑拟合：指定在横截面之间绘制平滑实体或者曲面，并且在起点和终点横截面处具有鲜明边界。

· 法线指向：控制实体或曲面在其通过横截面处的曲面法线。

· 起点横截面：指定曲面法线为起点横截面的法线方向。

· 终点横截面：指定曲面法线为终点横截面的法线方向。

· 起点和终点横截面：指定曲面法线为起点和终点横截面的法线方向。

· 所有横截面：指定曲面法线为所有横截面的法线方向。

· 拔模斜度：控制放样实体或曲面的第一个和最后一个横截面的拔模斜度和幅值。拔模斜度为曲面的开始方向。0 定义为从曲线所在平面向外。介于 1 和 180 之间的值表示向内指向实体或曲面。介于 181 和 359 之间的值表示从实体或曲面向外。

· 起点角度:指定起点横截面的拔模斜度。

· 起点幅值:在曲面开始弯向下一个横截面之前,控制曲面到起点横截面在拔模斜度方向上的相对距离。

· 终点角度:指定终点横截面拔模斜度。

· 终点幅值:在曲面开始弯向上一个横截面之前,控制曲面到端点横截面在拔模斜度方向上的相对距离。

不同的拔模斜度值产生的效果如图 9-41 所示。

图 9-41   不同拔模斜度值产生的效果

闭合曲面或实体:闭合和开放曲面或实体。使用该选项时,横截面应该形成圆环形图案,以便放样曲面或实体可以形成闭合的圆管。

预览更改:将当前设置应用到放样实体或曲面,然后在绘图区域中显示预览。

9.4   轴测图

轴测图是反映物体三维形状的二维图形,它富有立体感,能帮人们更快更清楚地认识物体的结构,这是一种在二维平面上表达三维结构的方法。绘制一个物体的轴测图是在二维平面中完成的,物体上的尺寸标注只能沿轴测轴的方向标注,这种表达方式相对于三维图形的绘制来讲更简洁、方便。常用的轴测图有正等测轴测图和斜二测轴测图,本节主要通过一个实例来介绍如何利用 AutoCAD 提供的绘制轴测图的工具绘制正等测轴测图。

9.4.1   设置正等测绘图模式

AutoCAD 定义了正等测轴测图的三个面为基准平面,这三个面称为等轴测面。根据位置的不同,它们的名称分别是左等轴测平面(Y 轴和 Z 轴定义的坐标面)、右等轴测平面(X 轴和 Z 轴定义的坐标面)、顶等轴测平面(X 轴和 Y 轴定义的坐标面)。当激活轴测模式之后,就可以分别在这三个面间进行切换,同时,绘图的十字光标形状显示也随之变化。一个长方体在轴测图中的可见边与水平线夹角分别是 30°、90° 和 120°。

其功能为设置正等测绘图模式。

其调用方式如下:

菜单栏:【工具】|【草图设置】

命令行:SNAP

操作步骤如下:

命令:SNAP ✓

指定捕捉间距或[开(ON)/关(OFF)/样式(S)/类型(T)]<10,0000>:S ✓

输入捕捉栅格类型[标准(S)/等轴测(I)]<I>:I ✓

指定垂直间距<10,0000>:✓

若采用的是菜单调用方式,则弹出"草图设置"对话框,对其中"捕捉和栅格"选项卡进行如图 9-42 所示的设置。

这里应注意,由于轴测图不是真正的三维模型,因此不能从任意角度进行观察,也不能进行自动消隐处理,只能通过修剪等编辑命令来达到消隐的目的。同时,为提高绘图效率,绘图时可多采用相对极坐标。

9.4.2　绘制实例

本节以图 9-43 为例,介绍一下绘制正等测轴测图的方法和步骤。

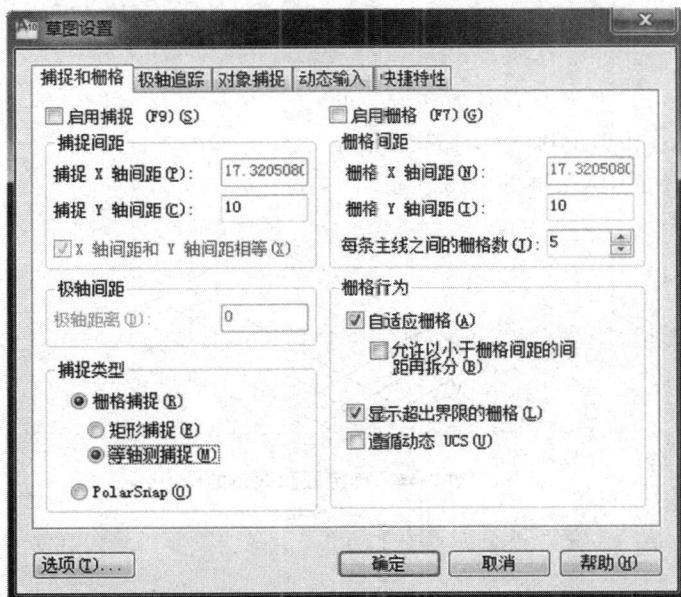

图 9-42　Drafting Settings 对话框

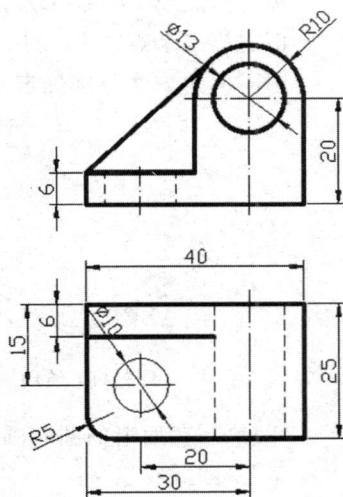

图 9-43　主视图及俯视图

1.设定绘图区域

命令:Limits ✓

设置"图形界限":

指定左下角点或[开/关]<0.0000,0.0000>:✓

指定右上角点<420.0000,297.0000>:100,100 ✓

命令:ZOOM ✓

[全部(A)/中心(C)/动态(D)/范围(E)/上一个(P)/比例(S)/窗口(W)/对象(O)]<实时>:A ✓

2.建立正等测绘图模式

按9.4.1所述建立正等测绘图模式。在这里,单击"正交"按钮或切换<F8>键,可锁定正交方式;按热键<F5>或<Ctrl+E>键,可在三个轴测平面间转换。

3.绘制底板

(1)绘制底板外形,如图9-44所示。

命令:Line ↙

指定第一点:20,20 ↙

指定下一点或 [放弃(U)]:@40<30 ↙

指定下一点或 [放弃(U)]:@25<150 ↙

指定下一点或 [放弃(U)][闭合/放弃]:@40<210 ↙

指定下一点或 [放弃(U)][闭合/放弃]:C ↙

(2)确定底板上圆和圆角的中心。

命令:Copy ↙

选择对象:(选取直线 AB)

选择对象:↙

指定基点或 [位移(D)/模式(O)]<位移>:(选取任意一点)

指定第二个点或 <使用第一个点作为位移>:@15<-30 ↙

用同样的方法分别确定圆和圆角的中心,如图9-45所示。

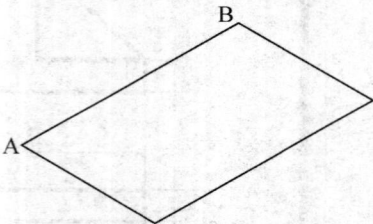

图 9-44　绘制底板外形

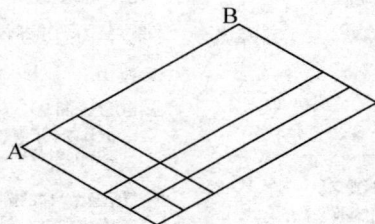

图 9-45　确定圆和圆角的中心

(3)绘制底面上的圆和圆角。

命令:Ellipse ↙

指定椭圆轴的端点或 [圆弧(A)/中心点(C)/等轴测圆(I)]:I ↙

指定等轴测圆的圆心:(捕捉圆的中心)

指定等轴测圆的半径或 [直径(D)]:5 ↙

同样绘制出包含圆角 R5 的圆(如图9-46所示)。这里请务必注意:不要使用 Fillet 命令绘制该圆角。

(4)先用 Copy 命令将底板的底面复制到顶面,然后用 TRIM 命令进行修剪,最后用 Line 命令绘出垂直轮廓线。完成后的底板如图9-47所示。

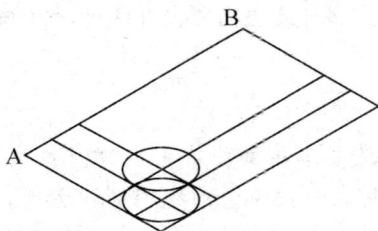

图 9-46 绘制圆角 R5 的圆

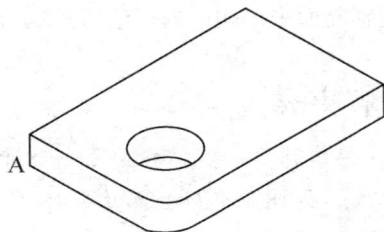

图 9-47 完成后的底板

9.4.3 绘制拱形结构和肋板

绘图步骤与绘制底板类似,这里不过多介绍,练习时仅需注意两点:
(1)等轴测面的切换。
(2)灵活运用对象捕捉。
完成后的正等测轴测图如图 9-48 所示。

9.4.4 在轴测图中书写文本

为了使某个轴测面中的文本看起来像是在该轴测面内,必须根据各轴测面的位置特点将文字倾斜某个角度值,以使它们的外观与轴测图协调起来,否则立体感不强。
(1)文字倾斜角度设置。
【格式】|【文字样式】|【倾斜角度】|【应用|关闭】。

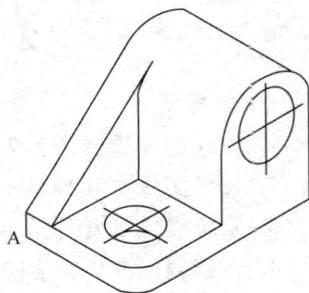

图 9-48 完成后的正等测轴测图

> **☞ 特别提示:**
> 最好的办法是新建两个倾斜角分别为 30° 和 -30° 的文字样式。

(2)在轴测面上各文本的倾斜规律如下:
①在左轴测面上,文本需采用 -30° 倾斜角,同时旋转 -30° 角。
②在右轴测面上,文本需采用 30° 倾斜角,同时旋转 30° 角。
③在顶轴测面上,平行于 X 轴时,文本需采用 -30° 倾斜角,旋转角为 30°;平行于 Y 轴时需采用 30° 倾斜角,旋转角为 -30°。

> **☞ 特别提示:**
> 文字的倾斜角与文字的旋转角是不同的两个概念,前者在水平方向左倾(0°~-90°)或右倾(0°~90°)的角度,后者是绕以文字起点为原点进行 0°~360° 的旋转,也就是在文字所在的轴测面内旋转。

9.4.5 标注尺寸

创建两个文字样式,文字倾斜角分别为 30° 及 -30°。相应创建两个标注样式,文字分别采用如上的两文字样式。右轴测面上与 X 轴平行文本采用 30° 倾斜角,与 Z 轴平行文本采用 -30° 倾斜角;左轴测面 Z 轴(30°),Y 轴(-30°);顶轴测面 Y 轴(30°),X 轴(-30°)。采用对齐标注,相应轴测面采用相应的标注样式。为了美观,文字样式也需要设计两种,30°与—30°。

本章小结

本章主要讲述三维实体和曲面创建步骤,以及通过二维曲线或面创建三维实体。三维实体造型复杂,因此首先应当熟练掌握从不同角度观察三维模型的视图操作方法,以及熟悉各种显示模式,即视觉样式。

通过对本章的学习,还应掌握正等测绘图模式的建立及如何绘制正等测轴测图,特别应注意平行于立体等轴测面的圆或圆弧的画法。

习题与实训

一、思考题

1. 怎样创建透视图?怎样调整透视图的镜头值?

2. 三维实体有几种显示模式?

3. 系统提供了几种基本实体创建命令?它们与三维曲面中的基本曲面有什么不同?

4. 在绘制图 9-2 的第(3)步时,为什么不能用 Fillet 命令绘制圆角?

二、实训绘图

1. 根据如附图 9-1 所示的平面图(素材 9-18 习题图. dwg),制作如附图 9-3 所示的三维模型。

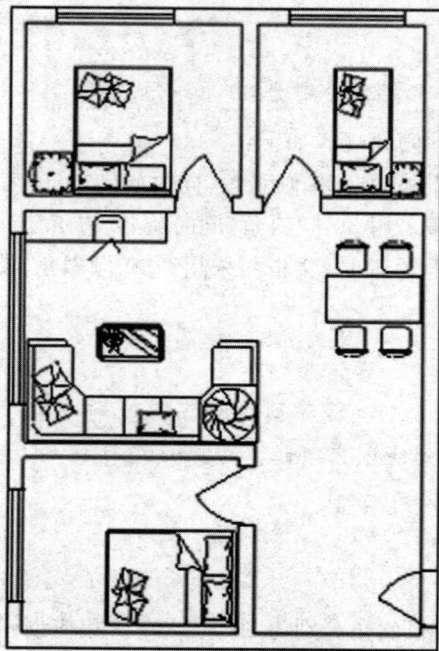

附图 9-1 某平面图

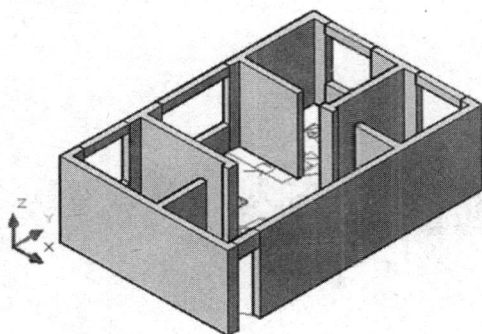

附图 9-2　某平面图制作三维模型　　　　附图 9-3　三维模型"并集"后

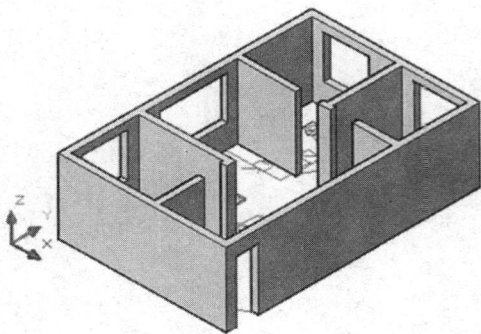

2. 绘制如附图 9-4 所示立体的正等测轴测图。

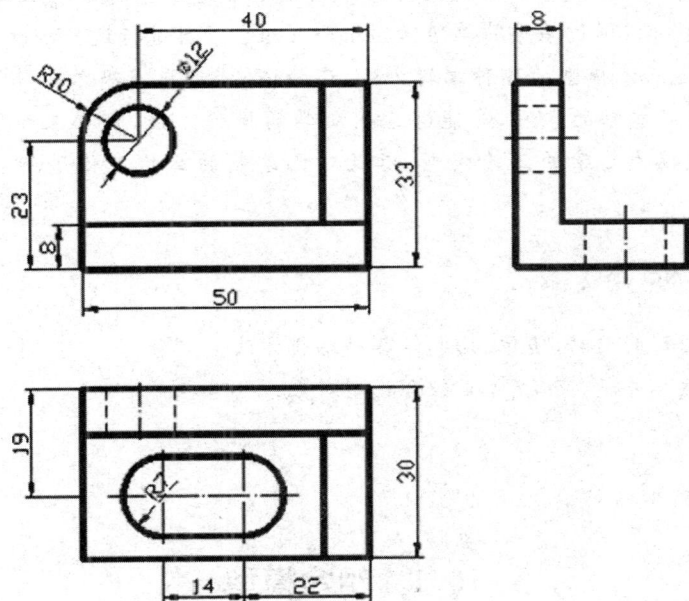

附图 9-4　绘制立体正等测轴图

第 10 章

三维修改命令

知识提要

使用 AutoCAD 2010 建模工具得到的实体模型通常是一些简单的基本三维实体,而较为复杂的三维模型可以通过多个简单实体的组合及组合后再进行适当修改而成。

本章重点讲述三维模型的各种编辑方法、变换,并能够应用布尔运算以及模型对象进行编辑、修改。通过本章的学习,应能够运用所学的操作方法,用由三维绘图命令绘出的简单实体,组合成较为复杂的三维模型,以及对已绘制的三维实体进行符合用户需要的修改。

学习目标

1. 熟悉三维图形的旋转、镜像、切割等各种编辑方法;
2. 通过布尔运算并集、交集、差集组合模型对象;
3. 修改实体模型;
4. 三维标注。

10.1 组合模型

实体模型在创建之后,可以使用命令对其进行编辑,如组合、切割、倒角等,创建出更为复杂的三维实体模型。

对模型进行编辑最常用的就是菜单命令【修改】|【实体编辑】中的各种子命令(如图 10-1 所示)。

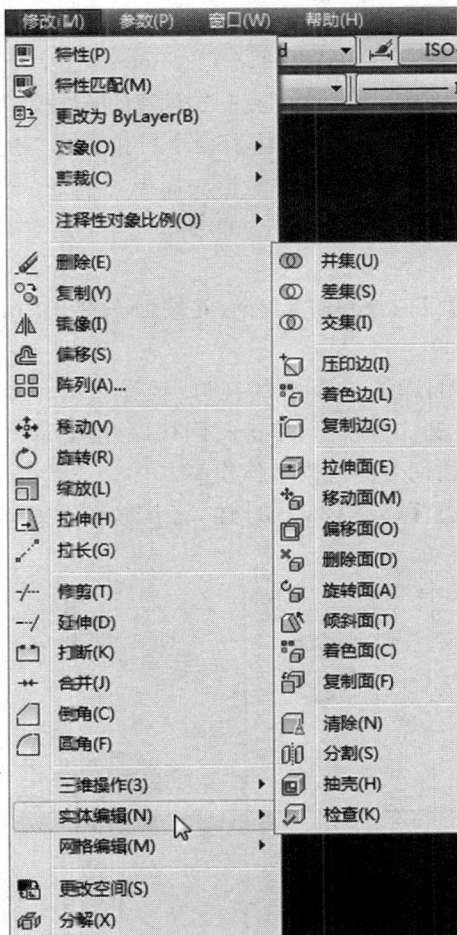

图 10-1　模型的"实体编辑"命令集

【实体编辑】菜单中的子命令都有一个工具按钮，被放置在"实体编辑"工具栏中。如果屏幕上没有"实体编辑"工具栏，可用鼠标右键单击某工具栏，在弹出的快捷菜单中选择"实体编辑"，即可将该工具栏放置在屏幕上（如图 10-2 所示）。

图 10-2　实体编辑工具栏

实体模型也可以像面域一样进行布尔运算后，组成新的模型，运算包括并集、差集和交集。

10.1.1　实体模型并集运算

当需要将两个实体模型合并为一个时，可以使用布尔"并集"运算命令。

（1）执行菜单命令【绘图】|【建模】|【长方体】，命令行提示"点击指定长方体的角点或［中心点（C）："，在视图中单击确定角点位置。

（2）命令行提示"指定角点或［立方体（C）/长度（L）］"，输入"C"，选择创建立方体，并按回车键＜Enter＞。

(3)命令行提示"指定长度",输入"500",并按回车键＜Enter＞。立方体创建完成。

(4)在命令行输入系统变量"Isolines",按回车键＜Enter＞。命令行提示"输入 Isolines 的新值＜…＞,输入"30",按回车键＜Enter＞。增大该参数,创建的实体模型线框密度更大。

(5)选择菜单命令【绘图】|【建型】|【球体】,命令行中提示"指定中心点或[三点(3P)/两点(2P)/相切、相切、半径(T)]:",捕捉已建矩形底面中心单击,确定球心位置。

(6)命令行中提示"指定球体半径或[直径(D)]＜…＞",输入"150",并按回车键＜Enter＞。球体创建完成。

(7)选择【视图】|【视口】|【三个视口】命令,并按回车键＜Enter＞。绘图区随即更改为三个视口。

左上角为默认的俯视图;单击左下角的视口,选择菜单命令【视图】|【三维视图】|【左视】,此时该视口将从左侧观察实体模型;单击右侧视口,选择菜单命令【视图】|【三维视图】|【西南等轴测】,该视口将从西南方向观察实体模型。

(8)选择菜单命令【修改】|【移动】,单击球体,将其移至立方体的上半部分(如图 10-3 中的"并集"前所示)。

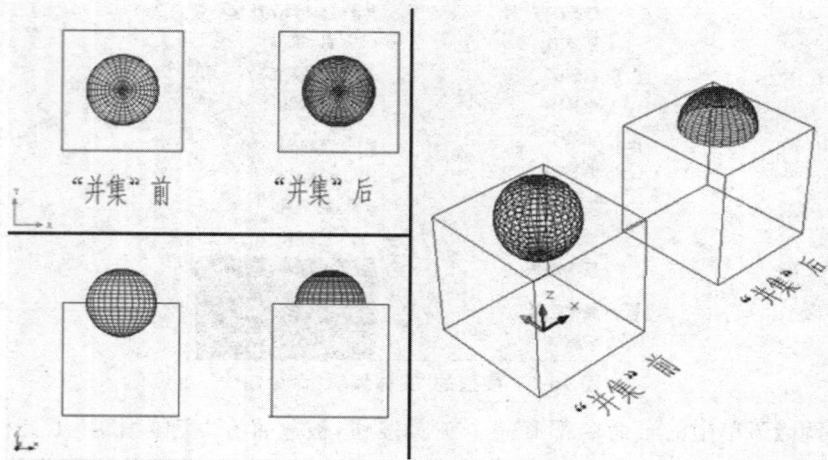

图 10-3 "并集"操作前后

(9)在【实体编辑】工具栏中单击【并集】按钮 ⬤。

(10)命令行提示"选择对象",在视口中分别单击球体和立方体,按回车键＜Enter＞。此时选择的这两个实体合并为一个实体,两实体模型重合部分被删除(如图 10-3 中的"并集"后所示)。

10.1.2 实体模型差集运算

实体模型之间的差集运算,就是从一个模型中减去另一个模型与其相交的部分。

(1)重复上一节步骤(1)至步骤(8),分别创建一个球体和立方体。

(2)在"实体编辑"工具栏中单击"差集"按钮 ⬤。

(3)文本行显示"Subtract 选择要从中减去的实体或面域＜…＞";命令行中提示"选择对象",在视图中单击立方体,并按回车键＜Enter＞。

(4)文本行显示"选择要减去的实体或面域＜…＞";命令行中提示"选择对象",在视图中单击球体,并按回车键<Enter>。

(5)此时从立方体中挖出了球体与其重叠的部分(如图 10-4 中"差集"后所示)。

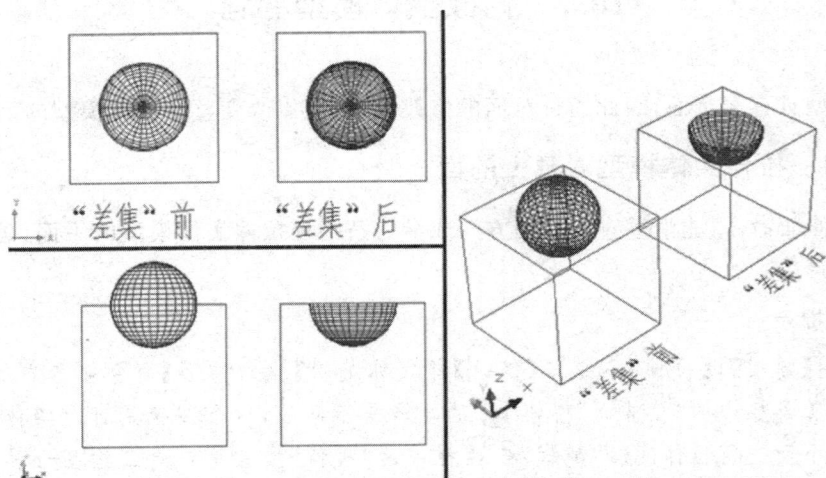

图 10-4   "差集"操作前后

10.1.3   实体模型交集运算

实体模型的交集运算就是将两个或多个实体模型重叠的公共部分保留下来,去除其他的部分。

(1)重复 10.1.1 节步骤(1)至步骤(8),分别创建一个球体和立方体。

(2)在模型"实体编辑"工具栏中单击"交集"按钮 ⊙⊙。

(3)在视图中单击立方体和球体,并按回车键<Enter>。

(4)创建的两个模型相交的部分,也就是在 10.1.2 节立方体中挖出去的部分,如图 10-5 中"交集"后所示。

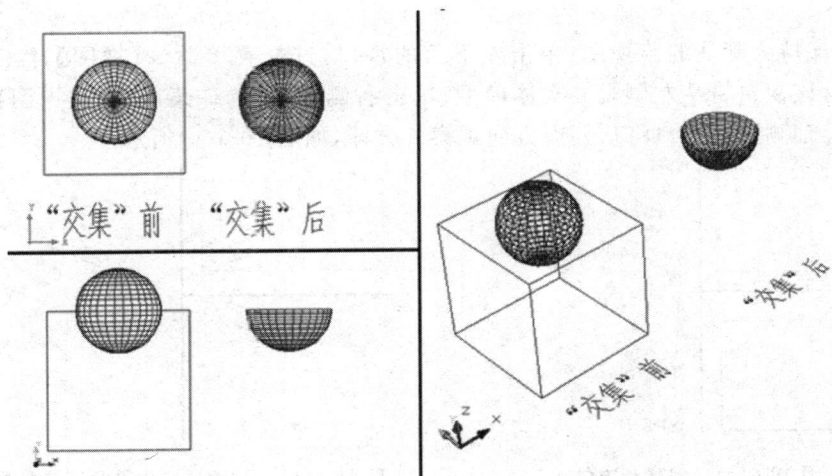

图 10-5   "交集"操作前后

10.2 修改实体模型的面

实体模型具有多个面,因此通过对面的修改编辑,可以改变整个实体模型的型体。

10.2.1 拉伸实体模型对象上的面

使用拉伸面命令,能沿垂直于面的方向或沿一条路径拉伸实体模型的平面,可指定一个高度值或倾斜角。

☞ **特别提示:**

【绘图】|【建模】|【拉伸】命令与【修改】|【实体编辑】|【拉伸面】命令在各自的"建模"、"实体编辑"工具栏中的"拉伸面"按钮 的功能是不同的,这个按钮是针对实体模型对象表面上的一个面进行拉伸的。"建模"工具栏中的"拉伸"按钮是针对二维图形和面域进行拉伸,能产生三维厚度的实体模型。

(1)在命令行输入"box",并按回车键<Enter>。

(2)命令行提示"指定第一个角点或[中心点(CE)]:",在视图中点击。

(3)命令行提示"指定其他角点或[立方体(C)/长度(L)]:"输入字母"L",选择长度选项,按回车键<Enter>。

(4)命令行提示"指定长度",输入"100",按回车键<Enter>。

(5)命令行提示"指定宽度",输入"50",按回车键<Enter>。

(6)命令行提示"指定高度",输入"50",按回车键<Enter>。长方体创建完成,通过上述步骤操作得到的实体模型以文件名"10-5 长方体.dwg"保存于素材文件夹中。

(7)选择【视图】|【视口】|【三个视口】命令,并按回车键<Enter>。绘图区更改为三个视口。

左上角保持为默认的俯视图;单击左下角的视口,选择菜单命令【视图】|【三维视图】|【左视】,此时该视口将从左侧观察实体模型;单击右侧视口,选择菜单命令【视图】|【三维视图】|【西南等轴测】,该视口将从西南方向观察长方体,如图 10-6(a)所示。

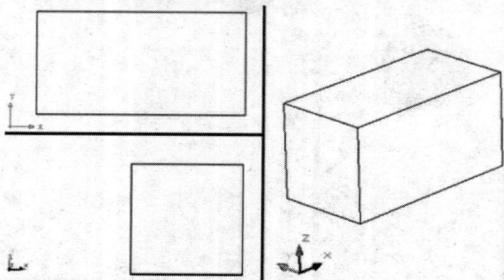

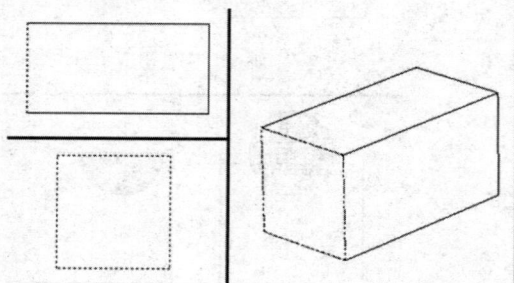

图 10-6(a) 创建长方体   图 10-6(b) 拉伸操作中选择长方体左端面

(8)在"实体编辑"工具栏中单击拉伸面按钮 。

(9)命令行提示"选择面或[放弃(U)/删除(R)]:",在左视图中长方体的面上单击,此时该面及另两个视口中长方体的左端面以虚线显示[如图 10-6(b)所示],按回车键<Enter>。

(10)命令行提示"指定拉伸高度或[路径(P)]:",输入"10",按回车键<Enter>。

(11)命令行提示"指定拉伸的倾斜角度<0>:",输入"20",按三次回车键<Enter>。

(12)长方体左侧面被拉伸,创建了新的倒角面,如图 10-6(c)所示。

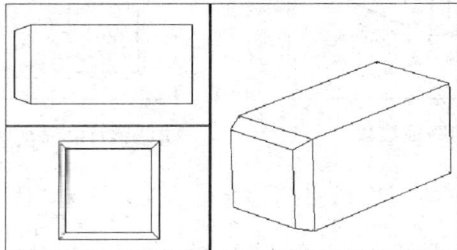

图 10-6(c)　"拉伸面"操作后得到的实体模型

通过上述步骤操作得到的实体模型以文件名"10-6a 拉伸面. dwg"保存于素材文件夹中。

特别提示：

案例中步骤(10)的拉伸高度为负值,选定的面将退缩向内移动,新产生四个凹陷倾斜的面,如图 10-6(d)所示。

如果输入负角度值.选定的面将向外产生倾斜的面,如图 10-6(e)所示。

默认角度为 0,效果为垂直于平面拉伸面/收缩面。

图 10-6(d)　"拉伸面"操作高度为负值效果

图 10-6(e)　"拉伸面"操作角度为负值效果

10.2.2　沿路径拉伸面

(1)打开素材文件"10-6a 拉伸面. dwg",选择菜单命令【绘图】|【直线】,在左上角的俯视图中单击并拖动鼠标,绘制一条直线,如图 10-7(a)所示。

(2)点击右视口,选择菜单命令【修改】|【实体编辑】|【拉伸面】,或单击"实体编辑"工具栏 ▦ 按钮。

(3)命令行提示"选择面或[放弃(U)/删除(R)]",在西南等轴测视图中长方体的右侧面内单击,此时各视口中长方体相应位置会虚线显示,如图 10-7(b)所示,按回车键<Enter>。

图 10-7(a)   绘拉伸路径线段

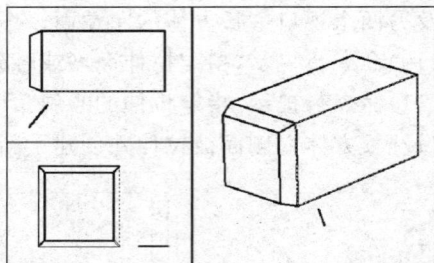

图 10-7(b)   被选中的拉伸面以虚线显示

（4）命令行提示"指定拉伸高度或［路径（P）］"，输入字母"P"，选择路径选项，按回车键 ＜Enter＞。

（5）命令行提示"选择拉伸路径"，在当前视口中点击直线对象，按两次回车键＜Enter＞，此时选择的面会沿着直线确定的角度和长度进行拉伸，如图 10-7(c)所示。

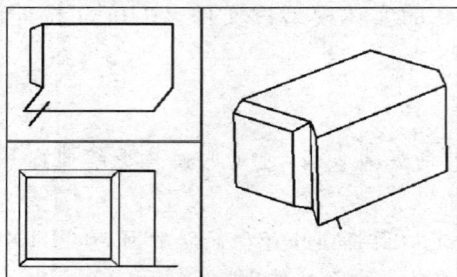

图 10-7(c)   沿路径拉伸的面效果

👉 **特别提示：**

面是沿着一个基于路径的曲线（直线、圆、圆弧、椭圆、椭圆弧、多段线或样条曲线均可）进行拉伸的。但是这个拉伸的路径不能和选定的面位于同一个平面，也不能有过于大的曲率。

10.2.3 移动实体模型上的面

移动面命令可以把模型中的面移至指定的位置，但不更改其方向。在实体模型中，可以轻松地将孔从一个位置移到另一个位置。

（1）选择菜单命令【文件】|【打开】，打开 10.2.1 中保存的文件"10-6a 拉伸面.dwg"。

（2）在"实体编辑"工具栏中单击"移动面"按钮 ✥。

（3）根据命令行的提示，在左下角的左视图中的实体模型中央或在西南等轴测视图中左端面内单击，选中的面会虚线显示，按回车键＜Enter＞。

（4）命令行提示"指定基点或位移："，在左上角的俯视图中单击一点为基点。

（5）命令行提示"指定位移的第二点："，向左移动鼠标，在俯视图中单击另一点为面移动的目标点，移动面操作完成后的效果如图 10-8 所示。

👉 **特别提示：**

指定位移的第二点时，也可以输入第二点的世界坐标值，或相对坐标值来确定要拉伸的参数。

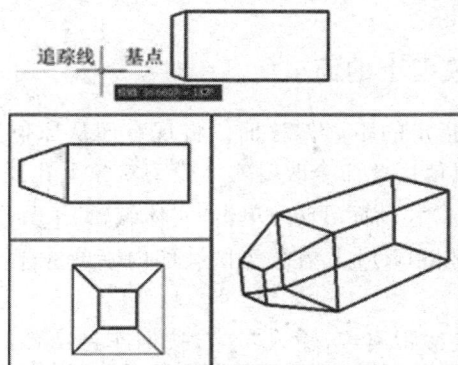

图 10-8 移动面修改模型

本例的操作图形以文件名"10-8 移动面.dwg"保存于素材文件夹。

以上移动面的操作同拉伸面的效果相同,但"拉伸面"仅对平面有效,而"移动面"可实现实体模型的孔内壁和嵌入模型的实体曲面进行移动操作。

(6)打开素材文件 10-9(a)移动面.Dwg,单击实体编辑工具栏上"移动面"按钮,命令行提示"选择面或〔放弃(U)/删除(R)〕:",在模型圆孔的内壁单击选择面,按回车键<Enter>。此时选中的面以虚线显示,如图 10-9(a)所示。

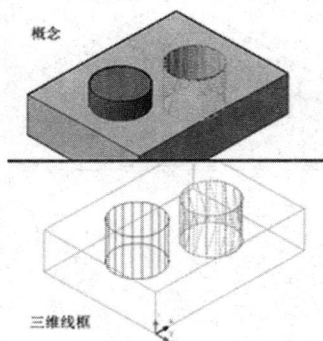

图 10-9(a) 执行"移动面"命令并选择圆孔内壁

(7)命令行提示"指定移动距离:",在屏幕适当位置点击鼠标,沿 X 轴方向移动鼠标直到追踪线出现,通过键盘输入"30",如图 10-9(b)所示。按回车键<Enter>。圆孔的位置将沿指定方向移动 30 个长度单位距离。

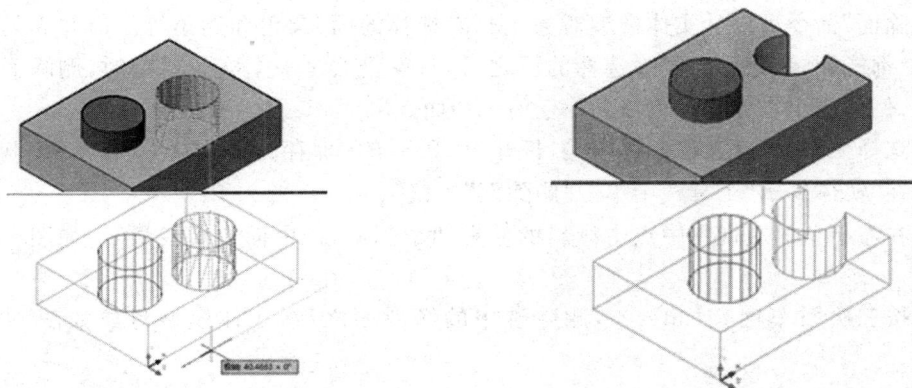

图 10-9(b) 执行移动面命令时确定移动方向

图 10-9(c) 执行"移动面"命令后的效果

(8)参照步骤(6)、(7)的操作,选择嵌入的圆柱体的侧面,可将嵌入体移动,移动后的效果如图 10-9（c）所示。

10.2.4 偏移实体模型上的面

在实体模型上，可以按指定的距离偏移面。将现有面从原位置向内或向外偏移指定的距离来改造实体模型。可以使用此命令改变实体模型对象上孔径的大小。

（1）打开素材文件 10-9（a）移动面. Dwg，单击"实体编辑"工具栏上移动面按钮，命令行提示"选择面或［放弃（U）/删除（R）］:"，在模型圆孔的内壁单击选择面，按回车键＜Enter＞。此时选中的面以虚线显示。

（2）命令行提示"指定偏移距离:"，输入"10"，按回车键＜Enter＞。圆孔的直径将缩小 10 个长度单位，得到的模型如图 10-10（a）所示。如果输入负值，圆孔的直径将会扩大。

（3）参照步骤（1）、（2）的操作，选择嵌入体"圆柱体"的侧面，可将嵌入体"圆柱体"直径扩大，执行命令后的效果如图 10-10（b）所示。如果输入负值，"圆柱体"的直径将缩小。

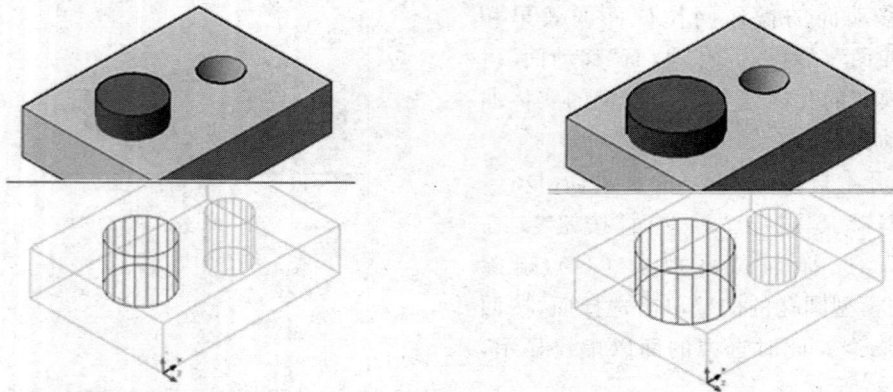

图 10-10（a） 执行"移动面"命令缩小模型孔径   **图 10-10（b） 执行"移动面"命令扩大嵌入圆柱体直径**

10.2.5 删除实体模型上的面

"删除面"命令可以从实体模型对象上删除选择的面、圆角和倒角等。但并不是所有模型中的面都能删除，只有在删除选择的面之后，对象仍然是一个实体模型时，删除面操作才可进行。例如一个长方体就无法删除任何一个面。

（1）选择菜单命令【文件】|【打开】，打开 10.2.3 节中保存的文件"10-8 移动面.dwg"。

（2）在"实体编辑"工具栏中单击"删除面"按钮。

（3）在左下角的左视图中点击倾斜的左右两个侧面，选中面会虚线显示，如图 10-11（a）所示。

（4）按三次回车键＜Enter＞，删除选中的倾斜面之后，实体模型对象如图 10-11（b）所示。

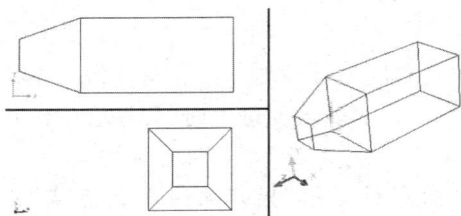

图 10-11(a)　执行"删除面"时选择左右两个斜面　　**图 10-11(b)　执行"删除面"操作后的效果**

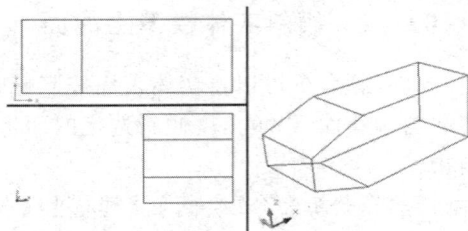

10.2.6　旋转实体模型上的面

"旋转面"命令可以通过选择基点指定的轴,将实体模型上选定的面或特征集合旋转指定的角度。当前 UCS 坐标和系统变量 Angdir 设置决定旋转的方向。

系统变量 Angdir 设置正角度的方向。从相对于当前 UCS 方向的 0 角度测量角度值。Angdir＝0,为逆时针;Angdir＝1,为顺时针。

(1)打开素材文件"10-12(a)旋转面.dwg",选择"西南等轴测"视图,执行菜单命令【修改】|【实体编辑】|【旋转面】,或单击"实体编辑"工具栏中"旋转面"按钮 ☝。

(2)命令行提示"选择面或［放弃(U)/删除(R)］:",鼠标单击选择模型内挖空部分的面,被选中的以虚线显示,完成后如图 10-12(a)所示。按回车键＜Enter＞。

☞ **特别提示:**

在选择面的操作中,单击实体模型的轮廓线会同时选中两个面,按下＜Shift＞键再次单击已选择的面,则该面会退出选择,利用这两个特点,可解决模型在轴测图显示情况下,背离观察方向的面的选择问题。

(3)命令行提示"指定轴点或［经过对象的轴(A)/视图(V)/X 轴(X)/Y 轴(Y)/Z 轴(Z)］＜两点＞:",捕捉并单击右下方已选择面的上边线中点和下边线中点,两点连线即作为旋转轴,按回车键＜Enter＞。

(4)命令行提示"指定旋转角度或［参照(R)］:",输入"15",按回车键＜Enter＞。

(5)旋转面命令操作完成后将实体模型挖空部分沿指定轴方向旋转 15°,如图 10-12(b)所示。

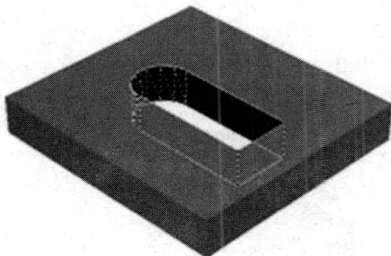

图 10-12(a)　选择实体模型内挖空部分的面　　**图 10-12(b)　旋转面效果**

10.2.7　倾斜实体模型上的面

"倾斜面"命令可以将实体表面按照指定的方向和角度进行倾斜。以正角度倾斜选定的面将向内倾斜面,以负角度倾斜选定的面将向外倾斜面。如果角度过大时,程序会拒绝执行倾斜操作。

(1)选择菜单命令【绘图】|【建模】|【长方体】,命令行提示"指定第一个角点或[中心(C)]:",在视图中单击。

(2)命令行提示"指定其他角点或[立方体(C)/长度(L)]:",输入"C",按回车键<Enter>。

(3)命令行提示"指定高度或[两点(2P)]:",输入"500",按回车键<Enter>,创建一个立方体。

(4)在"实体编辑"工具栏中单击倾斜面按钮,在视图中单击立方体的左侧面,该面会变为以虚线显示,按回车键<Enter>。

(5)命令行提示"指定基点:"捕捉并单击面的 A 点;命令行提示"指定沿倾斜轴的另一个点:"捕捉并点击面的 B 点,如图 10-13(a)所示。

(6)命令行提示"指定倾斜角度:",输入旋转角度值"20",按 3 次回车键<Enter>,选择面顺时针倾斜 20°,如图 10-13(b)所示。

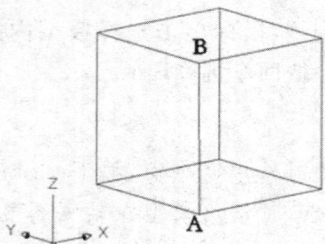

图 10-13(a)　指定倾斜面、基点及倾斜轴的另一个点

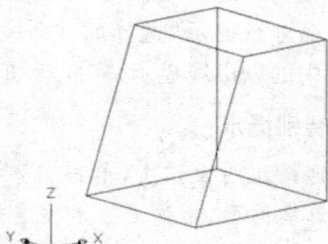

图 10-13(b)　倾斜面操作效果

10.2.8　复制实体模型上的面

使用"复制面"命令可以将实体模型对象上选择的面复制出来,成为一个面域对象。

(1)在"实体编辑"工具栏中单击"复制面"按钮,单击模型的一个面,按回车键<Enter>。

(2)命令行提示"指定基点或位移:",辅助工具"对象捕捉"开的情况下,在视图中捕捉并点击实体模型中的 A 点。

命令行提示"指定位移的第二点:",在 B 点的位置单击,如图 10-14(a)所示。

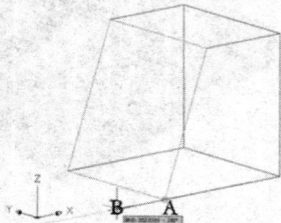

图 10-14(a)　执行"复制面"操作

图 10-14(b)　复制面结果

（3）此时在 B 点的位置，即可创建一个选择面的复制品，如图 10-14（b）所示。按回车键 <Enter>结束操作。

10.2.9　为实体模型上的面着色

面着色命令可以赋予或改变实体模型上被选择面的颜色，也可使不同的面具有不同的颜色。

（1）在"实体编辑"工具栏中单击"着色面"按钮 。

（2）在打开的模型文件视图中单击模型的某一或多个侧面，点击选中的面会以虚线显示，按回车键 <Enter>后会弹出"选择颜色"对话框（如图 10-15 所示）。在对话框中选择某一颜色，单击"确定"即可将实体模型被选择面的颜色更改为选定色。

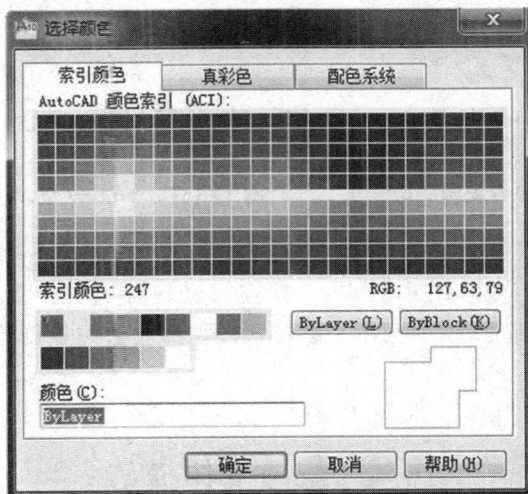

图 10-15　"选择颜色"对话框

10.3　修改实体模型的边

10.3.1　修改模型对象边的颜色

实体模型可以改变选择面的颜色，同样也可以改变选择边的颜色。需要注意的是，使用"着色边"命令改变了边的颜色，但面的颜色不会改变。

（1）在"实体编辑"工具栏中单击"着色边"按钮 。

（2）在视图中单击实体模型的一条边或多条边，被单击的边线会以虚线显示，按回车键 <Enter>，弹出颜色选择对话框（如图 10-15 所示），在对话框中选择一种颜色，单击"确定"。

（3）被选中并以虚线显示的边就会以选定的颜色显示。

10.3.2 复制模型对象的边

复制边命令可以将实体模型上选择的边复制出来,成为一个直线对象。如果选择了两个以上的边,创建的复制品,将是多条直线,即便相邻也不是一条多段线。

(1)在"实体编辑"工具栏中单击"复制边"按钮,命令行提示"选择边或[放弃(U)/删除(R)]:"。

(2)在视图中单击实体模型的一条或若干条边,被点击选中边线会以虚线显示,如图10-16(a)所示,按回车键<Enter>。

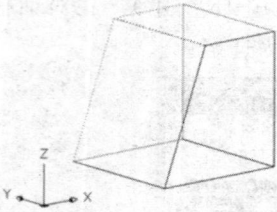

图 10-16(a)　选择要复制的边　　　图 10-16(b)　执行"复制边"命令得到的线段

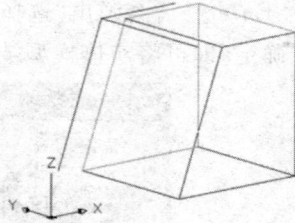

(3)命令行提示"指定基点或者位移:",在视图中适当位置单击确定基点。

(4)命令行提示"指定位移的第二点:",向左移动鼠标,在适当位置单击鼠标确定第二点,按回车键<Enter>两次,结束操作。此时在模型的左边位置创建了边的复制品直线,如图10-16(b)所示。

10.4　修改实体模型

10.4.1　实体模型的倒角

实体模型的倒角使用的是菜单命令【修改】|【倒角】,这与二维图形的倒角命令相同。

(1)创建一个立方体,方法见10.2.7节步骤(1),(2),(3)。

(2)在"修改"工具栏中点击"倒角"按钮,或选择菜中命令【修改】|【倒角】。

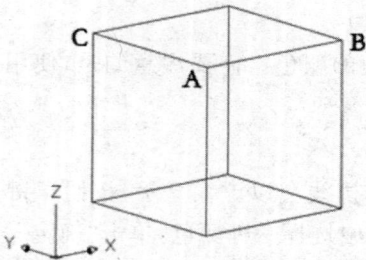

图 10-17(a)　选择 AB 为倒角的边

(3)在视图中单击立方体的 AB 边,这时与 AB 边相交的两个面中的一个面会虚线显示,说明该面被选中,如图10-17(a)所示。

(4)命令行提示"输入曲面选择选项[下一个(N)/当前(OK)]<当前(OK)>",如果虚线的面不是需要倒角的面,应输入"N",按回车键<Enter>,即可选中另一个面。

(5)命令行提示"指定基面的倒角距离<×××>",输入"50",按回车键<Enter>。

(6)命令行提示"指定其他曲面的倒角距离<×××>",

输入"50",按回车键<Enter>。

(7)命令行提示"选择边或[环(L)]",由于选择的面是一个封闭的对象,可以看作是一个环,默认为环(L),按回车键<Enter>。

(8)命令行提示"选择边环或[边(E)]",再次单击顶面的边 AB,即可创建倒角,如图 10-17(b)所示。

(9)如果在步骤 7 没有输入 L,也可以直接单击需要倒角的某一条边或多条边。例如单击 AB 边,再单击 AC 边,按回车键<Enter>,将创建 AB、AC 边的倒角,如图 10-17(c)所示。

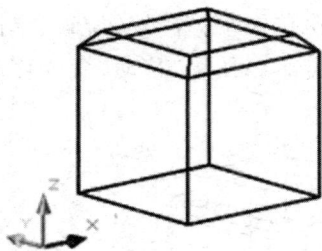

图 10-17(b)　与 AB 边构成的"环"实现倒角　　　　图 10-17(c)　AB 边和 AC 边实现倒角

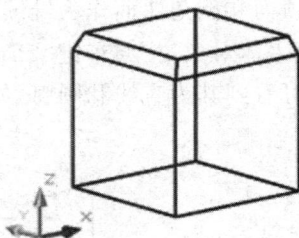

如果选择了顶端面的四条边,得到的效果与图 10-17(b)相同。

10.4.2　实体模型倒圆角

实体模型倒圆角使用的是菜单命令"修改|圆角",与二维图形的倒圆角命令相同。

(1)创建一个立方体,方法见 10.2.7 节步骤(1),(2),(3)。

(2)在"修改"工具栏中点击"圆角"按钮,或选择菜单命令【修改】|【圆角】。单击实体模型上需要进行倒圆角的边 AB,AB 边用虚线显示,如图 10-18(a)所示。

(3)命令行提示"输入圆角半径",输入"50"。

(4)命令行提示"选择边或[链(C)/半径(R)]",单击模型上的其他边 CD,AE,EF,按回车键<Enter>。

(5)选择的四条边 AB,CD,AE,EF,创建了圆角,如图 10-18(b)所示。

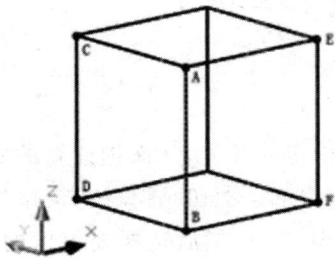

图 10-18(a)　选择 AB 为倒圆角的边　　　　图 10-18(b)　倒圆角边

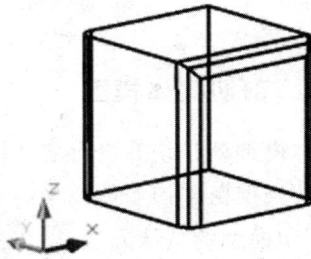

10.4.3　分解实体模型

实体模型可以分解为多个面的,使用"修改"工具栏"分解"按钮或菜单命令【修改】|

【分解】,将模型分解为一系列的面域和主体。模型中的"面"被转换为面域,曲面部分会转化为主体。并且这些面域和主体还可以继续使用分解命令进一步分解直至为基本图形,如直线、圆及圆弧等。

(1)在"修改"工具栏中单击"分解"按钮 🔩 。

(2)单击实体模型,例如单击一个倒角立方体,按回车键<Enter>,分解操作完成。

(3)在"修改"工具栏中单击"移动"按钮 ✛ ,分别单击分解后的对象并移动它们,可以看到分解后的立方体被转换成多个面域和主体,如图 10-19(a)所示。

(4)将顶面和倒角曲面作为继续分解的对象。再次单击"分解"按钮 🔩 。单击选择顶面和圆角曲面主体对象,按回车键<Enter>,完成再次分解。使用"移动"命令移动二次分解后的对象,可看到其为直线和圆弧,如图 10-19(b)所示。

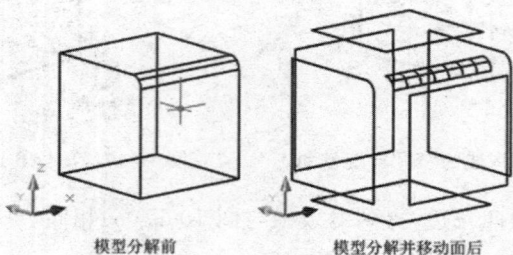

模型分解前   模型分解并移动面后

图 10-19(a)   分解倒角正方体

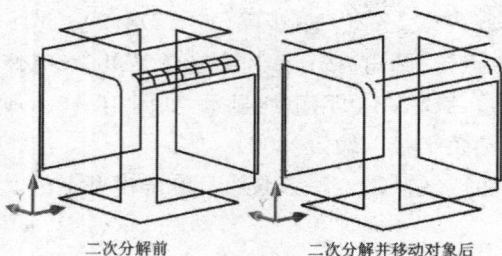

二次分解前   二次分解并移动对象后

图 10-19(b)   二次分解顶面及倒角曲面主体

10.4.4　剖切实体模型

剖切实体模型就是切开已有实体模型并可移除未指定的部分,从而创建新的实体模型。用户既可以选择保留剖切实体模型的一部分,也可保留全部。剖切是【修改】菜单的【三维操作】命令。剖切模型的默认方法是:先指定三点定义剪切平面,然后选择要保留的部分。也可以通过其他对象、当前视图、Z 轴或 XY、YZ 或 ZX 平面来定义剖切平面。

(1)打开 10.2.6 节中保存的"10-12a 旋转面.dwg"图形文件。

(2)启用剖切实体模型命令,有 3 种方法:

①选择菜单命令【修改】|【三维操作】|【剖切】。

②在命令行输入"Slice",并按回车键<Enter>。

③在面板"三维制作"工具组中,单击"剖切"按钮 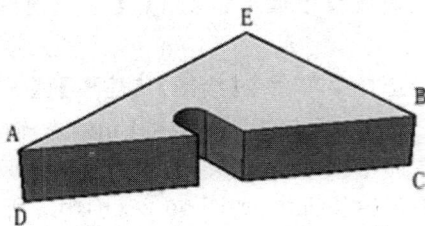。

(3)命令行提示"选择对象",单击要剖切的实体模型对象,按回车键<Enter>。

(4)命令行提示"指定切面上的第一个点,依照[对象(O)/Z 轴(Z)/(视图)(V)/XY 平面(XY)/YZ 平面(YZ)/ZX 平面(ZX)/三点(3)]<三点>",开启辅助工具"对象捕捉",捕捉并点击实体模型上的 A 点。

命令行提示"指定平面上的第二个点",捕捉并单击实体模型上的 B 点。

命令行提示"指定平面上的第三个点",捕捉并单击实体模型上的 C 点。

通过指定三个点确定了剖切平面为 ABCD,如图 10-20(a)所示。

(5)命令行提示"在所需的侧面上指定点或[保留两个侧面(B)]<保留两个侧面>:",在 ABE 三点构成的区域内单击,剖切操作完成,剖切后的实体模型如图 10-20(b)所示。

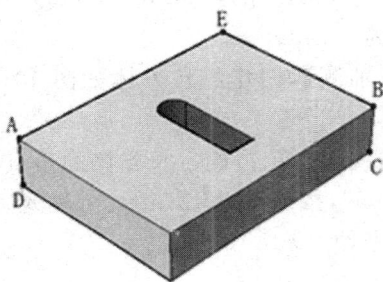

图 10-20(a)　通过捕捉并单击三个
点确定剖切平面为 ABCD

图 10-20(b)　剖切完成后的实体模型

特别提示:

若默认为保留两个侧面,步骤(5)时直接回车会将剖开的两部分模型都保留下来。

10.4.5　抽壳实体模型

抽壳是以指定的距离在已有实体模型的内部或外部创建壳体,此操作会产生新的面。

(1)创建一个长宽高为 500 的正方体,方法见 10.2.7 节内容。

(2)执行抽壳命令,可以在"实体编辑"工具栏单点击"抽壳"按钮 ,或者选择菜单命令【修改】|【实体编辑】|【抽壳】。

(3)单击正方体,命令行提示"删除面或[放弃(U)/添加(A)]",单击正方体的顶端面,按回车键<Enter>。即顶端面不抽壳。

(4)命令行提示"输入抽壳偏移距离",输入"50",按 3 次回车键<Enter>,创建的抽壳对象如图 10-21 所示。

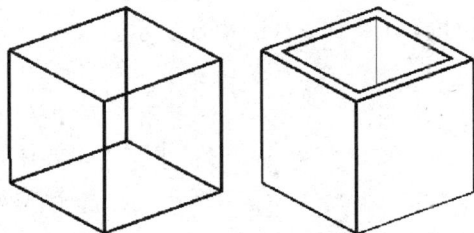

图 10-21　正方体抽壳操作前后对照

👉 **特别提示：**

　　如果不选择任何端面，直接按回车键＜Enter＞，那么会得到一个有厚度的空心模型；抽壳的距离为正值，表示向内抽壳；为负值，表示向外抽壳。

10.5　综合实例：修改组合实体模型

　　通过本节实例，练习实体模型的布尔运算，并修改模型的边界为倒角。

　　(1)选择菜单命令【绘图】|【建模】|【长方体】，在俯视图中单击确定长方体的角点，在命令行输入字母"L"，按回车键＜Enter＞，输入长度值"106"，按回车键＜Enter＞，输入宽度值"144"，按回车键＜Enter＞，输入高度值"126"，按回车键＜Enter＞。

　　(2)选择菜单命令【视图】|【三维视图】|【西南等轴测】，创建的长方体如图 10-22(a)所示。

　　(3)选择菜单命令【绘图】|【建模】|【长方体】，在俯视图中单击确定长方体的角点，在命令行输入字母"L"，按回车键＜Enter＞，输入长度值"106"，按回车键＜Enter＞，输入宽度值"90"，按回车键＜Enter＞，输入高度值"46"，按回车键＜Enter＞。

　　(4)创建长方体，如图 10-22(b)中 a 所示。

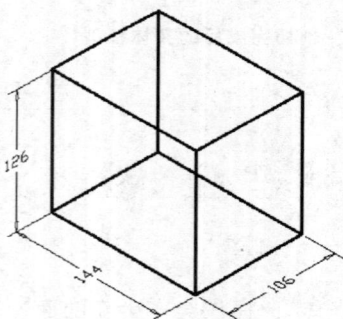

图 10-22(a)　建立长方体

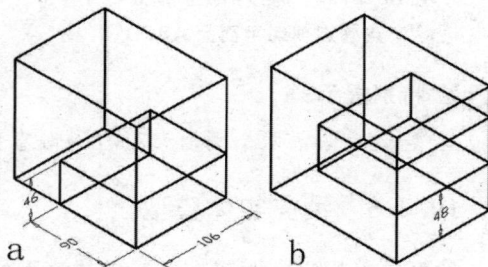

图 10-22(b)　建立长方体

　　(5)选择菜单命令【修改】|【移动】，单击第二个长方体，按回车键＜Enter＞，单击西南角点，在命令行输入移动目标点的坐标"@0,0,48"，按回车键＜Enter＞，长方体在 Z 轴向上移动位置，如图 10-22(b)中 b 所示。

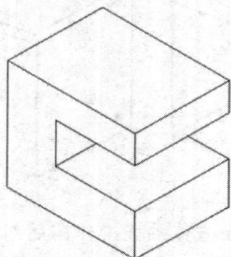

图 10-22(c)　执行"差集"命令后的模型

　　(6)选择菜单命令【修改】|【实体编辑】|【差集】，单击第一个长方体，按回车键＜Enter＞，再单击第二个长方体，按回车键＜Enter＞，得到一个差集三维组合模型。

　　(7)选择菜单命令【视图】|【视觉样式】|【三维隐藏】，三维组合模型如图 10-22(c)所示。

　　(8)选择菜单命令【修改】|【倒角】，单击 AB 边，

ABCD 面以虚线显示，按回车键＜Enter＞，选择的面为基面，如图 10-22(d)中 a 所示。

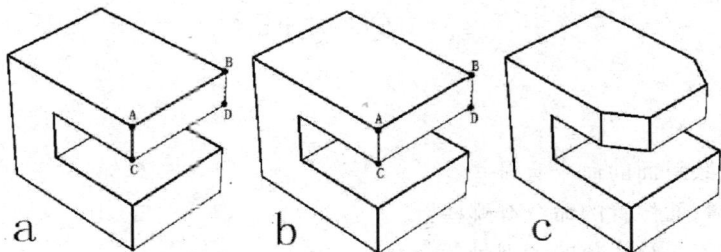

图 10-22(d)　模型修改过程

(9)在命令行输入指定基面的倒角距离"21"，按回车键＜Enter＞。

(10)在命令行输入其他曲面的倒角距离"32"，按回车键＜Enter＞。

(11)单击边 AC 和 BD，两条边会虚线显示，如图 10-22(d)中 b 所示。

(12)按回车键＜Enter＞，创建倒角，如图 10-22(d)中 c 所示。

(13)选择菜单命令【视图】|【三维视图】|【西北等轴测】，选择菜单命令【修改】|【倒角】，点击 EF 边，EFGH 面变为以虚线显示，按回车键＜Enter＞，选择的面为基面，如图 10-22(e)中 a 所示。

(14)在命令行输入指定基正的倒角距离"20"，按回车键＜Enter＞。

(15)在命令行输入其他曲面的倒角距离"32"，按同车键＜Enter＞。

(16)单击边 EF，该边会虚线显示，如图 10-22(e)中 b 所示。

(17)按回车键＜Enter＞，创建倒角，如图 10-22(e)中 c 所示。

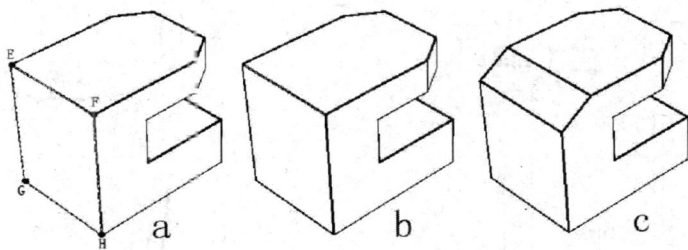

图 10-22(e)　模型再次倒角边

本章小结

　　本章讲解了修改实体模型常用的"实体编辑"和"三维操作"命令，通过使用这些命令可对模型进行各种修改。要求熟练掌握使用布尔运算组合实体模型对象，通过修改实体模型的面、边和对实体模型进行三维操作，编辑出更加复杂的模型造型。有些修改命令既可以用于二维图形也能用于三维模型，应注意操作中的不同之处。

习题与实训

一、简答题

1. 能够生成倾斜面的命令有哪些？
2. 改变孔、槽、面位置的命令有哪些？
3. 三维倒角与二维倒角的区别是什么？

二、实训绘图

创建凳子实体模型，如附图 10-1(a)所示。模型由两个部件组成，如附图 10-1(b)所示。

附图 10-1(a)　板凳

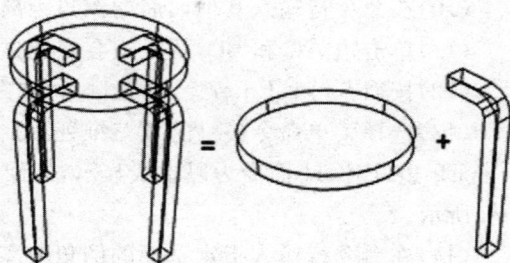

附图 10-1(b)　板凳实体模型构成

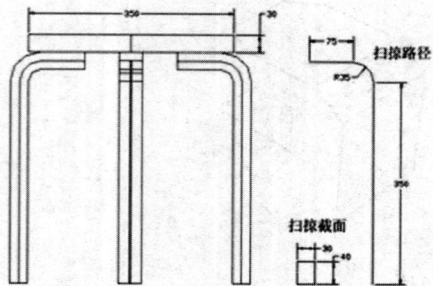

附图 10-1(c)　板凳三维建模要领

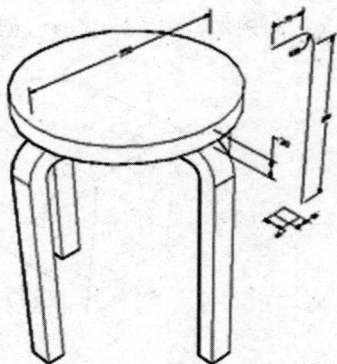

附图 10-1(d)　板凳实体模型三维标注

第 11 章

布图与打印

知识提要

在所有图形制作完成后,最后一项关键工作就是根据图形的大小和绘图需要改变图形的布局,以便打印或者输出。本章主要介绍图纸布局和最后的打印工作。

学习目标

1. 了解如何创建布局及布局设置;
2. 掌握布局命令,调整图形的布局分布;
3. 掌握打印出图时如何设置页面大小、打印范围和输出比例。

11.1 打印概述

11.1.1 模型空间与图纸空间

1. 模型空间

模型空间是指用户在其中进行设计绘图的工作空间。在模型空间中,用创建的模型来完成二维或三维物体的造型,标注必要的尺寸和文字说明。系统的默认状态为模型空间。当在绘图过程中,只涉及一个视图时,在模型空间即可以完成图形的绘制、打印等操作。

2. 图纸空间

图纸空间(又称为布局),前面几章讲述了如何在模型空间中进行绘图工作,一般情况下,往往会在模型空间中同时绘制平面图、立面图、剖面图或详图等,打印时就会涉及要打印哪个图或是多个图同时打印的排版布局,因此,AutoCAD 2010 为多样化出图安排了专门的工作环境。

同时,图纸空间上的所有图纸均为平面图,不能从其他角度观看图形。利用图纸空间,还可以把在模型空间中绘制的三维模型在同一张图纸上以多个视图的形式排列(如主视图、俯视图、剖视图),以便在同一张图纸上输出它们,而且这些视图可以采用不同的比例。而在模型空间则无法实现这一点。

11.1.2 纸质打印与电子打印

绘制图形后,可以使用多种方法输出,即可以将图形打印在图纸上,也可以创建成文件以供其他应用程序使用。用户可以以多种格式(包括 DWF,DXF,PDF 和 Windows 图元文件"WMF")输出或打印图形,还可以使用专门设计的绘图仪驱动程序以图像格式输出图形。其中 DWF 文件是较为常用的一种文件交流方式,每个 DWF 文件可包含一张或多张图纸,它是一种二维矢量文件,使用这种格式可以方便地在 Web 或 Internet 网络上发布图形。另外,DWF 文件可以较好地保证设计稿不被随意修改。

11.2 布图打印

11.2.1 模型空间输出图形

在模型空间中,不仅可以完成图形的绘制、编辑,同样可以直接输出图形。下面介绍输出方法及有关设置。

1.打印输出命令的输入

可以执行以下命令之一。

(1)菜单栏:单击【文件】|【打印】菜单命令。

(2)工具栏:单击 ![按钮] 按钮。

(3)命令行:输入 Plot 命令。

在模型空间中执行命令后,打开"打印—模型"对话框(如图 11-1 所示)。

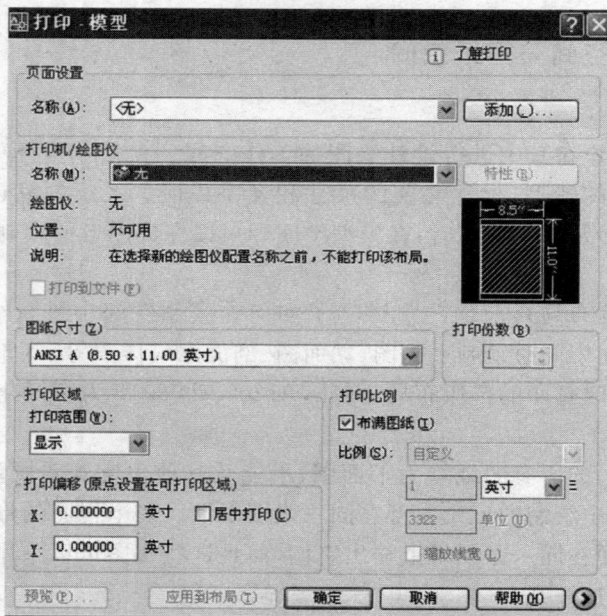

图 11-1 "打印—模型"对话框

2."打印"对话框各选项说明

(1)"页面设置"选项组。"名称"下拉列表：用于选择已有的页面设置。"添加"按钮：用于打开"用户定义页面设置"对话框，用户可以新建、删除、输入页面设置。

(2)"打印机、绘图仪"选项组。"名称"下拉列表框：用于选择已经安装的打印设备，名称下面的信息为该打印设备的部分信息。"特性"按钮：用于打开"绘图仪配置编辑器"对话框，如图 11-2 所示。

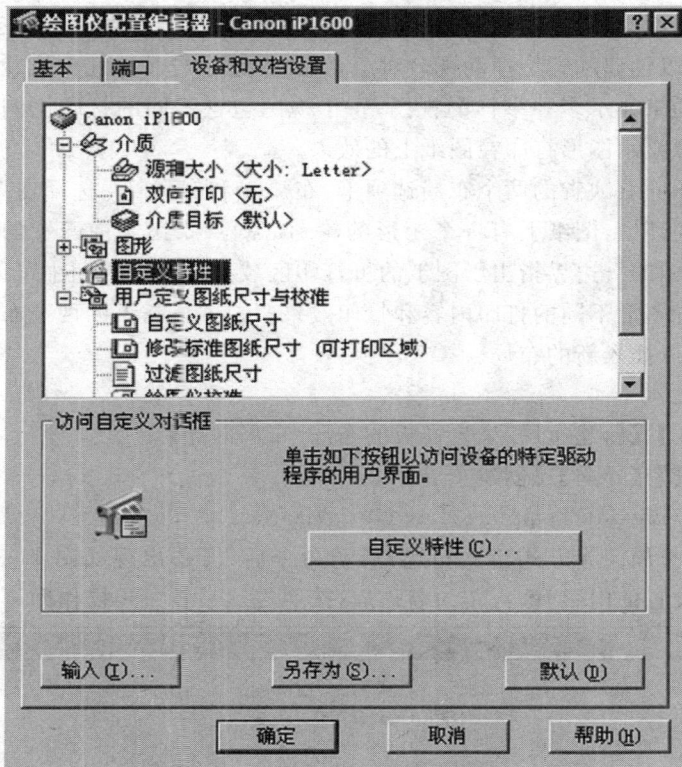

图 11-2　"打印机配置编辑器"对话框

选择"自定义特性"，可以设置"纸张、图形、设备"选项。其中包括了图纸的大小、方向打印图型的精度、分辨率、速度等内容。

(3)"图纸尺寸"下拉列表框。该下拉列表框用于选择图纸尺寸。

(4)"打印区域"选项组。"打印范围"下拉列表框：在打印范围内，可以选择打印的图形区域。

(5)"打印偏移"选项组。"居中打印"复选框：用于居中打印图形。"X"、"Y"文本框：用于设定 X 和 Y 方向上的打印偏移量。

(6)"打印份数"。"打印份数"文本框用于指定打印的份数。

(7)"打印比例"选项组。"打印比例"选项组用于控制图形单位与打印单位之间的相对尺寸，打印布局时，默认比例设置为 1∶1。从"模型"选项卡打印时，默认设置为"布满图纸"。

"比例"下拉列表框：用于选择设置打印的比例。

"毫米"、"单位"文本框：用于自定义输出单位。

"缩放线宽"复选框：用于控制线宽输出形式是否受到比例的影响。

（8）"预览"按钮：用于预览图形的输出结果。

（9）"确定"按钮：输出结果。

11.2.2 布局空间输出图形

1.创建布局和布局设置

布局是一个图纸空间环境，它模拟一张图纸并提供打印预设置。

在布局中，可以创建和定位浮动视口对象，添加标题栏或其他几何形状。可以在一个图形中创建多个布局来显示多种多样的视图，每个视图包含不同的打印比例和图纸尺寸。每个布局都可以模拟显示图形打印在图纸上的效果。

在图形区域下面有缺省的两个布局选项卡：布局1和布局2。选择任一布局选项卡，则自动进入图纸空间环境，图纸上有一个矩形的轮廓（虚显）指出当前配置的打印设备的图纸尺寸，显示在图纸中的页边界指出了图纸的可打印区域。在图纸空间中可以创建多个布局，在多个布局中设置图形不同的打印内容和打印效果。缺省状态下的两个布局不足以表达打印输出设置时，可以插入新的布局。

（1）调用方式。

菜单栏：【插入】|【新建布局/来自样板的布局/布局向导】

菜单栏：【工具】|【导向】|【创建布局】

命令：Layout/Layout Template/Lay-Out Wizard

（2）操作。用布局向导方式建立布局，启动命令后，屏幕出现如图11-3所示的对话框，其中显示了布局设置的内容，键入新的名称后，按照提示一步一步操作即可完成布局设置。

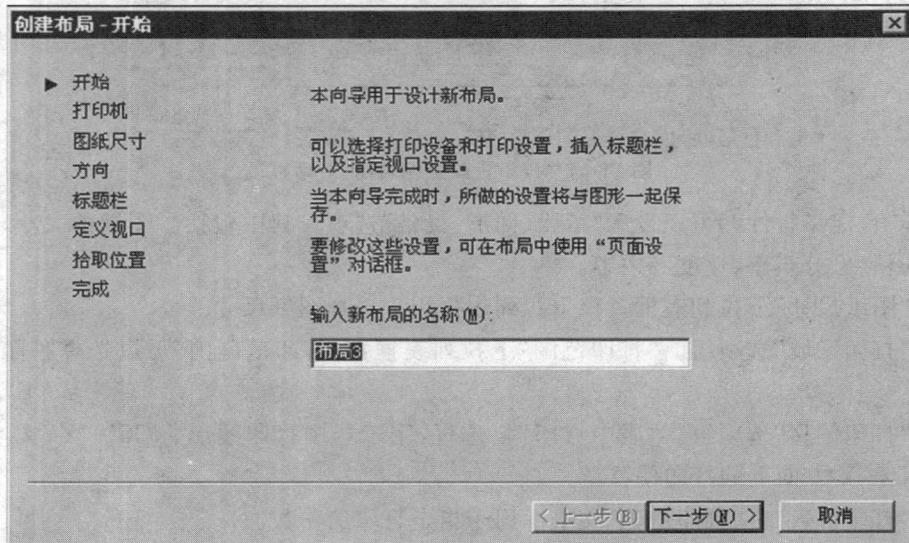

图 11-3 "创建布局"对话框

2.创建布局视口

（1）视口。视口是指在模型空间中显示图形的某个部分的区域。对较复杂的图形，为了比较清楚地观察图形的不同部分,可以在绘图区域上同时建立多个视口进行平铺,以便显示几个不同的视图。如果创建多视口时的绘图空间不同,所得到的视口形式也不相同,若当前绘图空间是模型空间,创建的视口称为"模型视口",又称为"平铺视口";若当前绘图空间是图纸空间,则创建的视口称之为"布局视口",又称之为"浮动视口"。

　　AutoCAD 提供了"视口"工具栏用来修改和编辑视口(如图 11-4 所示)。只有当前视口可以修改和编辑。

图 11-4　"视口"工具栏

(2)布局视口。输入命令可以执行以下命令之一。

"视口"工具栏:单击 ▣ 按钮。

命令行:输入 Vports。

如果在图纸空间执行命令后,打开"视口"对话框(如图 11-5 所示)。

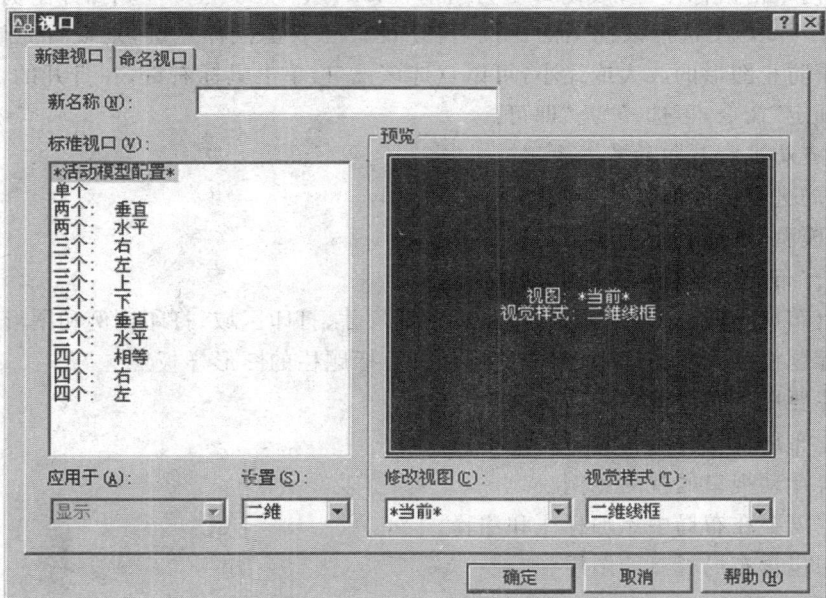

图 11-5　图纸空间的"视口"对话框

(3)布局视口的特点。

①视口是浮动的。各视口可以改变位置,也可以相互重叠。

②浮动视口位于当前层时,可以改变视口边界的颜色,但线型总为实线,可以采用冻结视图边界所在图层的方式来显示或不打印视口边界。

③可以将视口边界作为编辑对象,进行移动、复制、缩放、删除等编辑操作。

④可以在各视口中冻结或解冻不同的图层,以便在指定的视图中显示或隐藏相应的图

形、尺寸标注等对象。

　　⑤可以在图纸空间添加注释等图形对象。

　　⑥可以创建各种形状的视口。

　　(4)布局视口设置。其操作步骤如下。

　　①输入命令:在"视口"工具栏单击 ▣ 按钮或在命令行输入:"Vports"。

　　②输入命令后,打开"视口"对话框(如图 11-4 所示)。在"当前名称"文本框中输入要选择的视口名称,选择视口个数和平铺方式,然后激活一个视口。

　　③在"设置"下拉列表框中选择"2 维"时,可直接在"预览"窗口中单击各视口将其激活;在"设置"下拉列表框中选择"3 维"时,可以在"修改视图"下拉列表框中改变被选视图的视口。可以选择的视口为:"当前、俯视、仰视、主视、后视、左视、右视、西南等轴测、东南等轴测、东北等轴测、西北等轴测。"

　　④单击"确定"按钮,完成视图切换为多个视图。

　　(5)视口图形比例设置。打印输出时,常常需要设置输出比例。可以在各自的视口中设置不同的输出比例。

　　在视口内单击鼠标左键,该视口变为当前视口。从"视口"工具栏中的"比例"下拉列表框(如图 11-5 所示)中选择该视图的比例,再在视口外双击鼠标左键,则设置完毕。在输出打印前,为了防止图形的放大或缩小,可以点选该视口,单击鼠标右键,在打开的快捷菜单中选择"显示锁定"命令,再选择"是"即可。

　　3.使用布局进行打印的基本步骤

　　使用布局进行打印的基本步骤如下:

　　(1)在"模型"选项卡上创建主题模型。

　　(2)单击"布局"选项卡,激活或创建布局。

　　(3)指定布局页面设置,例如打印设备、图纸尺寸、打印区域、打印比例和图形方向。

　　(4)将标题栏插入到布局中(除非使用已具有标题栏的图形样板)。

　　(5)创建要用于布局视口的新图层。

　　(6)创建布局视口并将其置于布局中。

　　(7)设置浮动视口的视图比例。

　　(8)根据需要在布局中添加标注和注释。

　　(9)关闭包含布局视口的图层。

　　(10)打印布局。

11.3　页面设置

　　本节将页面设置命令作为补充知识作一个简单介绍。选取文件下拉菜单下的页面设置管理器,屏幕弹出"页面设置管理器"对话框,弹出如图 11-6 所示的"页面设置管理器"对话框。在对话框中选取"修改",在"页面设置—模型"对话框中选取打印机配置里的"特性"选项,弹出如图 11-7 所示的"绘图仪置编辑器"对话框。

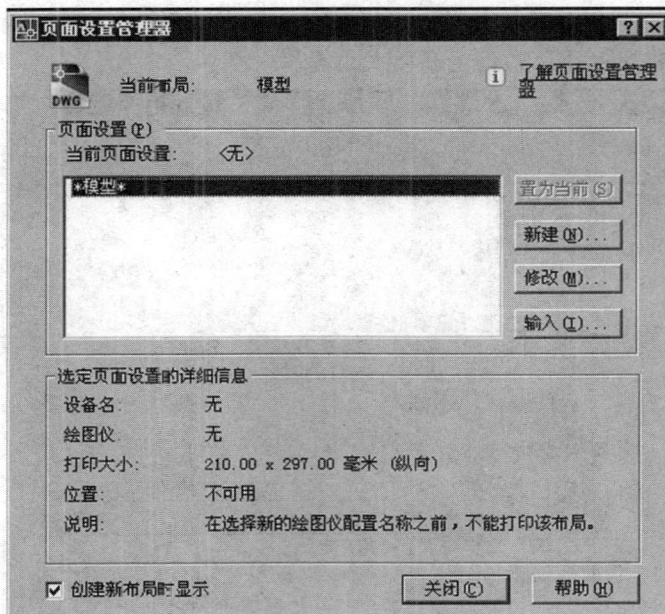

图 11-6　"页面设置管理器"对话框

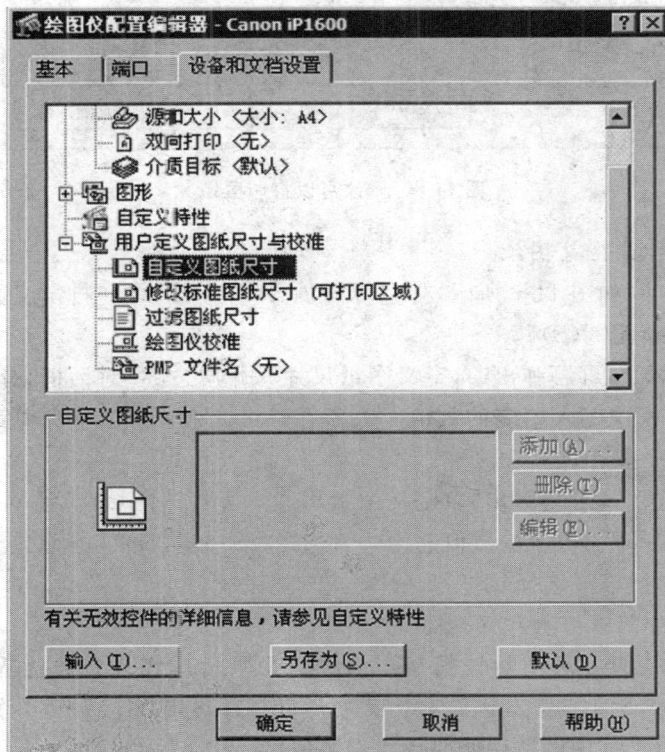

图 11-7　"绘图仪配置编辑器"对话框

在"绘图仪配置编辑器"对话框中,主要功能有:自定义图纸尺寸(如图 11-7 所示)、修改可以打印区域(如图 11-8 所示)、设定介质大小等。

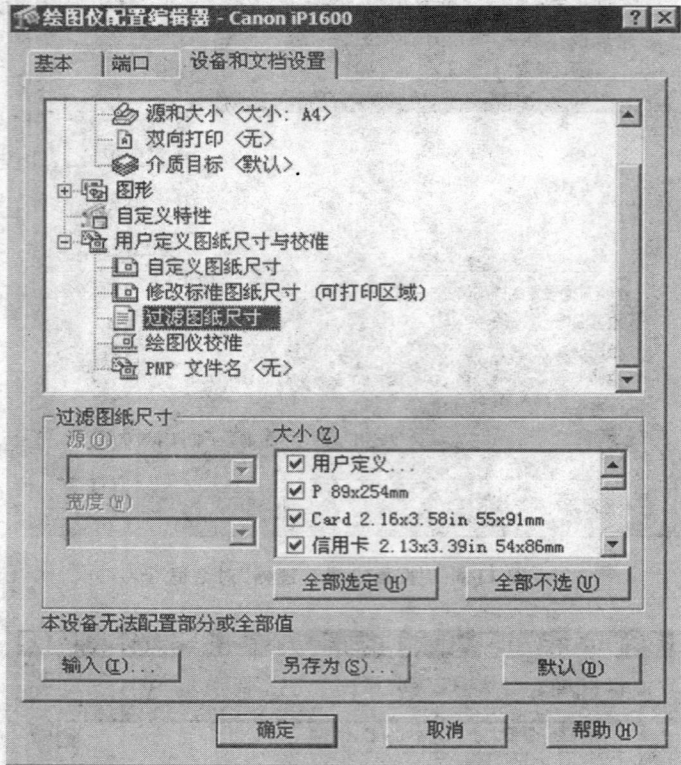

图 11-8　修改可以打印区域

1.在页面设置中自定义图纸

自定义图纸尺寸(如图 11-7 所示)。选择添加(A),屏幕弹出"自定义图纸尺寸—开始"对话框,选择"创建新图纸(S)"。

选择"下一步(N)",屏幕弹出"自定义图纸尺寸—介质边界"对话框,分别在"宽度(W)"对话框、"长度(L)"框中键入相应的数值。大家在 AutoCAD 的打印机中都有一定的经验,图纸尺寸要设定大一些。

选择"下一步(N)",屏幕弹出"自定义图纸尺寸—可打印区域"对话框,分别把"上(T)""下(O)""左(L)""右(R)"框中的数值改为"0";选择"下一步(N)",屏幕弹出"自定义图纸尺寸—图纸尺寸名"对话框。选择"下一步(N)",选择"完成"。

2.在页面设置中修改可打印区域

修改可打印区域的方法相对较简单(如图 11-9 所示),修改介质边界后选择"下一步(N)",弹出如图 11-9 所示的"自定义图纸尺寸—可打印区域"对话框,分别把"上(T)""下(O)""左(L)""右(R)"框中的数值修改成所需数值,选择"下一步(N)",选择"完成"。

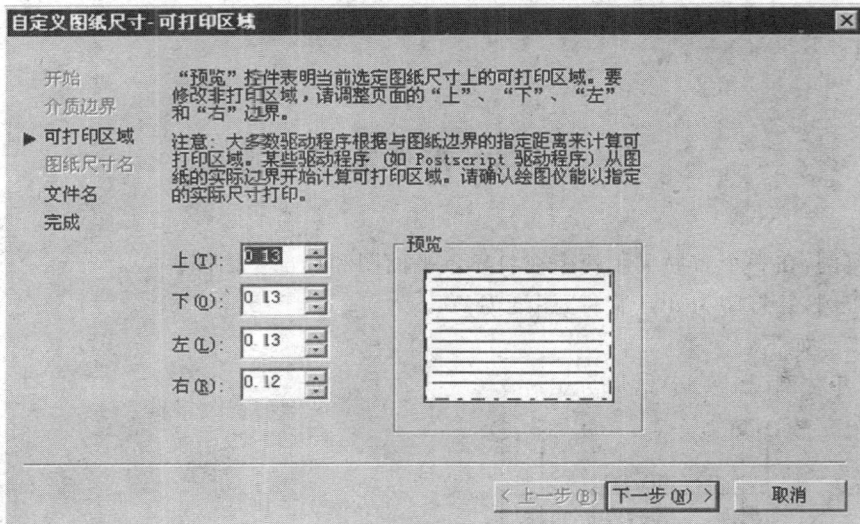

图 11-9　修改可以打印区域

3. 在页面设置中编辑笔宽

建议用户选择 AutoCAD 提供的打印样式表 Plot Styles，并采用 AutoCAD 默认的颜色配置图，就自动配置好了笔宽和颜色的对应关系。如果图形的颜色与 AutoCAD 默认的不一致，则需要修改 Plot Styles。在"页面设置"对话框中，选取" [图标] 笔指定"，屏幕弹出如图 11-10 所示的"打印样式表编辑器"对话框。

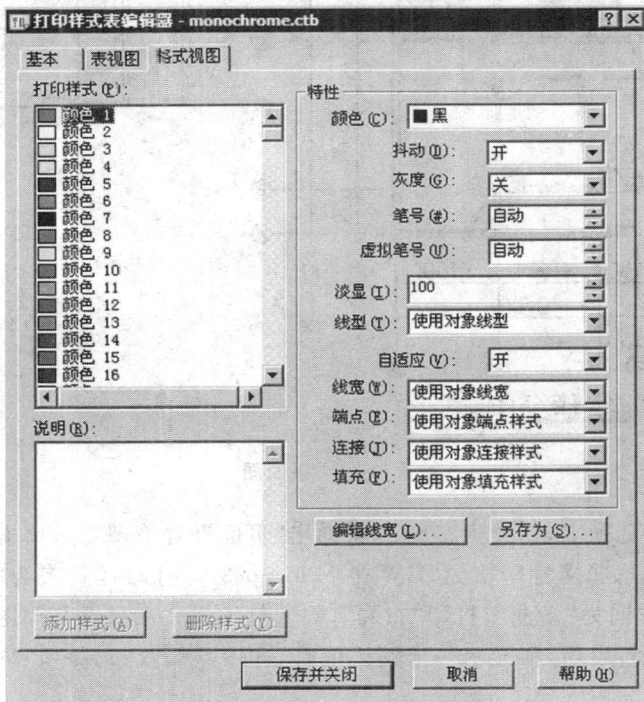

图 11-10　打印样式表编辑器

在打印样式表编辑器对话框中分别可以对笔的多种特性进行编辑。常用的特性"颜色（C）"、"笔号（N）"、"线宽（W）"。

11.4　操作实例

操作实例:在一个布局上用两个视口显示平面图和局部平面图。

打开实例,并打印为 dwf 文件,图纸为 A4。

操作步骤如下:

(1)打开实例(如图 11-11 所示)。

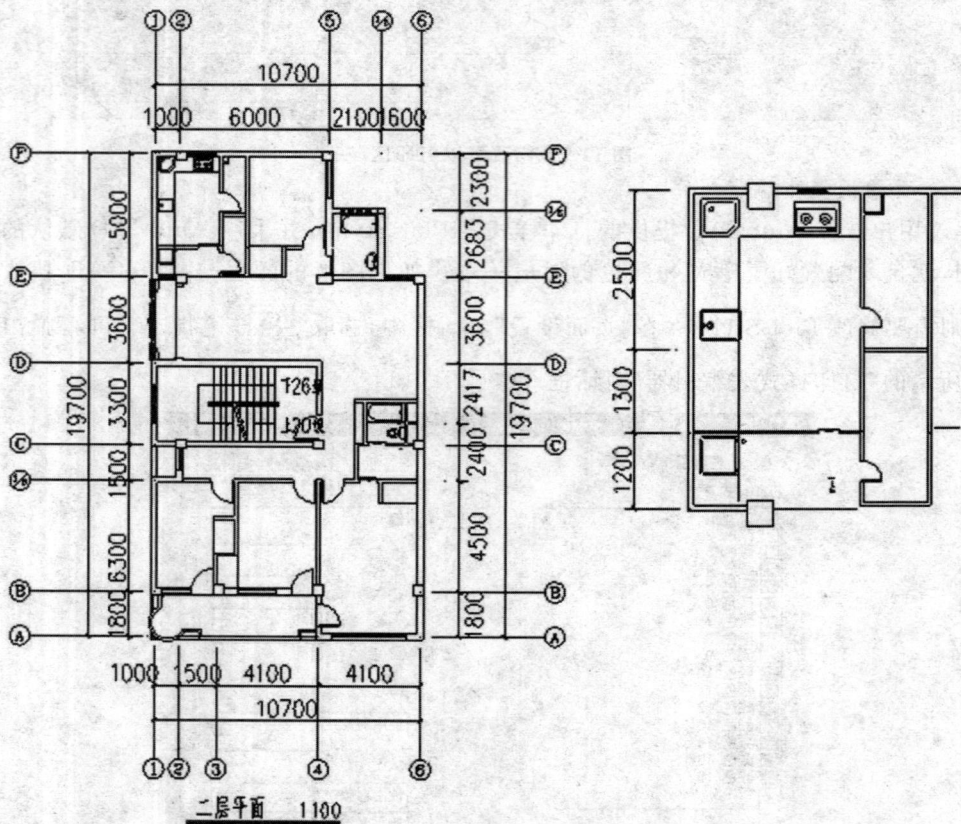

图 11-11　平面图

（2）单击布局 2 选项卡,切换到布局 2,将弹出"页面设置管理器",单击"修改"按钮,将弹出"页面设置"对话框,选择打印机为"DWF6 ePlot. pc3 ",打印样式表为"Monochromectb"图纸为"A4",图形方向为"横向",打印"布局",勾选打印样式和最后打印图纸空间。

（3）确定页面设置以后,将显示一个默认视口,选中默认视口,按<Delete>键将其删除（如图 11-12 所示）。

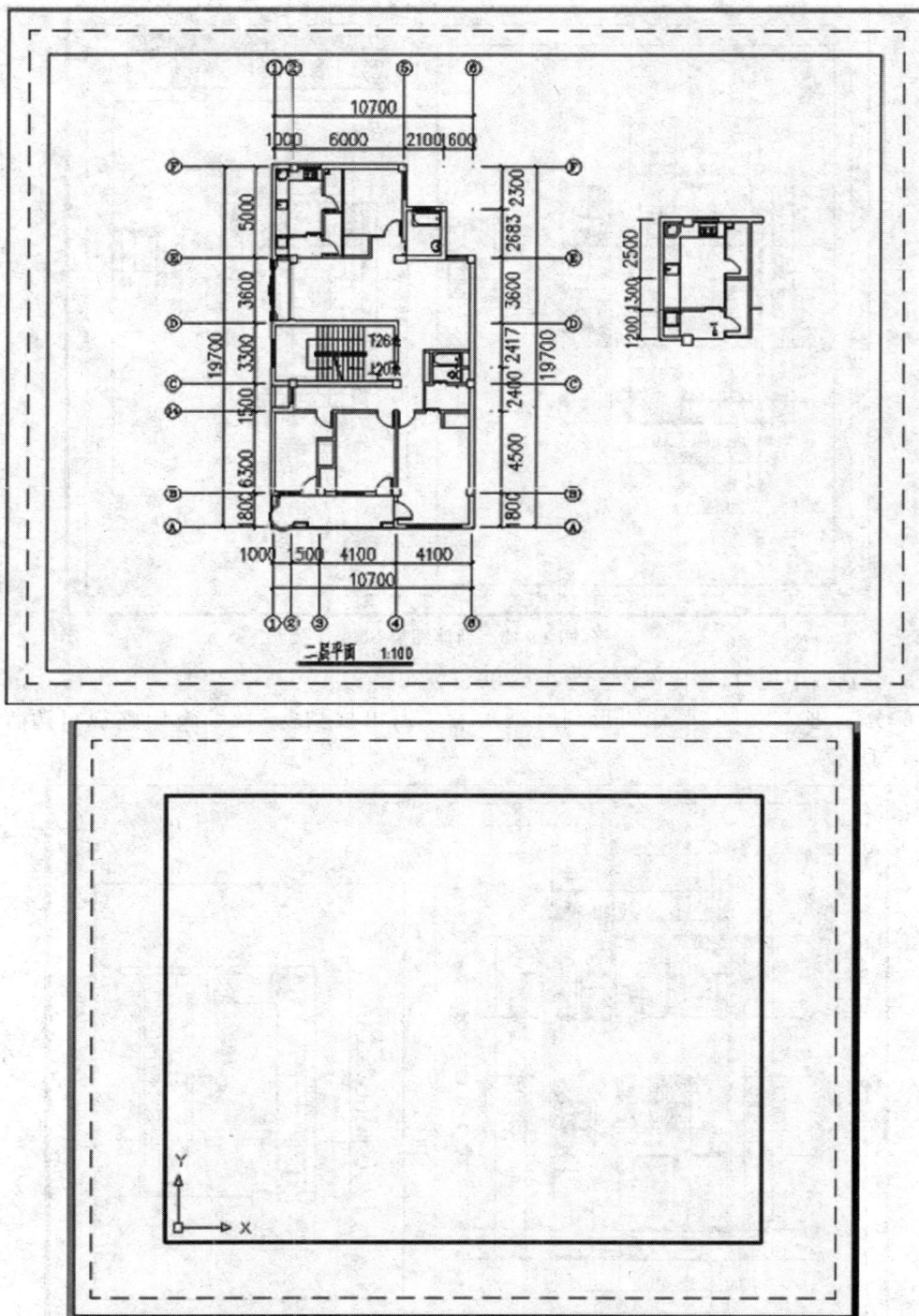

图 11-12　删除视口

（4）新建图层 SK，在图层 SK 上创建两个矩形视口，将分别用来显示平面图和平面局部图（如图 11-13 所示）。

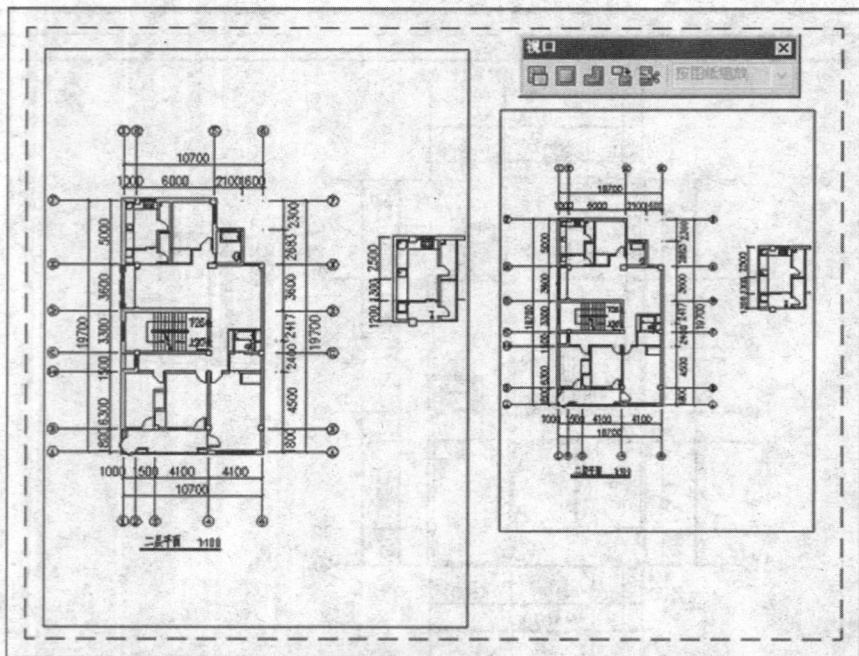

图 11-13　新建图层 SK

（5）分别选中视口，将比例设置为 1∶200、1∶80。

（6）分别进入视口，平移图形到合适位置。退出模型空间，编辑调整视口边界（如图 11-14 所示）。

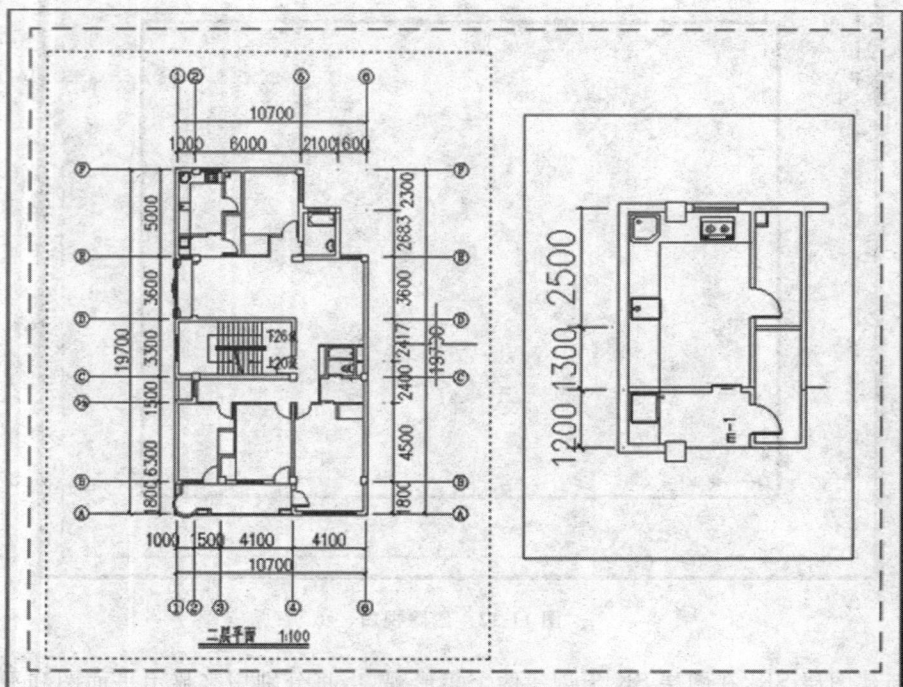

图 11-14　平移图形到合适位置编辑视口边界

（7）关闭图层 SK，在布局 2 插入图框，这样就完成了一张比例为 1：200 和 1：80 的图纸布局（如图 11-15 所示）。

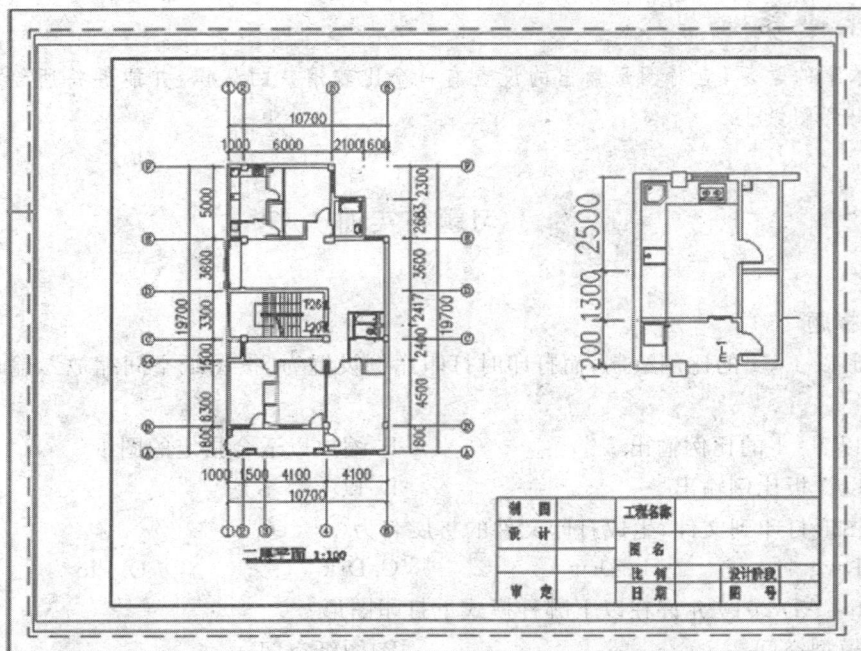

图 11-15 插入图框

（8）单击工具栏 🖨，弹出"打印"对话框，在前面已进行页面设置，单击"预览（P）"可预览打印效果。若有不正确的地方，此时可以关闭预览重新设置。单击确定按钮，由于是电子文件，需要询问电子文件保留位置，将弹出"浏览打印文件"的对话框，选择文件夹保存（如图 11-16 所示）。

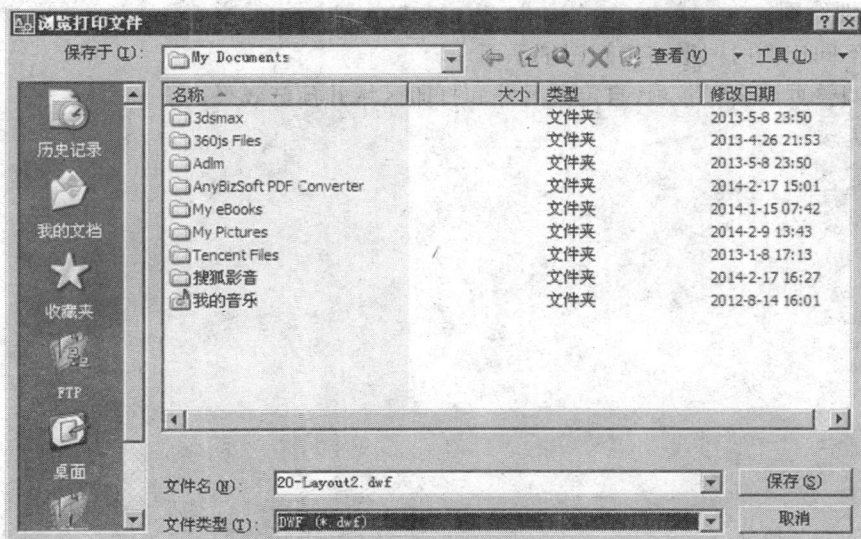

图 11-16 打印对话框

(9)打印完成。

本章小结

通过本章的学习,应对图形输出的设置有一个比较清楚的认识,并能够将所绘制的图形按要求输出到图纸上。

习题与实训

一、选择题

1. 图形以 1∶1 的比例绘制,而打印时打印比例设置为"按图纸空间缩放",输出图形时将(　　)。

　　A. 以 1∶1 的比例输出　　　　　　　　B. 缩放以适合指定的图纸

　　C. 以样板比例输出　　　　　　　　　　D. 以上都不是

2. 将图形打印到文件,生成打印文件的扩展名为(　　)。

　　A. Dwg　　　　　　　B. Drw　　　　　　　C. Drk　　　　　　　D. Plo

3. AutoCAD 2010 允许在以下哪种模式下打印图形?(　　)

　　A. 模型空间　　　　　　　　　　　　　　B. 图纸空间

　　C. 布局　　　　　　　　　　　　　　　　D. 以上都是

4. 图纸的尺寸由图形的长度和图形的宽度确定。(　　)

　　A. 对　　　　　　　　　　　　　　　　　B. 错误

5. 在打开一张新图形时,AutoCAD 2010 创建的默认布局是(　　)。

　　A. 0　　　　　　　　B. 1　　　　　　　　C. 2　　　　　　　　D. 无限制

二、实训绘图

1. 将不同比例的图形布置到图纸平面。

2. 试调整页面设置各项、自定义尺寸和打印区域并预览效果。

附录 A

天正 TArch 2013 建筑设计软件

A.1 概　　述

　　天正公司是由具有建筑设计行业背景的资深专家发起成立的高新技术企业,自 1994 年开始以 AutoCAD 为图形平台成功开发了建筑、暖通、电气、给排水等专业软件,是 Autodesk 公司在中国大陆的第一批注册开发商。十多年来,天正公司的建筑 CAD 软件在全国范围内取得了极大的成功,可以说天正建筑软件已成为国内建筑 CAD 的行业规范,它的建筑对象和图档格式已经成为设计单位之间、设计单位与甲方之间图形信息交流的基础,近年来,随着建筑设计市场的需要,天正日照设计、建筑节能、规划、土方、造价等软件也相继推出,公司还应邀参与了《房屋建筑制图统一标准》(GBT 50001－2010)、《建筑制图标准》(GBT 50104－2010)等多项国家标准的编制。

　　天正公司在经过多年刻苦钻研后,在 2001 年推出了从界面到核心面目全新的 TArch5 系列,采用 BIM 建筑信息模型概念进行软件研发,在国内首次推出了二维图形描述与三维空间表现一体化的自定义对象,从方案到施工图全程体现建筑设计的特点,在建筑 CAD 技术上掀起了一场革命。采用自定义对象技术的建筑 CAD 软件具有人性化、智能化、参数化、可视化多个重要特征,以建筑构件作为基本设计单元,把内部带有专业数据的构件模型作为智能化的图形对象。天正为用户提供的体贴操作模式使得软件更加易于掌握,可轻松完成各个设计阶段的任务,包括体量规划模型和单体建筑方案比较,适用于从初步设计直至最后阶段的施工图设计,同时可为天正日照设计软件和天正节能软件提供准确的建筑模型,大大推动了建筑节能设计的普及。

　　天正建筑 CAD 软件广泛用于建筑施工图设计和日照、节能分析,支持最新的 AutoCAD 图形平台。目前基于天正建筑对象的建筑信息模型已经成为天正系列软件的核心,逐渐得到多数建筑设计单位的接受,成为设计行业软件正版化的首选。

　　天正建筑 2013 基于 AutoCAD 2000 以上版本图形平台开发,因此对软硬件环境要求取决于 AutoCAD 平台的要求 。只是由于用户的工作范围不同,硬件的配置也应有所区别。对于只绘制工程图,不关心三维表现的用户,对于硬件要求不是很高;如果用于三维建模,在本机使用 3D MAX 渲染的用户,推荐使用双核 Pentium D/2GMz 以上＋4GB 以上内存以及使用支持 OpenGL 加速的显示卡,例如 Nvidia 公司 Quadro 系列芯片的专业显卡,可以让用户在真实的着色环境下顺畅进行三维设计。

本软件支持的图形平台有：AutoCAD R15（2000/200i/2002）、R16（2004/2005/2006）、R17（2007－2009）、R18（2010－2012）、R19 五代 dwg 图形格式，在本文档中简称为 AutoCAD 20××版本。希望用户使用 AutoCAD 2002 以上平台，而且尽量安装这些平台下可以得到的补丁包。由于 AutoCAD LT 不支持应用程序运行，无法作为平台使用，本软件不支持 AutoCAD LT 的各种版本。

本软件支持的操作系统：本软件目前支持 Windows XP、Windows Vista 和 Windows 7（包括 32 位和 64 位版本），不支持 MacOS，尽管 AutoCAD 近年发布了在 MacOS 上运行的版本。由于从 AutoCAD 2004 开始，Autodesk 官方已经不再正式支持 Windows 98 操作系统，因此用户在 Windows98 上运行这些平台后带来的问题将无法获得有效的技术支持；此外，由于 Windows Vista 和 Windows 7 操作系统不能运行 AutoCAD 2000～2002，本软件在上述操作系统支持的平台限于 AutoCAD 2004 以上版本。

A.1.1　安装和启动

本软件的正式商品以两张光盘发行，第一张是程序与图库安装盘，第二张是教学演示盘。安装之前请阅读自述说明文件。在安装天正建筑软件前，首先要确认计算机上已安装 AutoCAD 2000 以上，并能够正常运行的版本。通过天正软件第一张光盘的自启动菜单选择安装或在资源管理器中双击，均可运行安装文件 setup.exe，首先选择授权方式（如图 A-1），选择自己获得的授权方式。

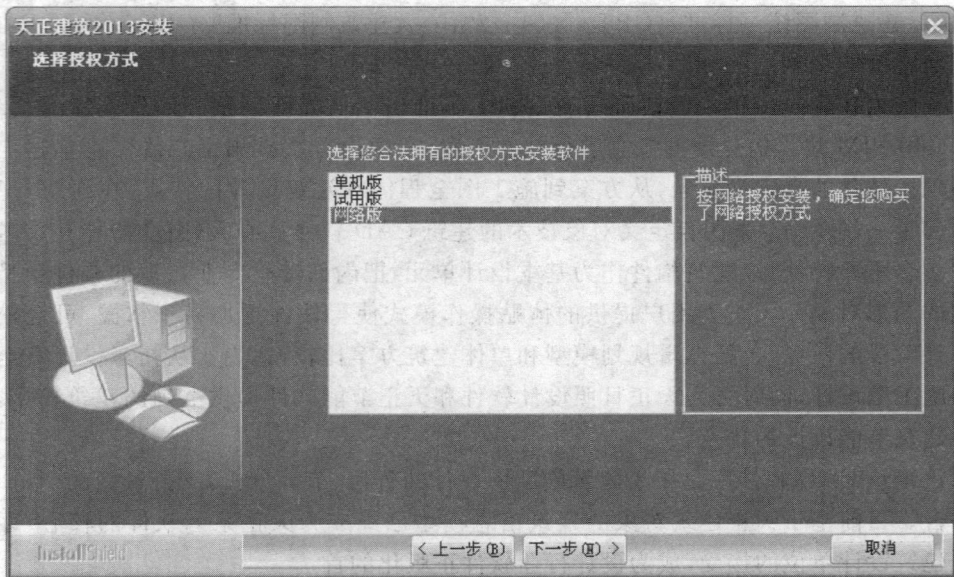

图 A-1　选择授权方式

根据获得的授权类型，选择单机版或者网络版。如果是网络版，建议输入服务器名称（可以询问网络管理员），也可以直接单击"下一步"，由系统自动查找服务器，但在网络条件复杂的情况下可能无法找到网络版服务器。接着在图 A-2 中选择要安装的组件。

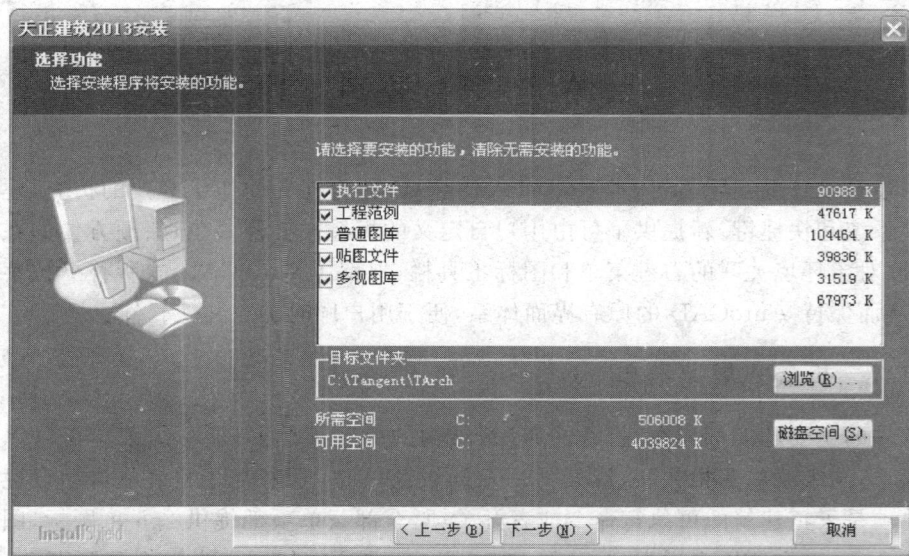

图 A-2 选择安装组件

安装组件见表 A-1。

表 A-1 组件说明

组件	功能	组件	功能
执行文件	一般而言是必须安装的部件,除非用户只想修复注册表	工程范例	是系统提供的工程范例文件,供用户参考
普通图库	普通图库,包括二维图库和欧式图库	贴图文件	用于支持渲染材质的素材文件
多视图库	多视图库,此图库观模比较大,主要用于室内设计	教学文件	教学动画文件,如果硬盘空间有限,可以暂不安装

A.1.2 生成的文件夹结构

本软件安装完毕,软件系统安装文件夹下有以下子文件夹(见表 A-2)。

表 A-2 文件夹结构

SYS15	用于 R2000—2002 平台的系统文件夹	DWB	专用图库文件夹
SYS16	用于 R2004—2006 平台的系统文件夹	DDBL	通用图库文件夹
SYS17	用于 R2007—2009 平台的系统文件夹	LIB3D	多视图库文件夹
SYS18	用于 R2010—2012 平台的系统文件夹	SYS18X64	用于 R2010—2012 的 64 位平台的系统文件夹
LISP	AutoLISP 程序文件夹	SYS	与 AutoCAD 平台版本无关的系统文件夹
TEXTURES	用于 2000-2006 平台的渲染材质库文件夹	DRV	加密狗驱动程序文件夹(安装单机版时创建)

A.2 操作界面

针对建筑设计的实际需要,本软件对 AutoCAD 的交互界面作了必要的扩充,建立了自己的菜单系统和快捷键,新提供了可由用户自定义的折叠式屏幕菜单、新颖方便的在位编辑框、与选取对象环境关联的右键菜单和图标工具栏,保留了 AutoCAD 的所有下拉菜单和图标菜单,从而保持 AutoCAD 的原有界面体系,便于用户同时加载其他软件。

A.2.1 折叠式屏幕菜单

本软件的主要功能都列在"折叠式"三级结构的屏幕菜单上,上一级菜单可以单击展开下一级菜单,同级菜单互相关联,展开另一个同级菜单时,原来展开的菜单自动合拢。二到三级菜单项是天正建筑的可执行命令或者开关项,全部菜单项都提供 256 色图标,图标设计具有专业含义,以方便用户增强记忆,更快地确定菜单项的位置。当光标移到菜单项上时,AutoCAD 的状态行会出现该菜单项功能的简短提示。

折叠式菜单效率最高,但由于屏幕的高度有限,在展开较长的菜单后,有些菜单项无法完全在屏幕上可见,为此可用鼠标滚轮上下滚动菜单快速选取当前不可见的项目。天正屏幕菜单在 2004 以上版本不支持自动隐藏功能,在光标离开菜单后,菜单可自动隐藏为一个标题,光标进入标题后随即自动弹出菜单,节省了宝贵的屏幕作图面积。

A.2.2 在位编辑框与动态输入

在位编辑框是从 AutoCAD 2006 的动态输入中首次出现的新颖编辑界面,本软件把这个特性引入到 AutoCAD 20××平台,使得这些平台上的天正软件都可以享用这个新颖界面特性,方便对所有尺寸标注和符号说明中的文字进行在位编辑,而且提供了与其他天正文字编辑同等水平的特殊字符输入控制,可以输入上下标、钢筋符号、加圈符号,还可以调用专业词库中的文字。与同类软件相比,天正在位编辑框总是以水平方向合适的大小提供编辑框修改与输入文字,而不会受到图形当前显示范围而影响操控性能。

在位编辑框在本软件中广泛用于构件绘制中的尺寸动态输入、文字表格内容的修改、标注符号的编辑等,成为新版本的特色功能之一,动态输入中的显示特性可在状态行中右击 DYN 按钮设置。

A.2.3 选择预览与智能右键菜单

本软件为 2000—2005 的 AutoCAD 版本新增了光标"选择预览"特性,光标移动到对象上方时对象即可亮显,表示执行选择时要选中的对象,同时智能感知该对象,此时右击鼠标即可激活相应的对象编辑菜单,使对象编辑更加快捷方便,当图形太大选择预览影响效率时会自动关闭。

右键快捷菜单在 AutoCAD 绘图区操作,单击鼠标右键(简称右击)弹出,该菜单内容是动态显示的,根据当前光标下面的预选对象确定菜单内容,当没有预选对象时,弹出最常用的功能,否则根据所选的对象列出相关的命令。当光标在菜单项上移动时,AutoCAD 状态行给出当前菜单项的简短使用说明。

TArch8 新增图形空白处慢击右键的操作,勾选在"自定义"→"操作配置"提供的"启用天正右键快捷菜单"→"慢击右键"功能,设置好慢击时间阈值,释放鼠标右键快于该值相当于回车,慢击右键时显示天正的默认右键菜单。

天正建筑双击图形空白处的操作,用于取消此前的多个对象的选择,代替需要用手按下<Esc>键取消选择的不便。

A.2.4 热键与自定义热键

除了 AutoCAD 定义的热键外,天正补充了若干热键,以加速常用的操作,以下是常用热键定义与功能(如表 A-3 所示)。

表 A-3 热键

F1	AutoCAD 帮助文件的切换键	F9	屏幕的光标捕捉(光标模数)的开关键
F2	屏幕的图形显示与文本显示的切换键	F11	对象追踪的开关键
F3	对象捕捉开关	Ctrl + +	屏幕菜单的开关
F6	状态行的绝对坐标与相对坐标的切换键	Ctrl + -	文档标签的开关
F7	屏幕的栅格点显示状态的切换键	Shift + F12	墙和门窗拖动时的模数开关(仅限于 2006 以下)
F8	屏幕的光标正交状态的切换键	Ctrl + ~	工程管理界面的开关

注意:2006 以上版本的 F12 用于切换动态输入,天正新提供的显示墙基线用于捕捉的状态行按钮。

用户可以在"自定义"命令中定义单一数字键的热键,用于激活天正命令,由于"3"与多个 3D 命令冲突,故不要用于热键。

A.3 基本操作

本软件的主要功能可支持建筑设计各个阶段的需求,无论是初期的方案设计还是最后阶段的施工图设计,设计图纸的绘制详细程度(设计深度)取决于设计需求,由用户自己把握,而不需要通过切换软件的菜单来选择,不需要有先三维建模,后做施工图设计这样的转换过程,除了具有因果关系的步骤必须严格遵守外,通常没有严格的先后顺序限制。

A.3.1 天正做建筑设计的流程(如图 A-3 所示)

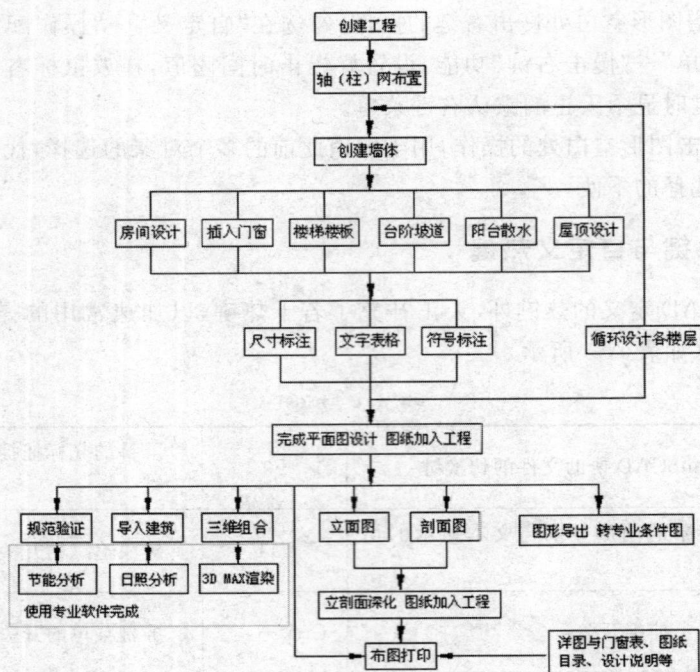

图 A-3 建筑设计流程

A.3.2 天正做室内设计的流程(如图 A-4 所示)

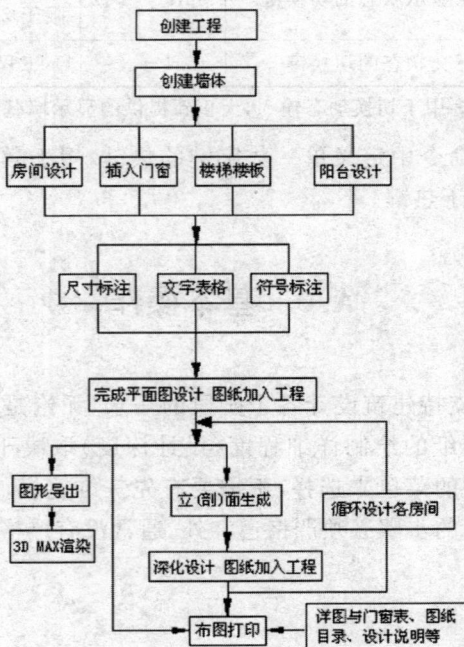

图 A-4 室内设计流程

A.3.3　工程管理工具的使用

天正建筑引入了工程管理的概念,工程管理工具是管理同属于一个工程下的图纸(图形文件)的工具,命令在文件布图菜单下,启动命令后出现一个界面如下右图所示,在 2004 以上版本的平台,此界面可以设置自动隐藏,随光标自动展开。

单击界面上方的下拉列表,可以打开【工程管理】菜单,其中选择【打开工程】、【新建工程】等命令(如图 A-5 所示)。

为保证与 6.0 以下旧版的兼容,特地提供了导入与导出楼层表的命令。

首先介绍的是"新建工程"命令,为当前图形建立一个新的工程,并为工程命名。

在界面中分为图纸、楼层、属性栏(如图 A-6 所示),在图纸栏中预设有平面图、立面图等多种图形类别,首先介绍图纸栏的使用。

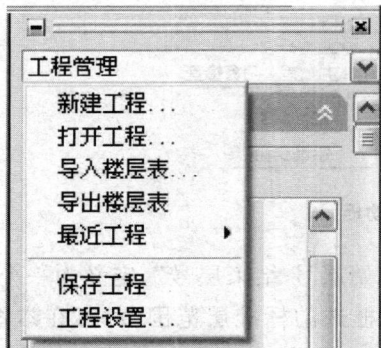

图 A-5　工程管理菜单

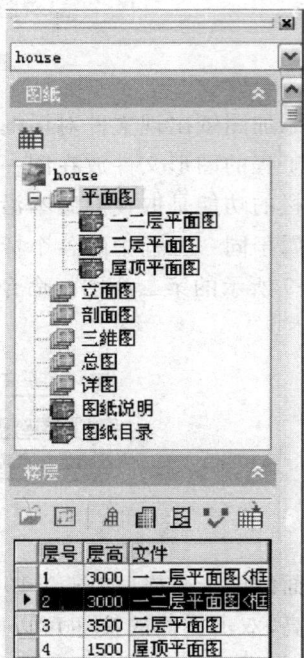

图 A-6　工程管理界面

图纸栏用于管理以图纸为单位的图形文件,右击工程名称,出现右键菜单,在其中可以为工程添加图纸或子工程分类(如图 A-7 所示)。

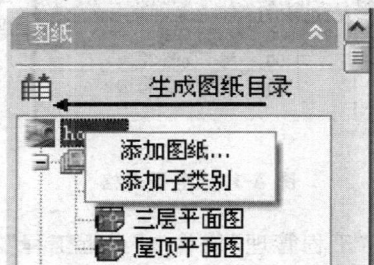

图 A-7　图纸栏

在工程任意类别右击,出现右键菜单,功能也是添加图纸或分类,只是添加在该类别下,也可以把已有图纸或分类移除(如图 A-8 所示)。

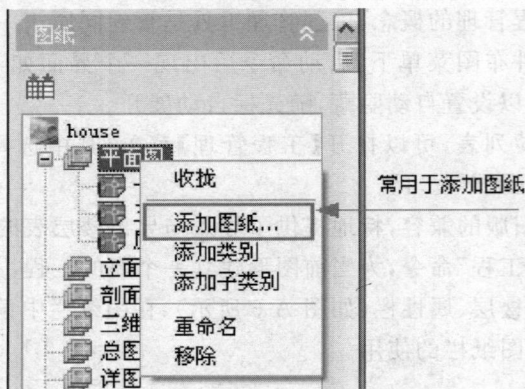

图 A-8　图纸的添加或移除

单击添加图纸出现文件对话框,在其中逐个加入属于该类别的图形文件,注意事先应该使同一个工程的图形文件放在同一个文件夹下。

楼层栏的功能是取代旧版本沿用多年的楼层表定义功能,在软件中以楼层栏中的图标命令控制属于同一工程中的各个标准层平面图,允许不同的标准层存放于一个图形文件下,通过图 A-9 所示的第二个图标命令,在本图上框选标准层的区域范围。

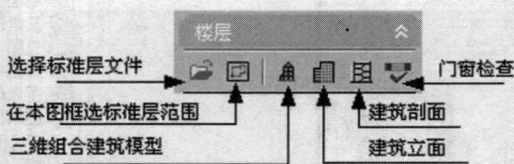

图 A-9　楼层栏功能

在下面的电子表格(如图 A-10 所示)中输入“起始层号-结束层号”,定义为一个标准层,并取得层高,双击左侧的按钮可以随时在本图预览框选的标准层范围;对不在本图的标准层,则单击空白文件名栏后出现按钮,单击按钮后在文件对话框中,以普通文件选取方式点取图形文件。

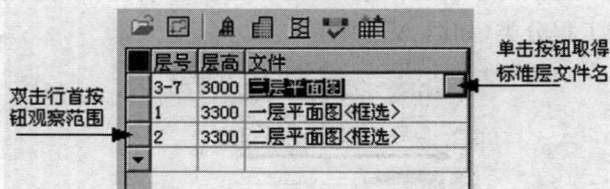

图 A-10　电子表格

打开已有工程的方法:单击“工程管理”菜单中“最近工程”右边的箭头,可以看到最近建立过的工程列表,单击其中工程名称即可打开。

打开已有图纸的方法：在图纸栏下列出了当前工程打开的图纸，双击图纸文件名即可打开。

A. 3. 4　自定义参数设置

为用户提供的参数设置功能通过【天正选项】|【自定义】两个命令进行设置，TArch8 版本把以前在 AutoCAD 的"选项"命令中添加的"天正基本设定"和"天正加粗填充"两个选项页面与"高级选项"命令三者，集成为新的【天正选项】命令。单独的【自定义】命令用于设置界面的默认操作，如菜单、工具栏、快捷键和在位编辑界面。

1. 设置天正选项

单击【天正选项】菜单命令后，从中单击"基本设定"、"加粗填充"、"高级选项"选项卡进入各自的页面。

在对话框下方，提供有"恢复默认"、"导出"、"导入"、"确定"、"取消"、"应用"、"帮助"共有 7 个按钮，提供了方便的参数管理功能（如图 A-11 所示）。

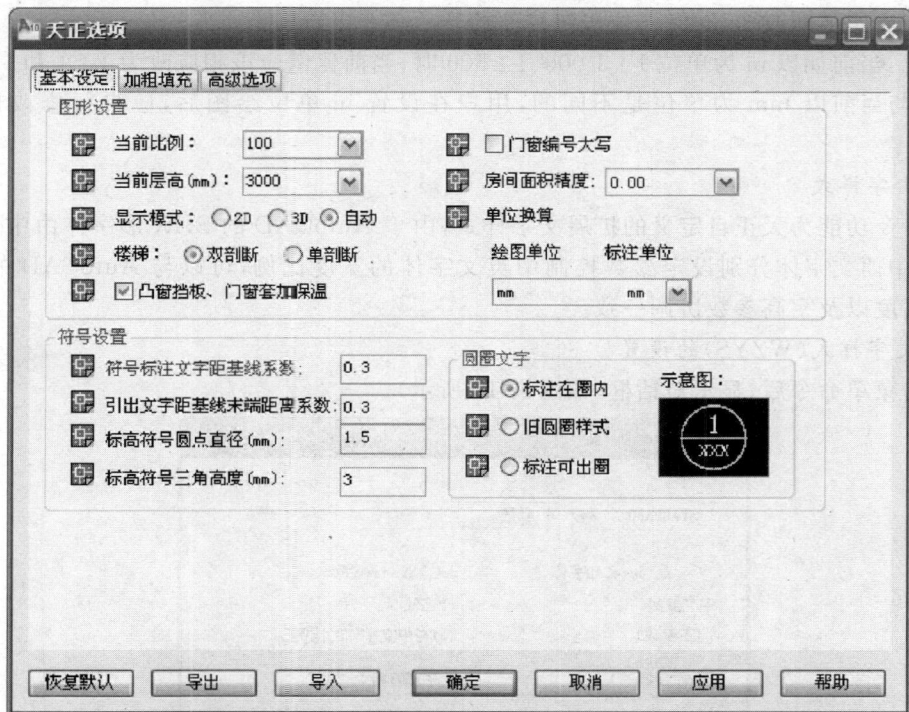

图 A-11　天正选项

2. 设置自定义

本命令功能是启动天正建筑自定义对话框界面，在其中按用户自己的要求设置软件的交互界面效果。

单击"自定义"菜单命令后，启动自定义对话框界面，其中分为"屏幕菜单"、"操作配置"、"基本界面"、"工具条"、"快捷键"五个页面进行控制。

A.3.5 样式与图层设置

1. 当前比例

本命令用于所有天正自定义的各种对象,按照当前比例的大小决定标注类、文本与符号类对象中的文字字高与符号尺寸、建筑对象中的加粗线宽粗细,对设置后新生成的对象有效,从状态栏左下角的"比例"按钮(AutoCAD 2002 平台下无法提供)以及从选项中"天正基本设定"界面里面的"当前比例"下拉列表中均可设置。

2. 当前比例(DQBL)的设置

本命令提供了状态栏的左下角的比例下拉按钮控件,设置后的当前值显示在状态栏中,如果当前已经选择对象,单击"比例"按钮除了设置当前比例外,还可直接改变这些对象的比例,同时具有"改变比例"命令的功能。

此外还可以通过命令行与用户交互,单击菜单命令后,命令提示:

当前比例<100>:150 键入当前比例的新值后按回车键。

当前比例随即改变,同时下拉按钮控件的显示马上更新。

注意:当前如以 m 为单位1:1 000、1:500 时,当前比例应该相应改为1:1 和1:0.5,此类推,与当前以 mm 为单位是不同的,用户在设置 m 单位绘图后,应自行修改比例的设置。

3. 文字样式

本命令功能为天正自定义的扩展文字样式,由于 AutoCAD 的 SHX 形字体由中西文字体组成,中西文字体分别设定参数控制中英文字体的宽度比例,可以与 AutoCAD 的 SHX 字体的高度以及字高参数协调一致。

4. 文字样式(WZYS)的设置

单击菜单命令后,显示对话框(如图 A-12 所示)。

图 A-12 设置文字样式

设置对话框中的参数,单击"确定"按钮后,即以其中的文字样式作为天正文字的当前样式进行各种符号和文字标注。

5. 图层管理

本命令为用户提供灵活的图层名称、颜色和线型的管理,其中线型是在 TArch8 新增的,同时也支持用户自己创建的图层标准,具有 3 大特点。

(1)通过外部数据库文件设置多个不同图层的标准。

(2)可恢复用户不规范设置的颜色和线型。

(3)对当前图的图层标准进行转换。系统不对用户定义的标准图层数量进行限制,用户可以新建图层标准,在图层管理器中修改各图层的名称和颜色、线型,对当前图档的图层按选定的标准进行转换。

6. 图层管理(TCGL)的设置

单击菜单命令后,将显示下面对话框(如图 A-13 所示)。

图 A-13　图层管理

设置对话框中的参数,单击"图层转换"按钮后,即以新的图层系统作为当前天正建筑使用的图层系统运行,多余的图层标准文件存放在 Sys 文件夹下,扩展名为 LAY,用户可以在资源管理器下直接删除,删除后的图层标准名称不会在"图层标准"列表中出现。

A. 4　建立轴网

轴网是由两组到多组轴线与轴号、尺寸标注组成的平面网格,是建筑物单体平面布置和墙柱构件定位的依据。完整的轴网由轴线、轴号和尺寸标注 3 个相对独立的系统构成。

A.4.1　直线轴网的建立

直线轴网功能用于生成正交轴网、斜交轴网或单向轴网,由命令【绘制轴网】命令中的"直线轴网"标签执行。

【轴网柱子】|【绘制轴网(HZZW)】。

单击绘制轴网菜单命令后,显示【绘制轴网】对话框,在其中单击"直线轴网"标签,输入开间间距(如图 A-14 所示)。

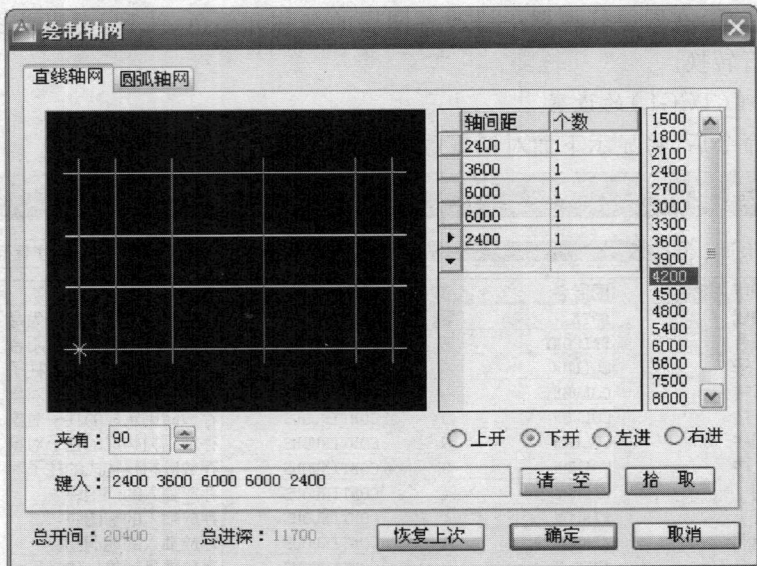

图 A-14　直线

输入轴网数据方法:

(1)直接在"键入"栏内键入轴网数据,每个数据之间用空格或英文逗号隔开,输入完毕后按回车键生效。

(2)在电子表格中键入"轴间距"和"个数",常用值可直接点取右方数据栏或下拉列表的预设数据。

(3)切换到对话框单选按钮"上开"、"下开"、"左进"、"右进"之一,单击"拾取"按钮,在已有的标注轴网中拾取尺寸对象获得轴网数据。

A.4.2　圆弧轴网的建立

圆弧轴网由一组同心弧线和不过圆心的径向直线组成,常组合其他轴网,端径向轴线由两轴网共用,由命令【绘制轴网】命令中的"圆弧轴网"标签执行。

【轴网柱子】|【绘制轴网(HZZW)】。

单击绘制轴网菜单命令后,显示【绘制轴网】对话框,在其中单击"圆弧轴网"标签,输入进深的对话框(如图 A-15 所示)。

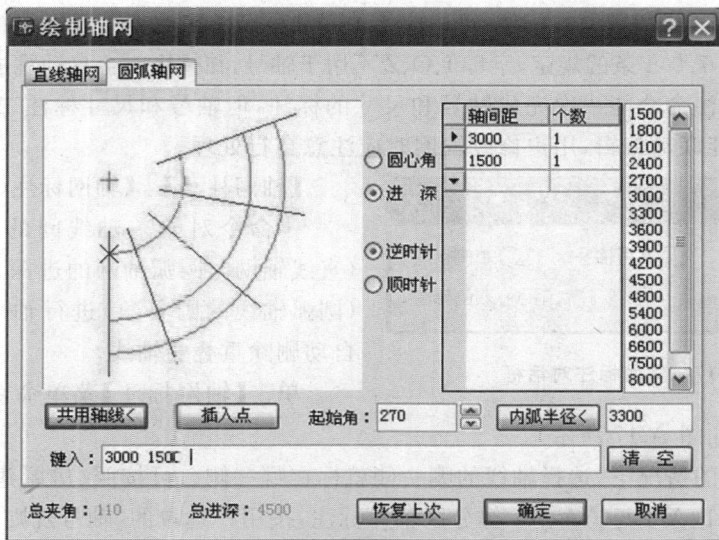

图 A-15　单击圆弧轴网标签

输入圆心角的对话框显示如下图(如图 A-16 所示)。

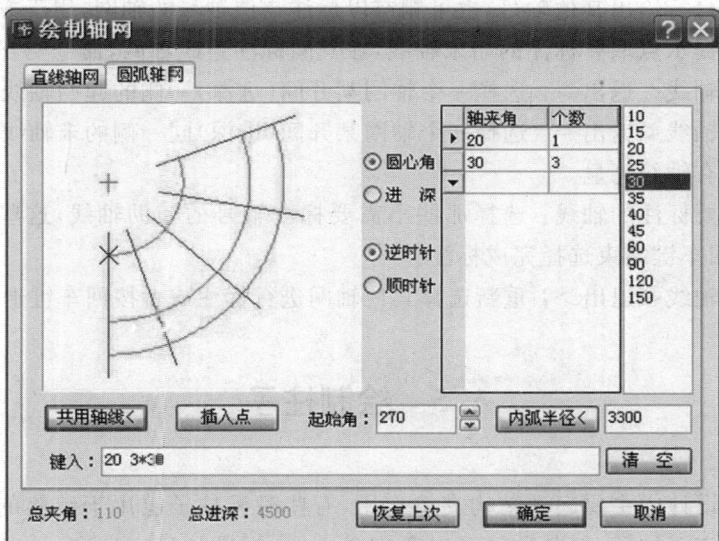

图 A-16　输入圆心角对话框

输入轴网数据方法:

(1)直接在[键入]栏内键入轴网数据,每个数据之间用空格或英文逗号隔开,输入完毕后按回车键生效。

(2)在电子表格中键入[轴间距]/[轴夹角]和[个数],常用值可直接点取右方数据栏或下拉列表的预设数据。

A.4.3　轴网标注

轴网的标注包括轴号标注和尺寸标注,轴号可按规范要求用数字、大写字母、小写字母、双

字母、双字母间隔连字符等方式标注,可适应各种复杂分区轴网的编号规则,系统按照《房屋建筑制图统一标准》7.0.4 条的规定,字母 I、O、Z 不用于轴号,在排序时会自动跳过这些字母。

尽管轴网标注命令能一次完成轴号和尺寸的标注,但轴号和尺寸标注二者属独立存在的不同对象,不能联动编辑,用户修改轴网时应注意自行处理。

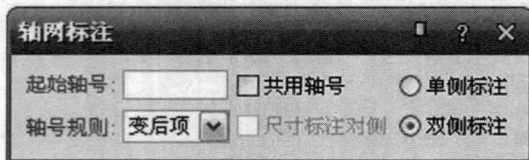

【轴网柱子】|【轴网标注(ZWBZ)】。

本命令对始末轴线间的一组平行轴线(直线轴网与圆弧轴网的进深)或者径向轴线(圆弧轴线的圆心角)进行轴号和尺寸标注,自动删除重叠的轴线。

图 A-17 轴网标注对话框

单击【轴网标注】菜单命令后,首先显示无模式对话框(如图 A-17 所示)。

在单侧标注的情况下,选择轴线的哪一侧就标在哪一侧。可按照《房屋建筑制图统一标准》,支持类似 1-1、A-1 与 AA、A1 等分区轴号标注,按用户选取的"轴号规则"预设的轴号变化规律改变各轴号的编号;

默认的"起始轴号"在选择起始和终止轴线后自动给出,水平方向为 1,垂直方向为 A,用户可在编辑框中自行给出其他轴号,也可删空以标注空白轴号的轴网,用于方案等场合。

命令行首先提示点取要标注的始末轴线,在其间标注直线轴网,命令交互如下:

请选择起始轴线<退出>:选择一个轴网某开间(进深)一侧的起始轴线,点 P1。

请选择终止轴线<退出>:选择一个轴网某开间(进深)同一侧的末轴线,点 P2,此时始末轴线范围的所有轴线亮显。

请选择不需要标注的轴线:选择那些不需要标注轴号的辅助轴线,这些选中的轴线恢复正常显示,按回车键结束选择完成标注。

请选择起始轴线<退出>:重新选择其他轴网进行标注或者按回车键退出命令。

A.5 绘制柱子

柱子在建筑设计中主要起到结构支撑作用,有些时候柱子也用于纯粹的装饰。本软件以自定义对象来表示柱子,但各种柱子对象定义不同,标准柱用底标高、柱高和柱截面参数描述其在三维空间的位置和形状,构造柱用于砖混结构,只有截面形状而没有三维数据描述,只服务于施工图。

插入图中的柱子,用户如需要移动和修改,可充分利用夹点功能和其他编辑功能。对于标准柱的批量修改,可以使用"替换"的方式,同样可采用 AutoCAD 的编辑命令进行修改,修改后相应墙段会自动更新。此外,柱、墙可同时用夹点拖动编辑。

A.5.1 柱子的建立

1. 标准柱

在轴线的交点或任何位置插入矩形柱、圆柱或正多边形柱,后者包括常用的三、五、六、

八、十二边形断面,还包括创建异形柱的功能。柱子也能通过"墙柱保温"命令添加保温层。

插入柱子的基准方向总是沿着当前坐标系的方向,如果当前坐标系是 UCS,柱子的基准方向自动按 UCS 的 X 轴方向,不必另行设置。

【轴网柱子】|【标准柱(BZZ)】

创建标准柱的步骤如下:

(1)设置柱的参数,包括截面类型、截面尺寸和材料,或者从构件库取得以前入库的柱。

(2)单击下面的工具栏图标,选择柱子的定位方式。

(3)根据不同的定位方式回应相应的命令行输入。

(4)重复 1-3 步或按回车键结束标准柱的创建。

以下是具体的交互过程:

点取菜单命令后,显示对话框,在选取不同形状后会根据不同形状,显示对应的参数输入(如图 A-18 所示)。

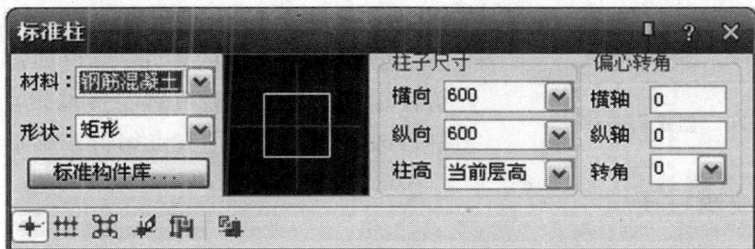

图 A-18　标准柱

2. 角柱

在墙角插入轴线与形状与墙一致的角柱,可改各肢长度以及各分肢的宽度,宽度默认居中,高度为当前层高。生成的角柱与标准柱类似,每一边都有可调整长度和宽度的夹点,可以方便地按要求修改。

【轴网柱子】|【角柱(JZ)】

单击菜单命令后,命令行提示:

请选取墙角或[参考点(R)]<退出>:点取要创建角柱的墙角或键入 R 定位。

选取墙角后显示对话框如下图所示,用户在对话框中输入合适的参数(如图 A-19 所示)。

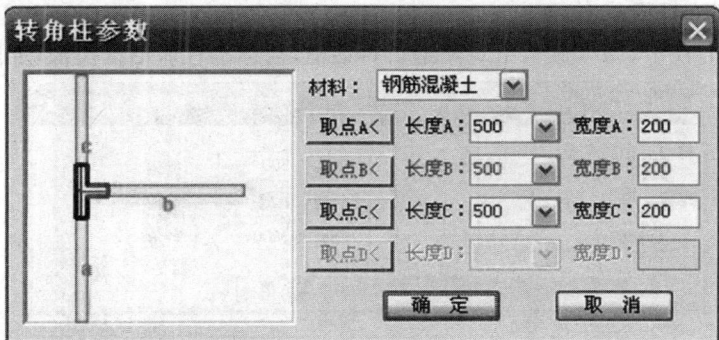

图 A-19　角柱

参数输入完毕后,点取"确定",所选角柱即插入图中。

3. 构造柱

本命令在墙角交点处或墙体内插入构造柱,依照所选择的墙角形状为基准,输入构造柱的具体尺寸,指出对齐方向,默认为钢筋混凝土材质,仅生成二维对象。目前本命令还不支持在弧墙交点处插入构造柱。

【轴网柱子】|【构造柱(GZZ)】。

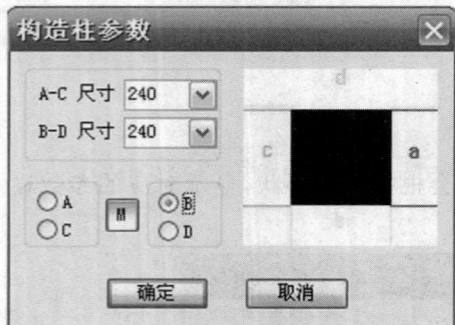

图 A-20 创建构造柱

单击菜单命令后,命令行提示:

请选取墙角或[参考点(R)]<退出>:点取要创建构造柱的墙角或墙中任意位置。

随即显示如下图所示对话框,在其中输入参数,并选择构造柱要对齐的墙边(如图 A-20 所示)。

参数输入完毕后,点取"确定",所选构造柱即插入图中;如修改长度与宽度可通过夹点拖动调整即可。

已经插入图中的柱子,用户如需要成批修改,可使用柱子替换功能或者特性编辑功能,当需要个别修改时应充分利用夹点编辑和对象编辑功能。

A.5.2 编辑柱子

1. 柱子的替换

【轴网柱子】|【标准柱(BZZ)】。

输入新的柱子数据,然后单击柱子下方工具栏的替换图标(如图 A-21 所示)。

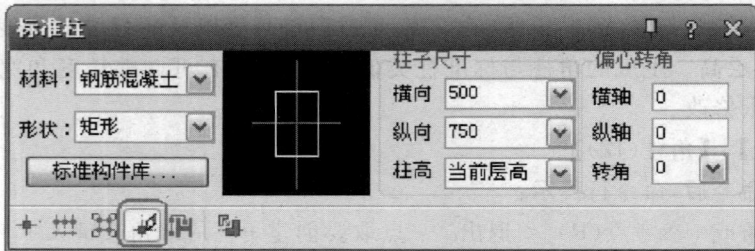

图 A-21 柱子的替换

2. 柱子对象编辑修改参数

双击要替换的柱子,即可显示出对象编辑对话框,与标准柱对话框类似(如图 A-22 所示)。

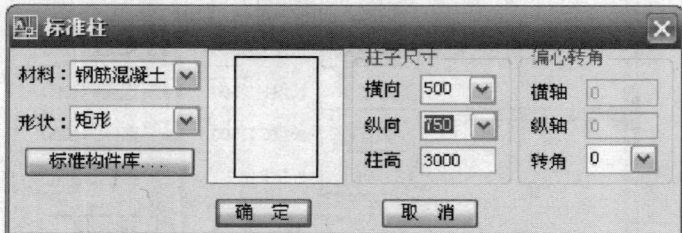

图 A-22 柱子对象参数的修改

修改参数后,单击"确定"即可更新所选的柱子,但对象编辑只能逐个对对象进行修改,如果要一次修改多个柱子,就应该使用下面介绍的特性编辑功能了。

3. 柱子特性编辑定义矮墙

在本软件中,柱子完善了对象特性的描述,通过 AutoCAD 的对象特性表,我们可以方便地修改柱对象的多项专业特性,而且便于成批修改参数,方法如下:

(1)用如天正"对象选择"等方法,选取要修改特性的多个柱子对象。

(2)按组合键<Ctrl+1>,激活特性编辑功能,使 AutoCAD 显示柱子的特性表。

(3)在特性表中修改柱子参数,例如用途改为"矮柱",然后各柱子自动更新,注意特性栏增加了保温层与保温层厚等新参数(如图 A-23 所示)。

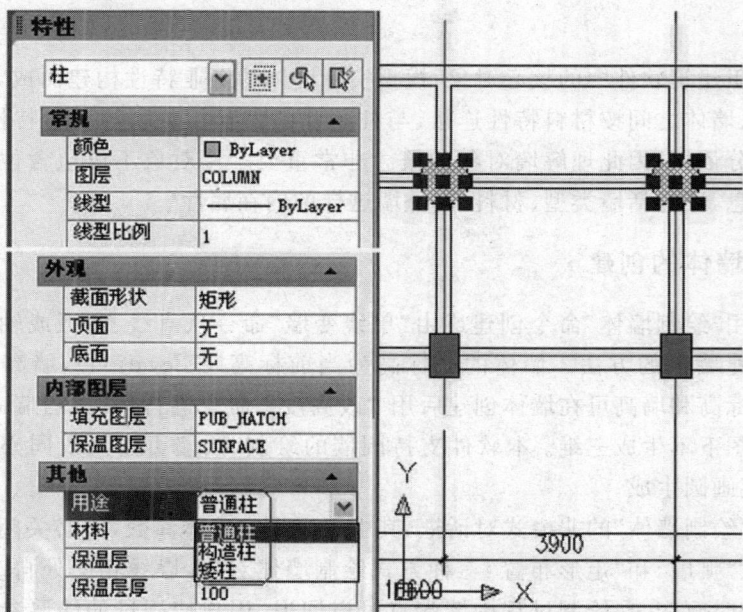

图 A-23　柱子特性定义

4. 柱齐墙边

本命令将柱子边与指定墙边对齐,可一次选多个柱子一起完成墙边对齐,条件是各柱都在同一墙段,且对齐方向的柱子尺寸相同(如图 A-24 所示)。

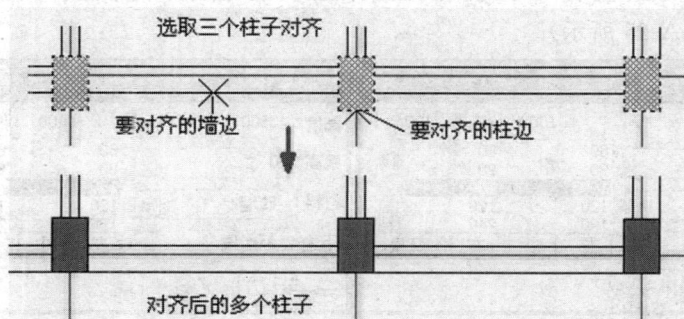

图 A-24　柱齐墙边

【轴网柱子】|【柱齐墙边(ZQQB)】。

单击菜单【柱齐墙边】命令,命令行显示:

请点取墙边＜退出＞:取作为柱子对齐基准的墙边。

选择对齐方式相同的多个柱子＜退出＞:选择多个柱子。

选择对齐方式相同的多个柱子＜退出＞:回车结束选择。

请点取柱边＜退出＞:点取这些柱子的对齐边。

请点取墙边＜退出＞:重选作为柱子对齐基准的其他墙边或者按回车键退出命令。

A.6 绘制墙体

墙体是天正建筑软件中的核心对象,模拟实际墙体的专业特性构建而成,因此可实现墙角的自动修剪、墙体之间按材料特性连接、与柱子和门窗互相关联等智能特性,并且墙体是建筑房间的划分依据,因此理解墙对象的概念非常重要。墙对象不仅包含位置、高度、厚度这样的几何信息,还包括墙类型、材料、内外墙这样的内在属性。

A.6.1 墙体的创建

墙体可使用"绘制墙体"命令创建或由"单线变墙"命令从直线、圆弧或轴网转换。下面介绍这两种创建墙体的方法。墙体的底标高为当前标高(Elevation),墙高默认为楼层层高。墙体的底标高和墙高可在墙体创建后用"改高度"命令进行修改,当墙高给定为 0 时,墙体在三维视图下不生成三维。本软件支持圆墙的绘制,圆墙可由两段同心圆弧墙拼接而成,但不能直接画圆生成。

启动名为"绘制墙体"的非模式对话框,其中可以设定墙体参数,不必关闭对话框即可直接使用"直墙"、"弧墙"和"矩形布置"三种方式绘制墙体对象,墙线相交处自动处理,墙宽随时定义、墙高随时改变,在绘制过程中墙端点可以回退,用户使用过的墙厚参数在数据文件中按不同材料分别保存。

【墙体】|【绘制墙体(HZQT)】。

在对话框中选取要绘制墙体的左右墙宽组数据,选择一个合适的墙基线方向,然后单击下面的工具栏图标,在"直墙"、"弧墙"、"矩形布置"三种绘制方式中选择其中之一,进入绘图区绘制墙体(如图 A-25 所示)。

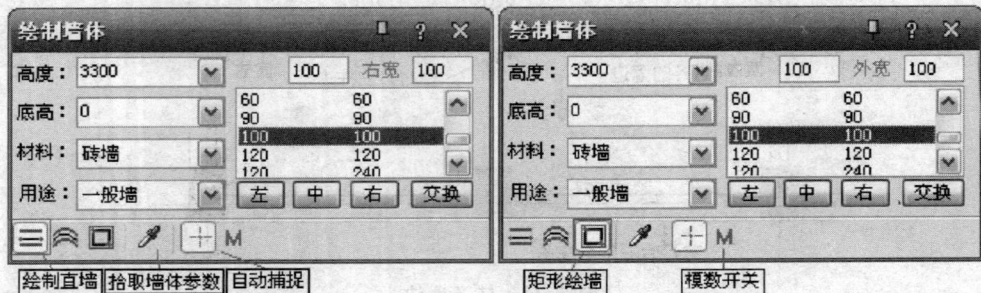

图 A-25 墙体的创建

绘制墙体工具栏中新提供的墙体参数拾取功能,可以通过提取图上已有天正墙体对象的一系列参数,接着依据这些参数绘制新墙体。

A.6.2 墙体的编辑

墙体对象支持 AutoCAD 的通用编辑命令,可使用包括偏移(Offset)、修剪(Trim)、延伸(Extend)等命令进行修改,对墙体执行以上操作时均不必显示墙基线。

此外可直接使用删除(Erase)、移动(Move)和复制(Copy)命令进行多个墙段的编辑操作。软件中也有专用编辑命令对墙体进行专业意义的编辑,简单的参数编辑只需要双击墙体即可进入对象编辑对话框,拖动墙体的不同夹点可改变长度与位置。

A.7 门 窗

软件中的门窗是一种附属于墙体并需要在墙上开启洞口,带有编号的 AutoCAD 自定义对象,包括通透的和不通透的墙洞在内;门窗和墙体建立了智能联动关系,门窗插入墙体后,墙体的外观几何尺寸不变,但墙体对象的粉刷面积、开洞面积已经立刻更新以备查询。门窗和其他自定义对象一样可以用 AutoCAD 的命令和夹点编辑修改,并可通过电子表格检查和统计整个工程的门窗编号。

门窗对象附属在墙对象之上,离开墙体的门窗就将失去意义。按照和墙的附属关系,软件中定义了两类门窗对象:一类是只附属于一段墙体,即不能跨越墙角,对象 DXF 类型 TCH_OPENING;另一类附属于多段墙体,即跨越一个或多个转角,对象 DXF 类型 TCH_CORNER_WINDOW。前者和墙之间的关系非常严谨,因此系统根据门窗和墙体的位置,能够可靠地在设计编辑过程中自动维护和墙体的包含关系,例如可以把门窗移动或复制到其他墙段上,系统可以自动在墙上开洞并安装上门窗;后者比较复杂,离开了原始的墙体,可能就不再正确,因此不能像前者那样可以随意的编辑。

A.7.1 门窗的创建

普通门、普通窗、弧窗、凸窗和矩形洞等的定位方式基本相同,因此用本命令即可创建这些门窗类型。

【门窗】|【门窗(MC)】。

单击菜单命令后,显示如下对话框(如图 A-26 所示)。

图 A-26　门窗的创建

"个数"用于连续插入门窗时使用,此时连续插入同一样式和尺寸的门窗,之间间距为 0,用于弧墙时连续插入的门窗方向依照该处圆弧的切线角度插入。

A.7.2 门窗的编辑

最简单的门窗编辑方法是选取门窗可以激活门窗夹点,拖动夹点进行夹点即可编辑不必使用任何命令,批量翻转门窗可使用专门的门窗翻转命令处理。

1. 门窗的夹点编辑

普通门、普通窗都有若干个预设好的夹点,拖动夹点时门窗对象会按预设的行为作出动作,熟练操纵夹点进行编辑是用户应该掌握的高效编辑手段,夹点编辑的缺点是一次只能对一个对象操作,而不能一次更新多个对象,为此系统提供了各种门窗编辑命令。

门窗对象提供的编辑夹点功能如下图所示。需要指出的是,部分夹点用<Ctrl>键来切换功能(如图 A-27 所示)。

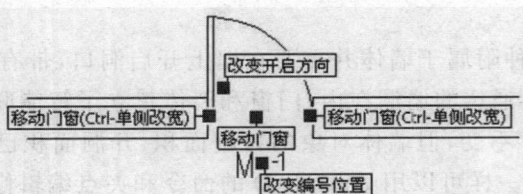

图 A-27　门窗的夹点编辑

2. 对象编辑与特性编辑

双击门窗对象即可进入"对象编辑"命令对门窗进行参数修改,选择门窗对象右击菜单可以选择"对象编辑"或者"特性编辑",虽然两者都可以用于修改门窗属性,但是相对而言"对象编辑"启动了创建门窗的对话框,参数比较直观,而且可以替换门窗的外观样式(如图 A-28 所示)。

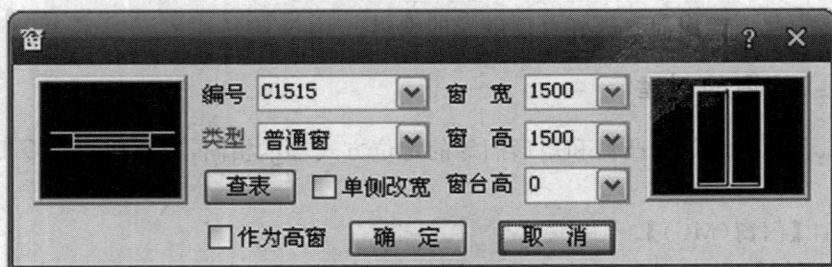

图 A-28　门窗属性的修改

A.8　楼　　梯

天正建筑提供了由自定义对象建立的基本梯段对象,包括直线、圆弧与任意梯段、由梯段组成了常用的双跑楼梯对象、多跑楼梯对象,考虑了楼梯对象在二维与三维视口下的不同可视特性。双跑楼梯具有梯段方便地改为坡道、标准平台改为圆弧休息平台等灵活可变特性，各种楼梯与柱子在平面相交时，楼梯可以被柱子自动剪裁；天正建筑双跑楼梯的上下行方向标识符号可以随对象自动绘制，剖切位置可以预先按踏步数或标高定义。

A.8.1　直线梯段

本命令在对话框中输入梯段参数绘制直线梯段，可以单独使用或用于组合复杂楼梯与坡道（如图 A-29 所示）。

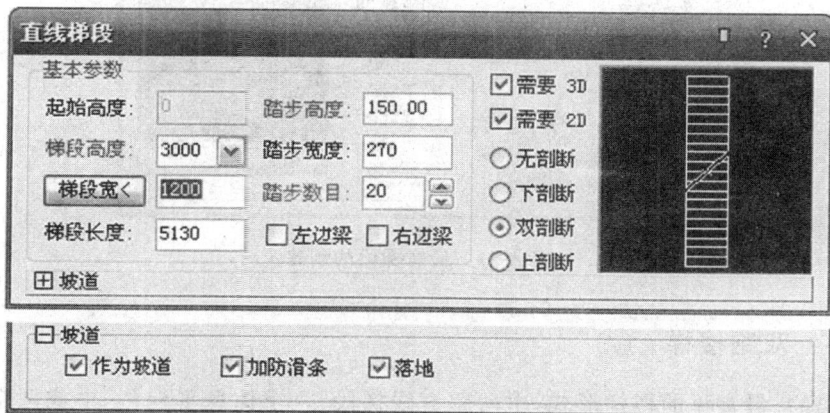

图 A-29　直线梯段的创建

A.8.2　圆弧梯段

本命令创建单段弧线型梯段，适合单独的圆弧楼梯，也可与直线梯段组合创建复杂楼梯和坡道，如大堂的螺旋楼梯与入口的坡道（如图 A-30 所示）。

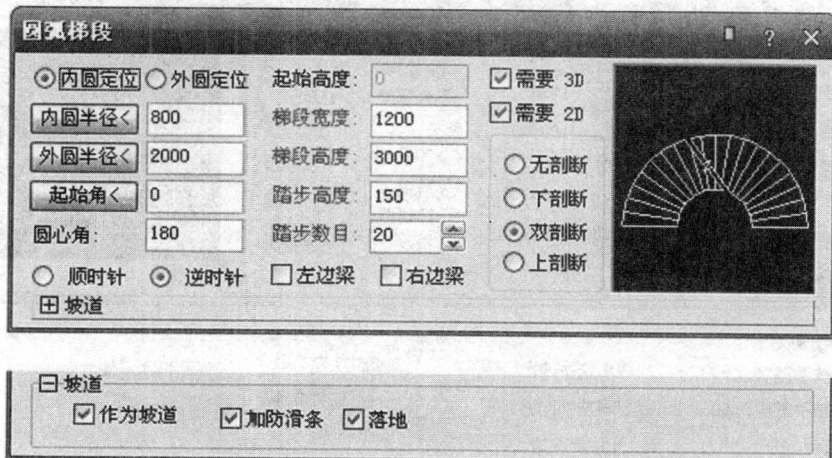

图 A-30　圆弧梯段的创建

A.8.3 任意梯段

本命令以用户预先绘制的直线或弧线作为梯段两侧边界,在对话框中输入踏步参数,创建形状多变的梯段,除了两个边线为直线或弧线外,其余参数与直线梯段相同(如图 A-31 所示)。

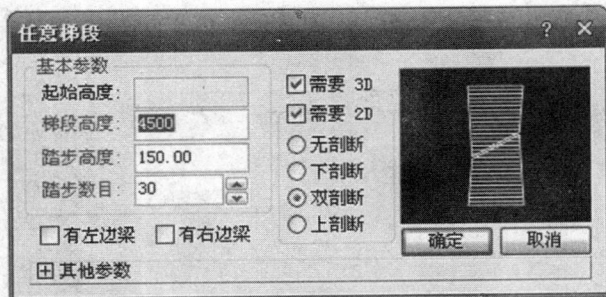

图 A-31　任意梯段的创建

A.8.4 双跑楼梯

双跑楼梯是最常见的楼梯形式,由两跑直线梯段、一个休息平台、一个或两个扶手和一组或两组栏杆构成的自定义对象,具有二维视图和三维视图。双跑楼梯可分解(Explode)为基本构件即直线梯段、平板和扶手栏杆等,楼梯方向线在天正建筑中属于楼梯对象的一部分,方便随着剖切位置改变自动更新位置和形式,在天正建筑还增加了扶手的伸出长度、扶手在平台是否连接、梯段之间位置可任意调整、特性栏中可以修改楼梯方向线的文字等新功能(如图 A-32 所示)。

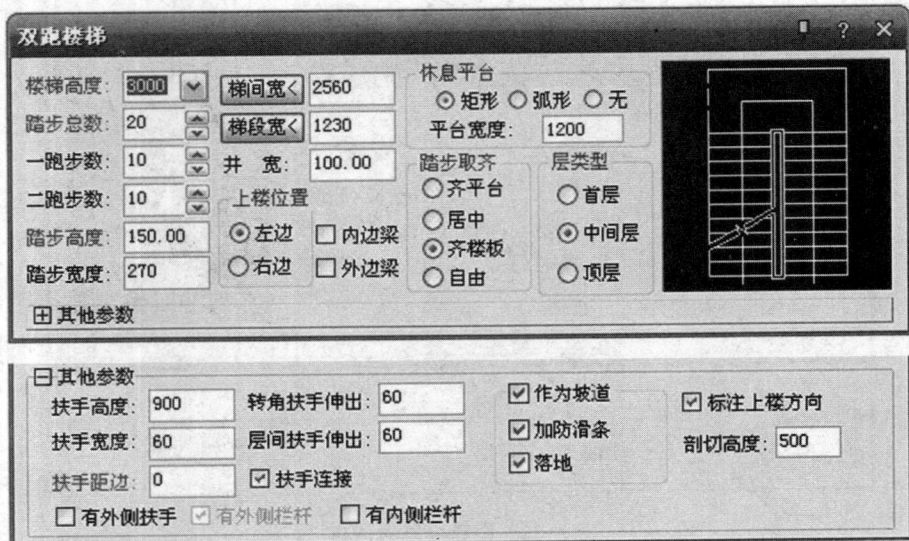

图 A-32　双跑楼梯的创建

A.9　立　　面

　　按照【工程管理】命令中的数据库楼层表格数据,一次生成多层建筑立面,在当前工程为空的情况下执行本命令,会出现警告对话框:请打开或新建一个工程管理项目,并在工程数据库中建立楼层表。

　　【立面】|【建筑立面(JZLM)】

　　单击菜单命令后,命令行提示:

　　请输入立面方向或[正立面(F)/背立面(B)/左立面(L)/右立面(R)]<退出>:F 键入快捷键或者按视线方向给出两点指出生成建筑立面的方向。

　　请选择要出现在立面图上的轴线:一般是选择同立面方向上的开间或进深轴线,选轴号无效。

　　显示建筑立面对话框(如图 A-33 所示)。

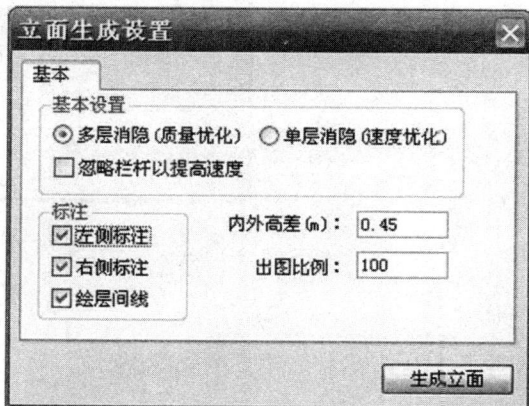

图 A-33　建筑立面对话框

A.10　剖　　面

　　设计好一套工程的各层平面图后,需要绘制剖面图表达建筑物的剖面设计细节,立剖面的图形表达和平面图有很大的区别,立剖面表现的是建筑三维模型的一个剖切与投影视图,与立面图同样受三维模型细节和视线方向建筑物遮挡的影响,天正剖面图形是通过平面图构件中的三维信息在指定剖切位置消隐获得的纯粹二维图形,除了符号与尺寸标注对象以及可见立面门窗阳台图块是天正自定义对象外,如墙线等构成元素都是 AutoCAD 的基本对象,提供了对墙线的加粗和填充命令。

　　本命令按照"工程管理"命令中的数据库楼层表格数据,一次生成多层建筑剖面,立当前工程为空的情况下执行本命令,会出现警告对话框:请打开或新建一个工程管理项目,并在工程数据库中建立楼层表!

　　【剖面】|【建筑剖面(JZPM)】

　　单击菜单命令后,命令行提示:

　　请点取一剖切线以生成剖视图:点取首层需生成剖面图的剖切线

　　请选择要出现在立面图上的轴线:一般点取首末轴线或按回车键不要轴线

　　屏幕显示"剖面生成设置"对话框,其中包括基本设置与楼层表参数。

　　显示建筑剖面对话框(如图 A-34 所示):

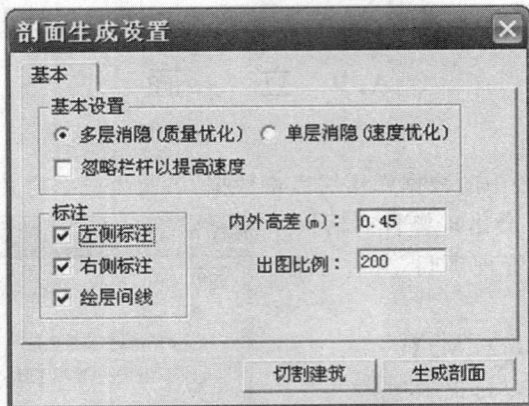

图 A-34　建筑剖面对话框

A.11　文　　字

文字表格的绘制在建筑制图中占有重要的地位,所有的符号标注和尺寸标注的注写离不开文字内容,而必不可少的设计说明整个图面主要是由文字和表格所组成。

AutoCAD 提供了一些文字书写的功能,但主要是针对西文的,对于中文字,尤其是中西文混合文字的书写,编辑就显得很不方便。在 AutoCAD 简体中文版的文字样式里,尽管提供了支持输入汉字的大字体(bigfont),但是 AutoCAD 无法对组成大字体的中英文分别规定高宽比例,您即使拥有简体中文版 AutoCAD,有了文字字高一致的配套中英文字体,但完成的图纸中的尺寸与文字说明里,依然存在中文与数字符号大小不一,排列参差不齐的问题,长期没有根本的解决方法。

A.11.1　单行文字

本命令使用已经建立的天正文字样式,输入单行文字,可以方便为文字设置上下标、加圆圈、添加特殊符号、导入专业词库内容。

【文字表格】|【单行文字(DHWZ)】

单击菜单命令后,显示对话框如下(如图 A-35 所示)。

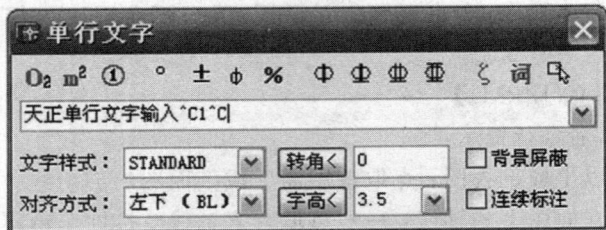

图 A-35　单行文字的创建

A.11.2　多行文字

本命令使用已经建立的天正文字样式,按段落输入多行中文文字,可以方便设定页宽与硬回车位置,并随时拖动夹点改变页宽。

【文字表格】|【多行文字】

单击菜单命令后,显示对话框(如图 A-36 所示)。

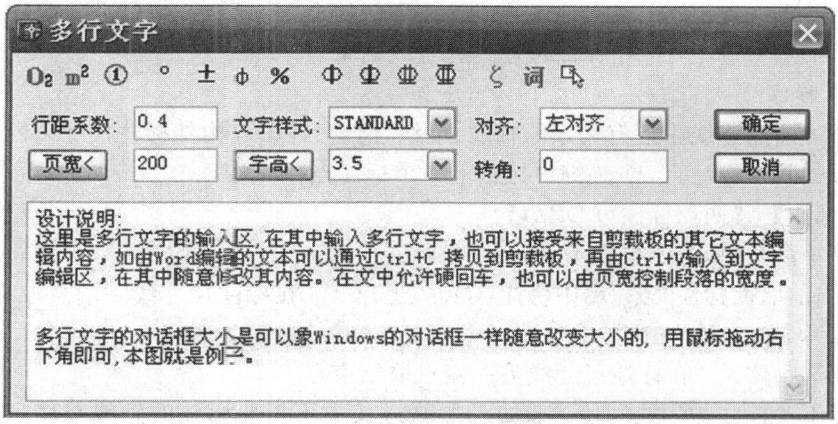

图 A-36　多行文字的创建

A.12　尺寸标注

尺寸标注是设计图纸中的重要组成部分,图纸中的尺寸标注在国家颁布的建筑制图标准中有严格的规定,直接沿用 AutoCAD 本身提供的尺寸标注命令不适合建筑制图的要求,特别是编辑尺寸尤其显得不便,为此,本软件提供了自定义的尺寸标注系统,完全取代了 AutoCAD 的尺寸标注功能,分解后退化为 AutoCAD 的尺寸标注。

A.12.1　尺寸标注的创建

1. 门窗标注

本命令适合标注建筑平面图的门窗尺寸,有两种使用方式:

(1)在平面图中参照轴网标注的第一二道尺寸线,自动标注直墙和圆弧墙上的门窗尺寸,生成第三道尺寸线。

(2)在没有轴网标注的第一二道尺寸线时,在用户选定的位置标注出门窗尺寸线。

【尺寸标注】|【门窗标注(MCBZ)】

单击菜单命令后,命令行提示:

请用线选第一、二道尺寸线及墙体

起点＜退出＞:在第一道尺寸线外面不远处取一个点 P1;

终点＜退出＞:在外墙内侧取一个点 P2,系统自动定位绘制该段墙体的门窗标注;

选择其他墙体:添加被内墙断开的其他要标注墙体,回车结束命令。

2. 墙厚标注

本命令在图中一次标注两点连线经过的一至多段天正墙体对象的墙厚尺寸,标注中可识别墙体的方向,标注出与墙体正交的墙厚尺寸,在墙体内有轴线存在时标注以轴线划分的左右墙宽,墙体内没有轴线存在时标注墙体的总宽。

【尺寸标注】|【墙厚标注(QHBZ)】

单击菜单命令后,命令行提示:

直线第一点<退出>:在标注尺寸线处点取起始点

直线第二点<退出>:在标注尺寸线处点取结束点

3. 两点标注

本命令为两点连线附近有关系的轴线、墙线、门窗、柱子等构件标注尺寸,并可标注各墙中点或者添加其他标注点,U 热键可撤销上一个标注点。

【尺寸标注】|【两点标注(LDBZ)】

单击菜单命令后,命令行提示:

起点(当前墙面标注)或 [墙中标注(C)]<退出>:在标注尺寸线一端点取起始点或键入 C 进入墙中标注,提示相同。

终点<选物体>:在标注尺寸线另一端点取结束点

请选择不要标注的轴线和墙体:如果要略过其中不需要标注的轴线和墙,这里有机会去掉这些对象;

请选择不要标注的轴线和墙体:回车结束选择;

选择其他要标注的门窗和柱子:此时可以用任何一种选取图元的方法选择其他墙段上的窗等图形,最后提示:

请输入其他标注点[参考点(R)/撤销上一标注点(U)]<退出>:选择其他点或键入 U撤销标注点;

请输入其他标注点[参考点(R)/撤销上一标注点(U)]<退出>:回车结束标注

单击时可选用有对象捕捉(快捷键 F3 切换)的取点方式定点,天正将前后多次选定的对象与标注点一起完成标注。

4. 内门标注

本命令用于标注平面室内门窗尺寸以及定位尺寸线,其中定位尺寸线与邻近的正交轴线或者墙角(墙垛)相关。

【尺寸标注】|【内门标注(NMBZ)】

单击菜单命令后,命令行提示:

标注方式:轴线定位. 请用线选门窗,并且第二点作为尺寸线位置;

起点或 [垛宽定位(A)]<退出>:在标注门窗的另一侧点取起点或者键入〈A〉改为垛宽定位;

终点<退出>:经过标注的室内门窗,在尺寸线标注位置上给终点。

5. 快速标注

本命令类似 AutoCAD 的同名命令,适用于天正对象,特别适用于选取平面图后快速标注外包尺寸线。

【尺寸标注】|【快速标注(KSBZ)】

单击菜单命令后,命令行提示:

选择要标注的几何图形:选取天正对象或平面图;

选择要标注的几何图形:选取其他对象或回车结束;

请指定尺寸线位置或〔整体(T)/连续(C)/连续加整体(A)〕<整体>:

选项中整体是从整体图形创建外包尺寸线,连续是提取对象节点创建连续直线标注尺寸,连续加整体是两者同时创建。

6. 逐点标注

本命令是一个通用的灵活标注工具,对选取的一串给定点沿指定方向和选定的位置标注尺寸。特别适用于没有指定天正对象特征,需要取点定位标注的情况,以及其他标注命令难以完成的尺寸标注。

【尺寸标注】|【逐点标注(ZDBZ)】

单击菜单命令后,命令行提示:

起点或〔参考点(R)〕<退出>:点取第一个标注点作为起始点;

第二点<退出>:点取第二个标注点;

请点取尺寸线位置或〔更正尺寸线方向(D)〕<退出>:拖动尺寸线,点取尺寸线就位点,或键入 D 选取线或墙对象用于确定尺寸线方向。

请输入其他标注点或〔撤消上一标注点(U)〕<结束>:逐点给出标注点,并可以回退;

请输入其他标注点或〔撤消上一标注点(U)〕<结束>:继续取点,以回车结束命令。

7. 外包尺寸

本命令是一个简捷的尺寸标注修改工具,在大部分情况下,可以一次按规范要求完成四个方向的两道尺寸线共 16 处修改,期间不必输入任何墙厚尺寸。

【尺寸标注】|【外包尺寸(WBCC)】

单击菜单命令后,命令行提示:

请选择建筑构件:给出第一个点后提示;

指定对角点:给出对角点后提示找到 XX 个对象;

请选择建筑构件:回车结束选择;

请选择第一、二道尺寸线:给出第一个点后提示;

指定对角点:给出对角点后提示找到 8 个对象;

请选择第一、二道尺寸线:回车结束绘制或继续选择尺寸线。

8. 半径标注

本命令在图中标注弧线或圆弧墙的半径,尺寸文字容纳不下时,会按照制图标准规定,自动引出标注在尺寸线外侧。

【尺寸标注】|【半径标注(BJBZ)】

单击菜单命令后,命令行提示:

请选择待标注的圆弧<退出>:此时点取圆弧上任一点,即在图中标注好半径。

9. 直径标注

本命令在图中标注弧线或圆弧墙的直径,尺寸文字容纳不下时,会按照制图标准规定,自动引出标注在尺寸线外侧。

【尺寸标注】|【直径标注(ZJBZ)】

单击菜单命令后,命令行提示:

请选择待标注的圆弧<退出>:此时点取圆弧上任一点,即在图中标注好直径。

10. 角度标注

本命令按逆时针方向标注两根直线之间的夹角,请注意按逆时针方向选择要标注的直线的先后顺序。

【尺寸标注】|【角度标注(JDBZ)】

单击菜单命令后,命令行提示:

请选择第一条直线<退出>:在标注位置点取第一根线。

请选择第二条直线<退出>:在任意位置点取第二根线。

11. 弧长标注

本命令以国家建筑制图标准规定的弧长标注画法分段标注弧长,保持整体的一个角度标注对象,可在弧长、角度和弦长三种状态下相互转换,其中弧长标注的样式可事先在高级选项中设为"新标准",即国家制图标准 GBT 50001－2010 中条文 11.5.2 尺寸界线应指向圆心的样式,设置后样式在新建图形中起作用。

【尺寸标注】|【弧长标注(HCBZ)】

单击菜单命令后,命令行提示:

请选择要标注的弧段:点取准备标注的弧墙、弧线;

请点取尺寸线位置<退出>:类似逐点标注,拖动到标注的最终位置;

请输入其他标注点<结束>:继续点取其他标注点;

请输入其他标注点<结束>:回车结束。

A.12.2　尺寸标注的编辑

1. 文字复位

本命令将尺寸标注中被拖动夹点移动过的文字恢复回原来的初始位置,可解决夹点拖动不当时与其他夹点合并的问题,本命令也能用于符号标注中的"标高符号"、"箭头引注"、"剖面剖切"和"断面剖切"四个对象中的文字,特别是在"剖面剖切"和"断面剖切"对象改变比例时文字可以用本命令恢复正确位置。

【尺寸标注】|【尺寸编辑】|【文字复位(WZFW)】

单击菜单命令后,命令行提示:

请选择需复位文字的对象:点取要复位文字的天正尺寸标注或者符号标注对象,可多选;

请选择需复位文字的对象:回车结束命令,系统把选到的对象中所有文字恢复原始位置。

2. 文字复值

本命令将尺寸标注中被有意修改的文字恢复回尺寸的初始数值。有时为了方便起见,会把其中一些标注尺寸文字加以改动,为了校核或提取工程量等需要尺寸和标注文字一致的场合,可以使用本命令按实测尺寸恢复文字的数值。

【尺寸标注】|【尺寸编辑】|【文字复值(WZFZ)】

单击菜单命令后,命令行提示:

请选择天正尺寸标注:点取要恢复的天正尺寸标注,可多选

请选择天正尺寸标注:回车结束命令,系统把选到的尺寸标注中所有文字恢复实测数值。

3. 剪裁延伸

本命令在尺寸线的某一端,按指定点剪裁或延伸该尺寸线。本命令综合了 Trim(剪裁)和 Extend(延伸)两命令,自动判断对尺寸线的剪裁或延伸。

【尺寸标注】|【尺寸编辑】|【剪裁延伸(JCYS)】

单击菜单命令后,命令行提示:

请给出剪裁延伸的基准点或[参考点(R)]<退出>:点取剪裁线要延伸到的位置;

要剪裁或延伸的尺寸线<退出>:点取要作剪裁或延伸的尺寸线后,所点取的尺寸线的点取一端即作了相应的剪裁或延伸;

要剪裁或延伸的尺寸线<退出>:命令行重复以上显示,<回车>退出。

4. 取消尺寸

本命令删除天正标注对象中指定的尺寸线区间,如果尺寸线共有奇数段,【取消尺寸】删除中间段会把原来标注对象分开成为两个相同类型的标注对象。因为天正标注对象是由多个区间的尺寸线组成的,用 Erase(删除)命令无法删除其中某一个区间,必须使用本命令完成。

【尺寸标注】|【尺寸编辑】|【取消尺寸(QXCC)】

单击菜单命令后,命令行提示:

请选择待取消的尺寸区间的文字<退出>:点取要删除的尺寸线区间内的文字或尺寸线均可;

请选择待取消的尺寸区间的文字<退出>:点取其他要删除的区间,或者回车结束命令。

5. 连接尺寸

本命令连接两个独立的天正自定义直线或圆弧标注对象,将点取的两尺寸线区间段加以连接,原来的两个标注对象合并成为一个标注对象,如果准备连接的标注对象尺寸线之间不共线,连接后的标注对象以第一个点取的标注对象为主标注尺寸对齐,通常用于把 AutoCAD 的尺寸标注对象转为天正尺寸标注对象。

【尺寸标注】|【尺寸编辑】|【连接尺寸(LJCC)】

单击菜单命令后,命令行提示:

请选择主尺寸标注<退出>:点取要对齐的尺寸线作为主尺寸;

选择需要连接的其他尺寸标注<结束>:点取其他要连接的尺寸线;

选择需要连接的其他尺寸标注<结束>:回车结束。

6. 尺寸打断

本命令把整体的天正自定义尺寸标注对象在指定的尺寸界线上打断,成为两段互相独立的尺寸标注对象,可以各自拖动夹点、移动和复制。

【尺寸标注】|【尺寸编辑】|【尺寸打断(CCDD)】

单击菜单命令后,命令行提示:

请在要打断的一侧点取尺寸线<退出>:在要打断的位置点取尺寸线,系统随即打断尺寸线,选择预览尺寸线,可见已经是两个独立对象。

7. 合并区间

合并区间新增加了一次框选多个尺寸界线箭头的命令交互方式,可大大提高合并多个区间时的效率,本命令可作为【增补尺寸】命令的逆命令使用。

【尺寸标注】|【尺寸编辑】|【合并区间(HBQJ)】

单击菜单命令后,命令行提示:

请框选合并区间中的尺寸界线箭头<退出>:用两个对角点框选要合并区间之间的尺寸界线;

请框选合并区间中的尺寸界线箭头或［撤销(U)］<退出>:框选其他要合并区间之间的尺寸界线或者键入 U 撤销合并;

请框选合并区间中的尺寸界线箭头或［撤销(U)］<退出>:回车退出命令。

8. 等分区间

本命令用于等分指定的尺寸标注区间,类似于多次执行【增补尺寸】命令,可提高标注效率。

【尺寸标注】|【尺寸编辑】|【等分区间(DFQJ)】

单击菜单命令后,命令行提示:

请选择需要等分的尺寸区间<退出>:点取要等分区间内的尺寸线;

输入等分数<退出>:3 键入等分数量;

请选择需要等分的尺寸区间<退出>:继续执行本命令或按回车键退出命令。

9. 等式标注

本命令对指定的尺寸标注区间尺寸自动按等分数列出等分公式作为标注文字,除不尽的尺寸保留一位小数。

【尺寸标注】|【尺寸编辑】|【等式标注(DSBZ)】

单击菜单命令后,命令行提示:

请选择需要等分的尺寸区间<退出>:点取要按等式标注的区间尺寸线;

输入等分数<退出>:6 按该处的等分公式要求键入等分数;

请选择需要等分的尺寸区间<退出>:该区间的尺寸文字按等式标注,回车退出命令。

10. 尺寸等距

本命令用于对选中尺寸标注在垂直于尺寸线方向进行尺寸间距的等距调整。

【尺寸标注】|【尺寸编辑】|【尺寸等距(CCDJ)】

单击菜单命令后,命令行提示:

选择参考标注<退出>:选取作为基点的尺寸标注,在等距调整中参考标注不动,其他标注按要求调整位置;

选择其他标注<退出>:选取等距调整的尺寸标注,支持点选和框选;

请选择其他标注:重复提示直至右键回车或空格确认;

请输入尺寸线间距<2 000>:3 000 键入尺寸线间距,按回车键退出命令。

注意:(1)命令仅对线性标注起作用;(2)在其他标注选择的多个尺寸标注中,命令只对与参考标注同一方向的尺寸标注执行操作;(3)下次命令执行给出的尺寸间距默认值为上一次的修改值。

11. 对齐标注

本命令用于一次按 Y 向坐标对齐多个尺寸标注对象,对齐后各个尺寸标注对象按参考标注的高度对齐排列。

【尺寸标注】|【尺寸编辑】|【对齐标注(DQBZ)】

单击菜单命令后,命令行提示:

选择参考标注<退出>:选取作为样板的标注,它的高度作为对齐的标准;

选择其他标注＜退出＞：选取其他要对齐排列的标注；

选择其他标注＜退出＞：按回车键退出命令。

12. 增补尺寸

本命令在一个天正自定义直线标注对象中增加区间,增补新的尺寸界线断开原有区间,但不增加新标注对象,双击尺寸标注对象即可进入本命令。

【尺寸标注】|【尺寸编辑】|【增补尺寸(ZBCC)】

单击菜单命令后,命令行提示：

请选择尺寸标注＜退出＞：点取要在其中增补的尺寸线分段；

单击待增补的标注点的位置或［参考点(R)］＜退出＞：捕捉点取增补点或键入 R 定义参考点

如果给出了参考点,这时命令提示：

参考点：点取参考点,然后人参考点引出定位线,(无参考点直接到这里)提示：

单击待增补的标注点的位置或［参考点(R)/撤消上一标注点(U)］＜退出＞：按该线方向键入准确数值定位增补点；

单击待增补的标注点的位置或［参考点(R)/撤消上一标注点(U)］＜退出＞：连续点取其他增补点,没有顺序区别；

单击待增补的标注点的位置或［参考点(R)/撤消上一标注点(U)］＜退出＞：最后回车退出命令。

13. 切换角标

本命令把角度标注对象在刍度标注、弦长标注与新标准或者旧标准的弧长标注三种模式之间切换。

【尺寸标注】|【尺寸编辑】【切换角标(QHJB)】

单击菜单命令后,命令行提示：

请选择天正角度标注：点取角度标注或者弦长标注,切换为其他模式显示；

请选择天正角度标注：按回车键结束命令。

14. 尺寸转化

本命令将 ACAD 尺寸标注对象转化为天正标注对象。

【尺寸标注】|【尺寸编辑】|【尺寸转化(CCZH)】

单击菜单命令后,命令行提示：

请选择 ACAD 尺寸标注：一次选择多个尺寸标注,按回车键进行转化,完成后提示：

全部选中的 N 个对象成功地转化为天正尺寸标注。

A. 13　符号标注

照建筑制图的国标工程符号规定画法,天正软件提供了一整套的自定义工程符号对象,这些符号对象可以方便地绘制剖切号、指北针、引注箭头,绘制各种详图符号、引出标注符号。使用自定义工程符号对象 不是简单地插入符号图块,而是在图上添加了代表建筑工程专业含义的图形符号对象,工程符号对象提供了专业夹点定义和内部保存有对象特性数据,用户除了在插入符号的过程中通过对话框的参数控制选项,根据绘图的不同要求,还可以在图上已插入的工程符号上,拖动夹点或者按<Ctrl+1>组合键启动对象特性栏,在其中更改工程符号的特性,双击符号中的文字,启动在位编辑即可更改文字内容。

符号标注的特点功能(如图 A-37 所示)。

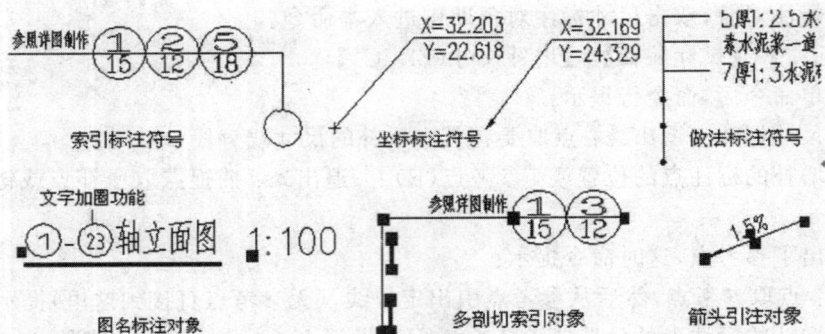

图 A-37　符号标注

(1)引入了文字的在位编辑功能,只要双击符号中涉及的文字进入在位编辑状态,无需命令即可直接修改文字内容。

(2)索引符号提供了多索引,拖动"改变索引个数"夹点可增减索引号,还提供了在索引延长线上标注文字的新功能。

(3)剖切索引符号可增加多个剖切位置,引线可增加转折点,可拖动夹点,分别改变多剖切线各段长度。

(4)箭头引注提供了规范的半箭头样式,用于坡度标注,坐标标注提供了 4 种箭头样式。

(5)图名标注对象方便了比例修改时的图名的更新,新的文字加圈功能便于注写轴号。

(6)工程符号标注改为无模式对话框连续绘制方式,不必单击"确认"按钮,提高了效率。

(7)做法标注结合了新的【专业词库】命令,新提供了标准的楼面、屋面和墙面做法,新增了新制图规范的索引点标注功能。

天正的符号对象可随图形指定范围的绘图比例的改变,对符号大小,文字字高等参数进行适应性调整以满足规范的要求。剖面符号除了可以满足施工图的标注要求外,还为生成剖面定义了与平面图的对应规则,天正符号标注扩展了【文字复位】命令的功能,可以恢复包括标高符号、箭头引注、剖面剖切和断面剖切 4 个对象中的文字原始位置。

符号标注的各命令由主菜单下的"符号标注"子菜单引导:

【索引符号】和【索引图名】两个命令用于标注索引号;

【剖面剖切】和【断面剖切】两个命令用于标注剖切符号,同时为剖面图的生成提供了依据;

【画指北针】和【箭头绘制】命令分别用于在图中画指北针和指示方向的箭头;

【引出标注】和【做法标注】主要用于标注详图;

【图名标注】为图中的各部分注写图名。

附录 B

AutoCAD 常用命令

(1) 常用绘图命令(见表 B-1)

表 B-1 常用绘图命令

命令	命令别名	功能
Line	L	绘制直线
Mline	Ml	绘制多线(多重平行线)
Pline	Pl	绘制多段线
Polygon	Pol	绘制正多边形
Rectang	Rec	绘制矩形
Arc	A	创建圆弧
Circle	C	创建圆
Ellipse	El	创建椭圆
Block	B	创建块
Wblock	W	写块文件
Insert	I	插入块
Point	Po	创建点
Bhatch	Bh（H）	用图案填充封闭区域
Dtext	Dt	创建单行文字
Mtext	Mt(T)	创建多行文字
Divide	Div	定数等分
Measure	Me	定距等分
Plot	Print	打印图形

(2)常用编辑命令（如表 B-2）

表 B-2　常用编辑命令

命令	命令别名	功能
Erase	E	删除
Copy	Co(Cp)	复制
Mirror	Mi	镜像
Offset	O	偏移
Array	Ar	阵列
Move	M	移动
Rotate	Ro	旋转
Scale	Sc	比例缩放
Stretch	S	拉伸对象
Lengthen	Len	直线拉长
Trim	Tr	修剪
Extend	Ex	延伸
Break	Br	打断
Chamfer	Cha	倒角
Fillet	F	倒圆角
Explode	X	分解
Ddedit	Ed	编辑修改文字注释
Pedit	Pe	编辑多段线

（3）缩放命令（如表 B-3）

表 B-3　缩放命令

命令	命令别名	功能
Pan	P	在当前视口移动视图
Zoom	Z	放大或缩小当前视图中的对象
Purge	Pu	从图形中删除未使用的块定义、图层等项目
Redraw	R	刷新图形
Redrawall	Ra	刷新所有视口的显示
Regen	Re	从图形数据库重生成整个图形
Regenall	Rea	重生成图形并刷新所有视口

（4）尺寸标注命令（如表 B-4 所示）

表 B-4　尺寸标注命令

命令	命令别名	功能
Dimlinear	Dli	直线标注
Dimaligned	Dal	对齐标注
Dimradius	Dra	半径标注
Dimdiameter	Ddi	直径标注
Dimangular	Dan	角度标注
Dimcenter	Dce	中心标注
Dimordinate	Dor	点标注
Tolerance	Tol	标注形位公差
Qleader	Le	快速引出标注
Dimbaseline	Dba	基线标注
Dimcontinue	Dco	连续标注
Dimstyle	D	标注样式
Dimedit	Ded	编辑标注
Dimoverride	Dov	替换标注系统变量

（5）查询命令（如表 B-5）

表 B-5　查询命令

命令	命令别名	功能
Area	Aa	计算对象或定义区域的面积和周长
Dist	Di	两点之间的距离、角度
List	Li（Ls）	显示选定对象的数据库信息
Id	Id	显示点坐标

（6）常用功能命令（如表 B-6）

表 B-6　常用功能命令

命令	功能
F1	帮助
F2	文本窗口开关
F3	对象捕捉开关
F4	数字化仪开关
F5	等轴测平面右/左/上转换开关
F6	坐标开关
F7	栅格开关
F8	正交开关
F9	捕捉开关
F10	极轴开关
F11	对象捕捉追踪开关
F12	动态输入开关

参 考 文 献

[1] 丛书编委会. 中文 AutoCAD 2008 入门·进阶·提高. 陕西:西北工业大学音像电子出版社,2007.

[2] 张国权,胡国锋,郭慧玲. AutoCAD 2008 中文版应用教程. 北京:电子工业出版社,2008.

[3] 曾刚. AutoCAD 2010 建筑绘图教程. 北京:高等教育出版社,2011.

[4] 冯健. 土木工程 CAD. 南京:东南大学出版社,2005.

[5] 崔艳秋,姜丽荣,吕树俭. 建筑概论(第二版). 北京:中国建筑工业出版社,2006.

[6] 王茹,雷光明. AutoCAD 计算机辅助设计(土木工程类). 北京:人民邮电出版社,2012.

[7] 姜勇,李善锋,谢卫标. AutoCAD 建筑制图教程. 北京:人民邮电出版社,2009.

[8] 周戒. 房屋建筑工程专业基础知识. 北京:中国环境科学出版社,2010.

[9] 肖明,张营. 建筑工程制图(第二版). 北京:北京大学出版社,2012.

[10] 李建平,刘荷花. AutoCAD 2008 从入门到精通. 北京:科海电子出版社,2008.

[11] 张帆. AutoCAD 2009 机械制图. 北京:机械工业出版社,2008.

[12] 伍乐生. 建筑装饰 CAD 实例教程及上机指导. 北京:机械工业出版社,2011.

[13] 武晓丽,刘荣珍,王欣. AutoCAD 2010 基础教程. 北京:中国铁道出版社,2011.

[14] 杜中友,姜庆娜,张海林,等. 计算机辅助设计与绘图技术(AutoCAD 教程)(第二版). 北京:中国铁道出版社,2010.

[15] 北京天正软件股份有限公司. 天正软件——建筑系统 TArch2013 使用手册. 北京:中国建筑工业出版社,2013.